纳米荧光探针

（第二版）

梁建功　编著

中国农业科学技术出版社

图书在版编目（CIP）数据

纳米荧光探针／梁建功编著．—2 版．—北京：中国农业科学技术出版社，2020.8
ISBN 978-7-5116-4921-8

Ⅰ.①纳…　Ⅱ.①梁…　Ⅲ.①纳米技术-应用-荧光探头-研究　Ⅳ.①O482.31

中国版本图书馆 CIP 数据核字（2020）第 144916 号

责任编辑　崔改泵　褚　怡
责任校对　马广洋

出 版 者　中国农业科学技术出版社
北京市中关村南大街 12 号　邮编：100081
电　　话　（010）82109194（出版中心）（010）82109702（发行部）
（010）82109709（读者服务部）
传　　真　（010）82106650
网　　址　http://www.castp.cn
经 销 者　各地新华书店
印 刷 者　北京科信印刷有限公司
开　　本　787mm×1 092mm　1/16
印　　张　14　　彩页　4 面
字　　数　341 千字
版　　次　2020 年 8 月第 2 版　2020 年 8 月第 1 次印刷
定　　价　60.00 元

内容简介

光学分子成像技术已在生物及医学领域发挥了重要的作用，纳米荧光探针作为一类重要的光学成像分析工具，在小分子分析、病毒检测、细胞成像、活体诊断等方面受到研究者的广泛关注。《纳米荧光探针》（第二版）一书介绍了目前研究比较多的半导体量子点、金属团簇、碳点、石墨烯及类石墨烯量子点、稀土掺杂上转换纳米荧光探针、多功能纳米探针等的合成方法、表征手段、光学性质及在化学检测、生物检测、生物成像及抗病毒等方面的研究进展。本书在第一版的基础上，各章均增加了最近5年来纳米荧光探针的研究新进展，如类石墨烯量子点的制备及应用、同中心荧光共振能量转移、内滤效应、聚集诱导发光、长波长碳点的合成、手性纳米荧光探针的制备、基于智能手机的检测及成像处理平台、基于量子点的纳米信标、基于CRISPR的病毒标记新技术、蛋白冠、纳米荧光探针抗菌研究进展等。另外，结合纳米荧光探针最新研究热点，增加了纳米荧光探针在抗病毒领域的研究进展。

本书可供材料科学、生命科学、分析化学、医疗诊断等领域的科研工作者阅读，也可作为化学、生命科学等专业高年级本科生及研究生的教材及教学参考书。

内容简介

作者简介

梁建功，男，1978 年生，博士，教授，博士生导师

1997/09—2001/07，山西师范大学，化学学院，学士

2001/09—2006/06，武汉大学，化学与分子科学学院，博士（硕博连读）

2006/07—2008/12，华中农业大学，理学院，讲师

2009/01—2015/12，华中农业大学，理学院，副教授，硕士生导师

2013/09—2014/09，美国 Clemson 大学遗传与生物化学系 访问学者

2016/01 至今，华中农业大学，理学院，教授

2017/01 至今，华中农业大学，理学院/资源与环境学院，博士生导师

中国化学会会员，农业微生物学国家重点实验室流动人员，湖北省自然科学基金创新群体核心成员（排名第三），*Biosens. Bioelectron.*、*Talanta*、*Microchim. Acta*、*Theranostics*、*Chem. Commun.*、*J. Phys. Chem. C*、*J. Mater. Chem. B*、*Spectrochim. Acta Part A* 及国内《分析化学》等多个杂志审稿人，研究方向为纳米荧光探针。先后承担国家自然科学基金面上项目 2 项、青年基金项目 1 项，武汉市青年科技晨光计划 1 项，参与国家重点研发计划及 973 计划项目各 1 项。在 *Small*、*Carbon*、*ACS Appl. Mater. Interfaces*、*J. Phys. Chem. C*、*J. Phys. Chem. B* 等杂志发表 SCI 收录论文 60 余篇，其中以（共同）第一作者或（共同）通讯作者发表论文 31 篇，截至 2020 年 4 月，论文被引用超过 1 800次，H 指数 22。参与撰写学术专著《纳米药物》《纳米生物检测》2 部。研究成果“量子点等纳米材料的研制及生物医学分析应用研究”获 2016 年湖北省自然科学奖二等奖（排名第三）。

作者简介

[illegible]

目　　录

绪　论

荧光分子成像技术在生物及医学领域发挥了重要的作用，2008 年 10 月，日本科学家下村修（Osamu Shimomura）、美国科学家马丁·沙尔菲（Martin Chalfie）和美籍华裔科学家钱永健（Roger Y. Tsien）因发现并发展了新的光学分子成像探针而获得诺贝尔化学奖（Weiss，2008）。2014 年 10 月，美国科学家艾力克·贝齐格（Eric Betzig）、W·E·莫尔纳尔（W. E. Moerner）和德国科学家斯特凡·W·赫尔（Stefan W. Hell）因在超分辨率荧光显微技术领域取得的成就，被授予 2014 年诺贝尔化学奖（Meixner，2015）。荧光分子成像技术包括荧光分子探针、成像系统、重建算法等方面（宋新建等，2008）。

在荧光成像分析中，由于很多目标物本身并无荧光信号或信号很弱，需要借助于荧光探针进行观测及定量分析。荧光成像探针可分为小分子荧光探针、蛋白荧光探针及纳米荧光探针三大类（刘洋，2009）。自 1998 年 *Science* 报道量子点用于生物成像分析以来（Chan and Nie，1998；Bruchez et al.，1998），纳米荧光探针在生物分析、病毒分析、细胞成像、活体诊断及抗病毒研究等方面受到研究者的广泛关注（Michalet et al.，2005；杨立敏等，2017）。到 2020 年 2 月，这两篇发表在 *Science* 上的论文被引用超过 6 000次和 7 000次。图 1 是以纳米（nano*）、荧光（fluorescence）和探针（probe）为主题词在 Web of science 数据库中搜索的 2010—2019 年论文发表情况。从图 1 可看出，2010 年以后，有关纳米荧光探针领域的论文迅速增长，到 2019 年年底，发表的论文已经超过 2 500篇。这些文献包括量子点荧光探针、贵金属纳米团簇荧光探针、碳点荧光探针、石墨烯及类石墨烯量子点荧光探针、上转换纳米荧光探针及多功能纳米荧光探针等。在几类荧光探针中，碳点的应用范围不断扩大，如果以碳点（carbon dots）为主题词搜索，仅 2019 年发表的文章就接近 7 000篇。

鉴于此，本书主要介绍目前研究比较多的量子点、贵金属荧光团簇、碳点、石墨烯及类石墨烯量子点、稀土掺杂上转换纳米荧光探针与多功能纳米荧光探针等的合成方法、表征手段、光学性质及化学、生物应用等方面的内容。全书共分 9 章，第 1 章概述了荧光分析法基础知识；第 2 章简要介绍了荧光纳米探针及荧光产生的机理；第 3 章介绍了纳米荧光探针的制备方法；第 4 章介绍了纳米荧光探针的表征手段；第 5 章介绍了纳米荧光探针在金属离子及小分子检测中的应用，包括基于纳米荧光探针的金属离子、阴离子、有机小分子及药物分子的检测；第 6 章介绍了纳米荧光探针在生物检测中的应

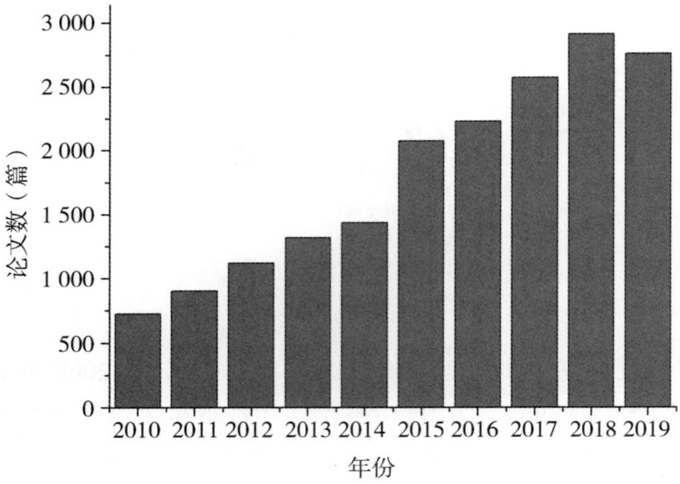

图 1　2010—2019 年纳米荧光探针论文发表情况

用，包括纳米荧光探针用于蛋白质、核酸、细菌及病毒的检测等方面；第 7 章介绍了纳米荧光探针在细胞及活体成像分析中的应用，包括细胞成像、活体成像及病毒成像分析等；第 8 章介绍了纳米荧光探针的生物效应，包括纳米荧光探针对蛋白质、核酸、细胞、细菌、活体等的影响；第 9 章介绍了纳米荧光探针在抗病毒领域的应用进展。在第一版的基础上，增加了最近 5 年来纳米荧光探针的最新研究进展，如类石墨烯量子点的制备及应用、同中心荧光共振能量转移、内滤效应、聚集诱导发光、长波长碳点的合成、手性纳米荧光探针的制备、基于智能手机的检测及成像处理平台、基于量子点的纳米信标、基于 CRISPR 的病毒标记新技术、蛋白冠、纳米荧光探针抗菌和抗病毒研究进展等。本书将给读者呈现纳米荧光探针的最新研究动态，使读者对纳米荧光探针这一热点领域有一个全面了解。由于作者水平有限，书中肯定存在一些不当甚至错误，欢迎读者批评指正。

感谢国家自然科学基金（31772785、31372439）对本书的资助。

参考文献

刘洋，2009. 对 pH 敏感和对氧化还原敏感的荧光分子探针的设计、合成及在肿瘤细胞成像中的应用研究［D］. 杭州：浙江大学.

杨立敏，刘波，李娜，等，2017. 纳米荧光探针用于核酸分子的检测及成像研究［J］. 化学学报，75（11）：1 047-1 060.

朱新建，宋小磊，汪待发，等，2008. 荧光分子成像技术概述及研究进展［J］. 中国医疗器械杂志（1）：1-5.

Bruchez M Jr，Moronne M，Gin P，et al，1998. Semiconductor nanocrystals as fluorescent biological labels［J］. *Science*，281（5385）：2 013-2 015.

Chan W C W, Nie S M, 1998. Quantum dot bioconjugates for ultrasensitive nonisotopic detection [J]. *Science*, 281 (5385): 2 016-2 018.

Meixner A J, 2015. The nobel prize in chemistry 2014 for the development of super-resolved fluorescence microscopy [J]. *Analytical and Bioanalytical Chemistry*, 407 (7): 1 797-1 800.

Michalet X, Pinaud F F, Bentolila L A, et al, 2005. Quantum dots for live cells, *in vivo* imaging, and diagnostics [J]. *Science*, 307 (5709): 538-544.

Weiss P S, 2008. 2008 nobel prize in chemistry: Green fluorescent protein, its variants and implications [J]. *ACS Nano*, 2 (10): 1 977-1 977.

第1章　荧光分析法基础知识简介

荧光分子或荧光纳米粒子吸收一定能量的光子后，分子或纳米粒子中的电子就会从基态跃迁到激发态，当处于第一激发态最低振动能级的电子以辐射的方式回到基态时，所发出的光就称为荧光（fluorescence）或光致发光（photoluminescence）（夏锦尧，1992）。目前，测定荧光通常可采用荧光分光光度计及荧光显微镜。如美国PerkinElmer公司生产的LS55荧光/磷光/发光分光光度计，日本岛津公司生产的RF-5301PC荧光分光光度计是目前测定荧光光谱常用的仪器。荧光显微镜是目前常用的荧光成像观测仪器，主要由德国蔡司公司、德国徕卡公司和日本奥林巴斯公司等生产。有关荧光光谱仪及荧光显微镜的使用方法可参考《细胞生物荧光技术原理及应用》一书（刘爱平等，2007）。本章主要介绍荧光的基础知识及常用的荧光分析基本方法。

1.1　荧光产生的机理

如图1-1所示，当荧光分子或荧光纳米粒子吸收一定能量的光子后，就会从基态跃迁到激发态，如果吸收光子的能量不同，可能跃迁到第一激发单线态、第二激发单线态或第三激发单线态等，这个过程在飞秒（fs）级的时间就可以完成，由于基态分子可以跃迁到不同的激发态能级，导致所检测到的吸收光谱通常为带状光谱。跃迁到不同激发单线态的光子会通过内转换的方式回到第一激发单线态，这个过程在飞秒（fs）或皮秒（ps）级的时间就可以完成。处于第一激发单线态最低振动能级的电子以辐射的方式回到基态时，就产生了荧光，这一过程通常在纳秒（ns）级时间完成。而处于不同激发单线态的电子也可以通过系间串跃，到第一激发三线态或第二激发三线态，再通过内转换到达第一激发三线态最低振动能级，处于第一激发三线态最低振动能级的电子以辐射的方式回到基态时所产生的光称为磷光，这一过程通常在毫秒（ms）级时间完成。

1.2　荧光激发光谱与发射光谱

在测定有机荧光染料或纳米粒子荧光时，如果固定激发波长，在一定范围内扫描，就可获得所测物质的发射光谱，反之，如果固定发射光谱进行反扫，就可获得所测物质的激发光谱。对大多数的荧光物质来说，其荧光激发光谱的形状与紫外—可见吸收光谱

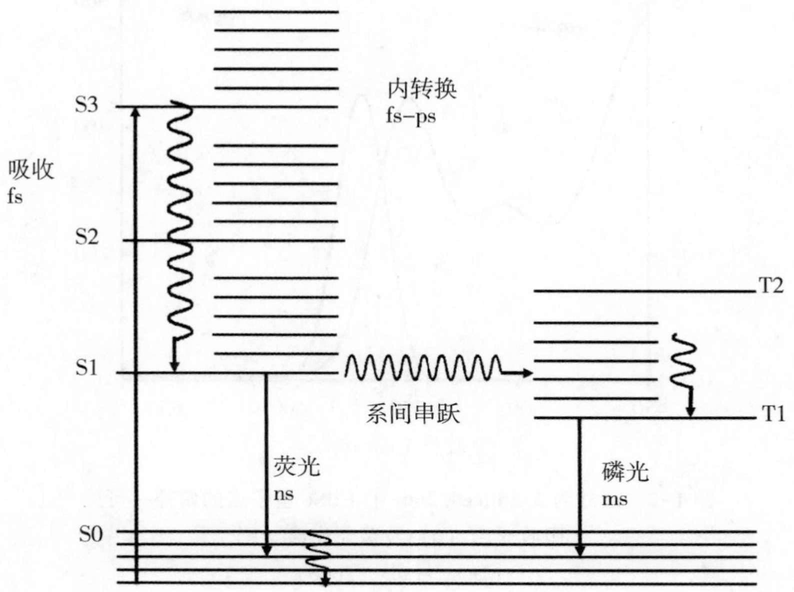

S0：基态；S1：第一激发单线态；S2：第二激发单线态；S3：第三激发单线态；ms：毫秒；ns：纳秒；ps：皮秒；fs：飞秒；T1：第一激发三线态；T2：第二激发三线态

图 1-1　Jablonski 示意图及有机分子跃迁的时间尺度

（Berezin，2010）

相类似。有机荧光染料的激发光谱及发射光谱符合以下规律。

（1）荧光分子发射光谱的波长一般比激发光谱长，也就是说荧光发射光光子的能量一般比激发光光子的能量低。

（2）有机荧光染料荧光发射光谱与激发光谱呈镜像对称分布（半导体量子点及很多其他纳米荧光探针的激发光谱和发射光谱不符合这一特点）。

（3）当采用不同激发波长激发荧光染料时（如采用 470nm、480nm、490nm 光激发异硫氰酸荧光素溶液），其荧光最大发射波长的位置不变，但荧光强度会发生改变。很多纳米荧光探针的激发光谱（或吸收光谱）与发射光谱并不呈对称分布，但改变激发波长时，其最大荧光发射波长一般不变。

图 1-2 为 3. 2nm±0. 2nm 的 CdSe 量子点的吸收光谱及荧光发射光谱（Dong et al.，2008），可看出其吸收光谱与荧光发射光谱之间并不呈镜像对称，荧光金纳米团簇、碳点等纳米荧光探针也有类似的规律。图 1-3 是银纳米团簇的荧光发射光谱，可以看出 220nm、240nm、260nm 激发光激发时，银纳米团簇的最大发射波长保持不变（Zheng et al.，2013）。图 1-4 是碳点的紫外—可见吸收光谱、荧光激发光谱及荧光发射光谱，可看出对碳点来说，其紫外—可见吸收光谱与荧光激发光谱之间有较大的差别，荧光激发光谱与荧光发射光谱之间基本呈镜像对称。

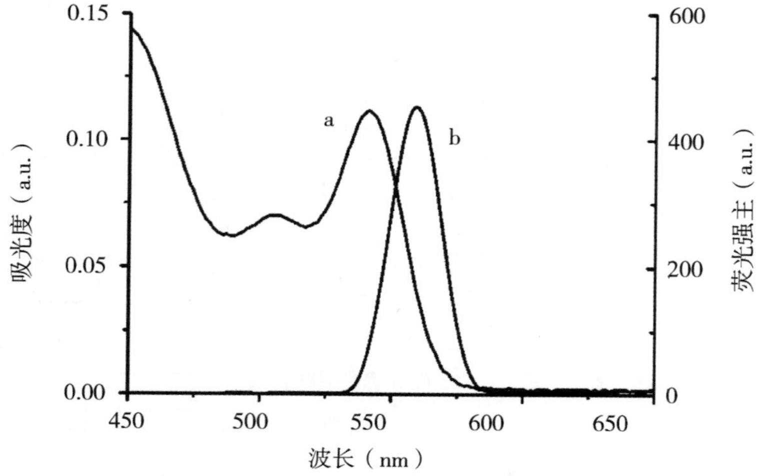

图 1-2　尺寸为 3.2nm±0.2nm 的 CdSe 量子点的紫外—可见吸收光谱（a）及荧光光谱（b）

（Dong et al.，2008）

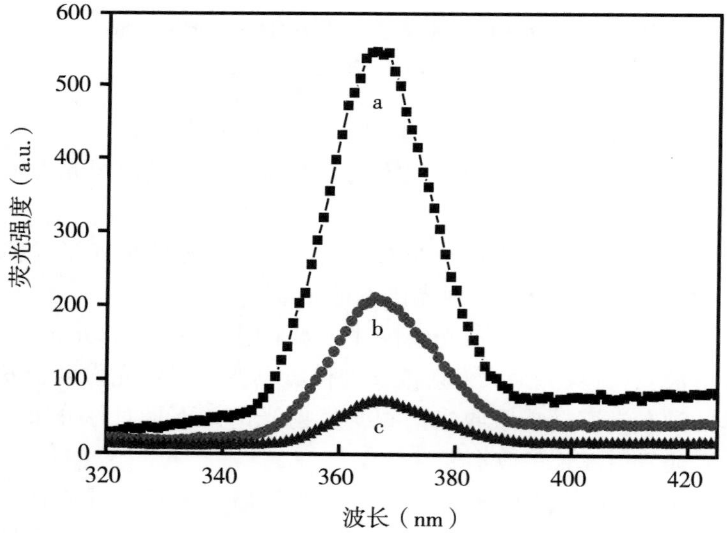

激发波长分别为 220nm（a）、240nm（b）和 260nm（c）

图 1-3　Ag 纳米团簇在不同激发波长条件下的荧光发射光谱

（Zheng et al.，2013）

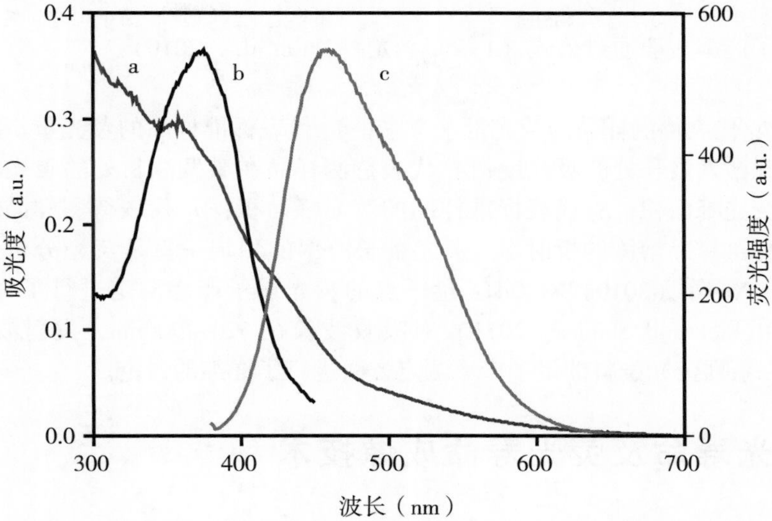

图 1-4　碳点的紫外—可见吸收光谱（a）、荧光激发光谱（b）及荧光发射光谱（c）

（本图来自课题组实验数据）

1.3　荧光强度

通常荧光强度指荧光物质在最大发射波长处的强度值。由于荧光测定过程中受到激发狭缝、发射狭缝等多种因素的影响，因此，荧光强度只是一个相对值。在一定浓度的荧光物质溶液中，荧光强度符合公式 1-1（夏锦尧，1992）。

$$F = \Phi I_0 K \varepsilon C L \tag{1-1}$$

式中，F 为待测物质荧光强度；Φ 为荧光量子产率；I_0 为激发光强度；K 为荧光仪器常数；ε 为样品的吸收系数；C 为荧光物质样品浓度；L 为吸收池光径。

当荧光仪器激发狭缝、发射狭缝及样品池的规格确定后，荧光物质测定过程中 Φ、I_0、K、ε、L 成为定值，此时荧光强度在一定范围内与待测物质的浓度成正比，这就是荧光强度定量分析的依据。

1.4　荧光量子产率

荧光量子产率（fluorescent quantum yield）是指以辐射方式回到基态的激发态分子占全部激发态分子的数目，表示物质发射荧光的能力（http：//baike. baidu. com/view/1888738. htm？fr=aladdin），通常用下式表示：

$$\Phi_f = \text{发射的光量子数}/\text{吸收的光量子数} = k_f / \left(k_f + \sum k_i\right)$$

式中，Φ_f为荧光量子产率；k_f荧光发射过程的速率常数；$\sum k_i$为其他有关过程的速率常数之和。k_f 及 k_i 值的大小主要受有机染料分子的化学结构、溶液的极性、溶液 pH 值以及温度等多种因素的影响。

荧光量子产率一般通过公式（1-2）测定（Xu et al.，2010）：

$$\Phi_s = \Phi_r \times A_r / A_s \times S_s / S_r \times (n_s^2 / n_r^2) \quad (1\text{-}2)$$

式中，Φ_s 代表待测样品的荧光量子产率；Φ_r 代表标准样品的荧光量子产率；A_r 代表标准样品在激发波长处的吸光度；A_s 代表待测样品在激发波长处的吸光度；S_s 代表待测样品的荧光峰面积；S_r 代表标准样品的荧光峰面积；n_s 代表待测样品溶液的折射率；n_r 代表标准样品溶液的折射率。荧光量子产率的测定一直是荧光分析过程中的一个难点问题。Xu 等（2010）对 CdTe 量子点的荧光量子产率测定进行了详细的讨论。Rurack 等（Rurack and Spieles，2011）对吸收波长在 520～900nm，发射波长在 600～1 000nm 的一系列荧光染料的量子产率测定方法进行了详细的讨论。

1.5 荧光寿命及荧光寿命成像技术

荧光寿命是指荧光衰减为原来激发时最大荧光强度的 1/e 所需要的时间（Berezin，2010），荧光寿命的长短不随待测溶液的浓度而发生变化，但会受到溶液温度、黏度、溶液的极性及猝灭剂等因素的影响。

近年来，随着激光、计算机等技术的发展，荧光寿命显微镜应运而生，成为研究生命科学的又一重要工具。由于大多数细胞、组织、活体均有不同程度的自发荧光，采用普通的荧光显微镜往往会受到生物体系自发荧光的干扰。而荧光寿命成像技术恰恰可以减小甚至消除这种干扰。Galletly 等（2008）采用荧光寿命成像技术成功区分基底癌细胞与周围正常皮肤细胞，为皮肤癌的早期诊断提供了重要的参考。Schaerli 等（2009）则采用荧光寿命成像技术成功监测了纳升体积聚合酶链式反应扩增过程中的温度变化。

1.6 圆偏振荧光光谱

当纳米荧光材料表面修饰上不同旋光性的手性分子后，其光学性质可能产生明显的差异，通常把这类材料称为手性纳米荧光材料。圆偏振荧光光谱是表征手性纳米荧光材料的一种方法，该光谱是通过左旋及右旋偏振光激发纳米荧光材料后，获得不同偏振光激发下的荧光强度，通过计算可获得不对称因子偏振强度差分（Gao et al.，2019）。

$$g_{lum} = (I_L - I_R) / (I_L + I_R) \quad (1\text{-}3)$$

公式 1-3 中，g_{lum}为不对称因子偏振强度差分；I_L为左旋偏振光激发下的荧光强度；I_R为右旋偏振光激发下的荧光强度。

1.7 聚集诱导发光

唐本忠院士课题组（江美娟等，2018）在 2001 年首次发现了有机小分子聚集诱导发光（AIE）现象，并发展了多种基于聚集诱导发光现象的有机化合物荧光探针。2012年，新加坡国立大学谢建平教授课题组研究发现，巯基保护的金纳米团簇也具有聚集诱导发光的特性，团簇聚集后，其荧光量子产率可达 15%（Luo et al.，2012）。最近，北京科技大学张学记教授、苏磊教授课题组（王健行，2019）研究发现，在 pH 值 11 时，谷胱甘肽修饰的金簇具有更强烈的聚集诱导发光效应，他们认为在高 pH 值条件下，金簇表面配体存在一定程度的结晶，这种结晶会通过抑制分子内部振动或抑制分子非辐射跃迁，从而产生强烈的聚集诱导发光。除金簇外，银簇、铜簇也具有聚集诱导发光特征（Wang et al.，2019）。Wang 等（2017）发现当向双链 DNA 稳定的银簇中加入牛血清白蛋白后，由于聚集诱导发光的存在，团聚的银簇的荧光发射光谱会大大增强并且出现蓝移。山东大学郝京诚教授课题组研究发现（Yuan et al.，2020），在不同的有机溶剂中，由于铜簇表面聚集程度和电荷的差异，会导致铜簇发射波长及发光强度产生明显的变化。

1.8　上转换荧光与下转换荧光

上转换荧光，也称上转换发光，是一种稀土离子及含有稀土元素的纳米材料特有的发光现象，当稀土粒子及含稀土元素的纳米材料吸收 2 个或 2 个以上的低能光子后，可辐射高能光子，上转换荧光属于反斯托克斯荧光（陈婷婷等，2019）。下转换荧光，也称下转换发光，一般指稀土离子或含有稀土元素的纳米粒子吸收短波长光子后，发射长波长光子的一种现象（潘雨，2018）。基于稀土掺杂的上转换荧光纳米材料及下转换荧光纳米材料是目前纳米荧光探针领域研究的热点之一，该类材料一般由基质材料、敏化剂及激活剂 3 部分组成（程倩等，2019）。通过调控基质材料组成，改变发光中心离子浓度、控制纳米粒子尺寸等方式可以提高纳米材料的发光效率。

1.9　荧光共振能量转移

荧光共振能量转移（FRET）也称为非辐射能量转移，即处于激发态的供体以偶极—偶极相互作用形式将激发能转移给其邻近的处于基态的受体。供体—受体对之间荧光共振能量转移的效率与供体的发射光谱和受体的吸收光谱重叠的程度及供体与受体之间的距离密切相关（Miller J N，2005）。以荧光共振能量转移为基础的均相免疫分析方法不仅可以测定生物大分子（抗原、抗体），在小分子（半抗原）的测定上也具有独特的优势，是最简便的均相测定方法之一。公式 1-4 是有机荧光染料荧光共振能量效率与供体与受体之间距离的关系（Lindenburg et al.，2014）。

$$E = R_0^{\,6} / (R_0^{\,6} + r^6) \tag{1-4}$$

式中，E 为荧光共振能量转移效率；R_0 为转移效率 50%时供体与受体之间的距离；r 为供体与受体的距离。

与传统荧光染料共振能量转移体系相比，基于荧光纳米探针（如量子点）的荧光共振能量转移体系具有许多优点。

（1）量子点具有窄的发射光谱、宽的激发光谱、大的吸收截面积，这样就可以通过选择合适的激发波长，尽可能减少对受体分子的直接激发，从而提高荧光共振能量转移的效率。

（2）量子点的体积较大，单个量子点表面可以结合多个受体分子或染料标记蛋白质，形成多受体体系，大大提高荧光共振能量转移效率。

（3）由于量子点的发射光谱可以通过其成分及大小来调节，针对不同的受体分子，通过调节量子点的组成或尺寸可以使供体（量子点）的发射光谱和受体（染料）的吸收光谱达到最大的重叠（Chen et al.，2006；Gill et al.，2005；Tomasulo et al.，2006）。有研究表明（Ray et al.，2014），荧光纳米探针之间的共振能量转移与有机荧光小分子不同，当有机荧光染料与纳米粒子接近时，有机荧光染料能量就可能转移到纳米粒子表面，这种转移称为纳米表面能量转移（NSET），一般来说，有机荧光染料与纳米粒子之间或纳米粒子与纳米粒子之间能量转移距离更长。

华中农业大学韩鹤友教授课题组研究了 CdTe 量子点（供体）与罗丹明 6G（受体）之间的荧光共振能量转移（FRET）（王绪炎等，2010），比较了 CdTe 量子点与牛血清白蛋白结合前后荧光共振能量转移的差异（图 1-5）。发现当 CdTe 量子点表面结合牛血清白蛋白后，可减小量子点与罗丹明 6G 分子之间的距离，从而提高两者之间的荧光共振能量转移效率。

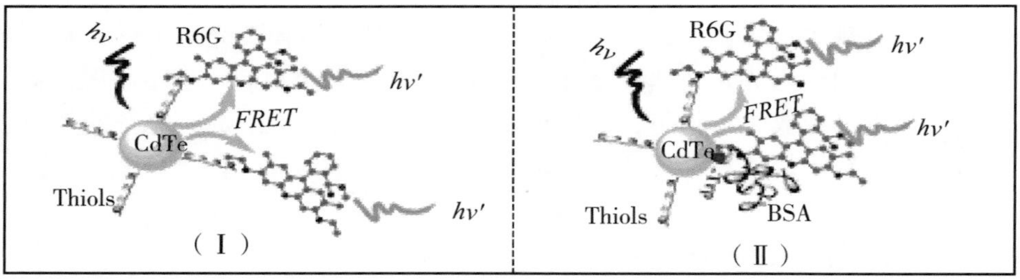

BSA：牛血清白蛋白；*FRET*：荧光共振能量转移；R6G：罗丹明 6G；*hν*：激发光；*hν′*：荧光发射；Thiols：巯基

图 1-5　加入 BSA 前后量子点与 R6G 荧光共振能量转移

（王绪炎等，2010）

当把其他有机荧光分子偶联到量子点表面时，量子点与有机荧光分子之间会发生荧光共振能量转移，由于一个量子点表面能够偶联多个小分子，这种荧光共振能量转移也称为同中心荧光共振能量转移（cFRET）。Massey 等（2017）研究了发射波长 525nm 的 CdSeS/ZnS 量子点与三有机荧光染料之间的同中心荧光共振能量转移，发现不仅量子点与有机荧光染料之间存在竞争性的荧光共振能量转移，有机染料之间也存在荧光共振能量转移。基于量子点—有机染料的同中心荧光共振能量转移探针可望用于多种分析物的同时检测及成像分析。

1.10 荧光猝灭

当向有机荧光染料或纳米荧光材料溶液中加入猝灭剂后，溶液的荧光强度会发生下降，这种作用称为荧光猝灭。如果猝灭剂通过碰撞的方式导致发荧光物质荧光强度降低，就属于动态猝灭；如果猝灭剂与发荧光的物质结合后导致荧光物质荧光强度降低，就称为静态猝灭。有时动态猝灭和静态猝灭也可能同时存在。Mátyus 等（2006）对荧光试剂与蛋白分子之间的相互作用进行了详细的讨论。荧光猝灭一般遵循 Stern-Volmer 方程（公式 1-5）。

$$F_0/F = 1+K_{sv}\,[Q] \tag{1-5}$$

式中，F_0 为未加猝灭剂时溶液的荧光强度；F 为加入一定猝灭剂后溶液的荧光强度；K_{SV}为猝灭常数；$[Q]$ 为猝灭剂的浓度。

区分动态猝灭和静态猝灭一般有 3 个标准。

（1）如果加入猝灭剂后荧光分子或纳米粒子的紫外—可见吸收光谱发生改变，则为静态猝灭。不变则为动态猝灭。

（2）如果猝灭常数随温度的升高而增大，则为动态猝灭，随温度的升高而减小，则为静态猝灭。

（3）如果加入猝灭剂后荧光分子或纳米粒子的荧光寿命减少，则为动态猝灭，荧光寿命不变，则为静态猝灭。

在动态猝灭过程中，猝灭剂可能通过能量转移或电荷转移机制导致荧光物质的荧光强度降低（许金钩等，2006）。

内滤效应的存在也会导致荧光分子或纳米荧光材料的荧光产生猝灭，与荧光共振能量转移及光诱导电子转移相比，内滤效应过程中荧光分子和猝灭剂之间并没有发生直接的相互作用（王金龙，2019）。课题组研究发现，当把荧光素异硫氰酸酯与碳点直接混合时，二者之间存在内滤效应（Liu et al.，2017），测定过程如图 1-6 所示。可参考文献报道的方法进行光谱校正（Abadeer et al.，2014；Nettles et al.，2015），如下：

$$\frac{I_{\mathrm{corr}}}{I_{\mathrm{obsd}}} = 10^{(A_{\mathrm{ex}}x_1+A_{\mathrm{em}}y_1)} \tag{1-6}$$

式中，x_1 和 y_1 分别为激发光束和发射光束的光程；I_{corr} 及 I_{obsd} 分别为校正前后的荧光强度；A_{ex} 和 A_{em} 代表激发波长处和发射波长处的吸光度。当激发光束和发射光束的光程分别为 $a/2$ 和 $b/2$，可采用公式（1-7）校正碳点荧光强度：

$$I_{\mathrm{corr}} = I_{\mathrm{obsd}} \cdot 10^{(A_{\mathrm{ex}}a+A_{\mathrm{em}}b)/2} \tag{1-7}$$

1.11 荧光偏振

荧光偏振是研究溶液中分子相互作用的一个重要工具。当一束偏振光与荧光照射到荧光溶液中时，可以通过改变偏振滤光片的方向，从而测定与入射光平行方向或垂直方向光的强度（图 1-7）。荧光偏振 P 可用公式（1-8）求得。

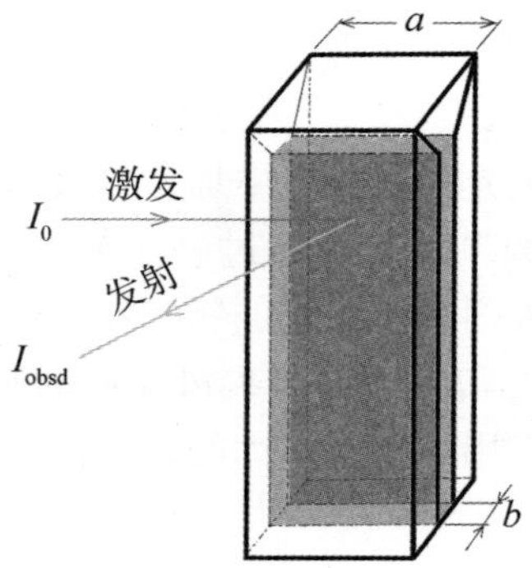

图 1-6　荧光测定过程示意（刘华兵，2017）

I_0：入射光强度；I_{obsd}：仪器测定的荧光强度

$$P=(I_{\perp}-I_{\parallel})/(I_{\perp}+I_{\parallel}) \tag{1-8}$$

式中，P 为荧光偏振度；$I_{\perp}$为垂直于激发光偏振方向所测的荧光强度；$I_{\parallel}$为平行于激发光偏振方向所测的荧光强度（Kakehi et al.，2001）。

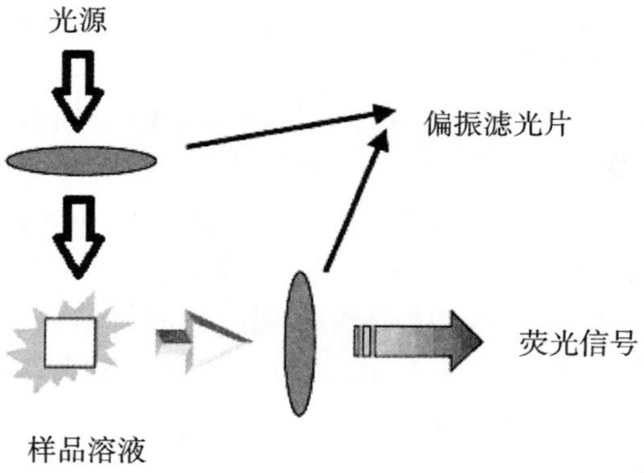

图 1-7　荧光偏振测定

（Kakehi et al.，2001）

荧光偏振不仅可以用来研究小分子与生物大分子的相互作用，还可以用于免疫分析测定小分子（Lippolis et al.，2014）。如 Mykytczuk 等（2007）采用荧光偏振技术研究了环境压力下细菌细胞膜的流动性。

1.12　双光子荧光技术

传统的荧光技术需要采用比荧光发射波长更短波长的光激发荧光物质，这不仅造成散射光强度较大，而且可能对生物样品造成一定的损伤。随着激光技术的发展，尤其是飞秒级脉冲激光器的出现，使得荧光光源强度不断增大，从而使荧光物质可以在短时间内同时吸收两个或多个长波长的光子，从而产生双光子荧光或多光子荧光。如图1-8所示，一个最大激发波长 340nm、最大发射波长 400nm 的荧光染料，如果采用双光子激发，则需要 680nm 的激光器，如果采用三光子激发，则需要 1 020nm 的激光器。双光子及多光子荧光技术也可用于生物样品的成像分析，采用长波长的激发光，可以提高激发光的穿透能力，从而获取样品深层的信号。

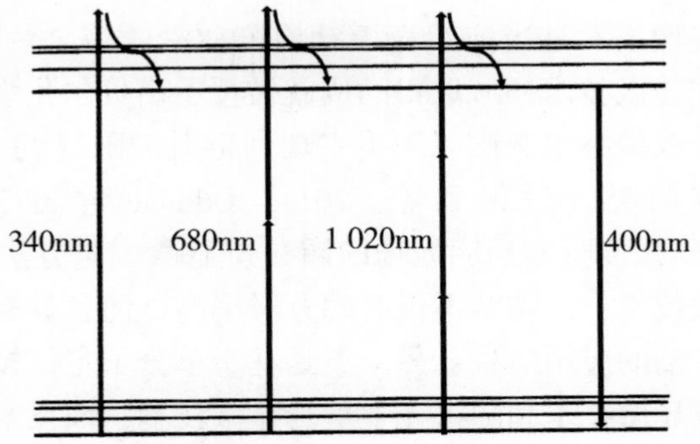

图 1-8　双光子及多光子荧光产生

（Diaspro，2005）

1.13　荧光相关光谱

荧光相关光谱主要检测一定体积（通常$<10^{-15}$ L）范围内荧光分子在扩散作用、光化学及光物理过程下的强度随时间的变化规律（Papadakis et al.，2014），并对荧光强度随时间的变化的函数进行分析，从而获得发光物质浓度、扩散系数等方面的信息。上海交通大学任吉存教授课题组采用荧光相关光谱技术建立了水溶液中量子点动力学半径、表面电荷测定新方法（董朝青，2007），研究了激光照射下量子点团聚和光活化的过程。荧光相关光谱不仅可以用于扩散常数、化学动力学参数的研究，而且可以用于生物分子相互作用、细胞分析、肿瘤早期诊断等方面的研究（张普敦等，2005）。荧光相关光谱不仅可以通过单光子激发产生，还可以通过多光子激发产生；采用多光子激发时，可大大减少背景噪声，是分析溶液中单分子荧光的重要研究方法（董朝青，2007）。

1.14　比率荧光测定技术

采用单一波长荧光信号进行分析及成像时，荧光信号很容易受样品环境条件、探针浓度等因素的影响。比率荧光测定技术通常采用两种荧光染料结合，或荧光纳米粒子与染料结合，同时检测两个波长荧光强度的变化来测定待测物的浓度。目前，比率荧光测定技术已经用于活细胞中 pH 值、钙离子浓度、溶解氧、活性氧自由基等方面的检测（Fisher et al.，2014）。如中国科学院北京化学研究所马会民研究员课题组将异硫氰酸荧光素与异硫氰酸罗丹明 B 同时偶联到碳点表面，制备出可用于活细胞 pH 值检测的比率荧光探针，成功用该探针检测了过氧化氢、次氯酸根等诱导下 HeLa 细胞内 pH 值的变化，显示了比率荧光测定技术的巨大优势（Shi et al.，2012）。

1.15 超分辨荧光显微成像技术

超分辨荧光显微成像技术是当前荧光探针检测前沿领域之一。2014 年美国及德国科学家因在超分辨荧光显微技术领域取得的成就被授予诺贝尔化学奖。与普通荧光成像技术相比，超分辨荧光成像技术突破了阿贝—瑞利衍射极限（约 200nm）。目前，远场光学成像技术主要有两类（姚保利等，2011；Oddone et al.，2014；Dean et al.，2014），一类是基于特殊强度分布照明光场的超分辨显微成像方法，如受激发射损耗显微技术和结构照明显微技术，该技术不仅时间分辨率高，而且具有三维成像能力，在细胞及活体成像中具有广阔的应用前景；另一类是基于单分子定位技术的超分辨显微成像方法，包括光激活定位显微技术和随机光学重构显微技术，该技术空间分辨率可达到亚纳米量级，但其时间分辨率较低。

1.16 小　结

本章主要介绍了常见的荧光分析技术及方法，很多方法如荧光共振能量转移、荧光偏振、双光子荧光技术、荧光寿命、比率荧光测定技术、荧光成像等，已经成为当前纳米荧光探针领域研究的热点。而超分辨荧光显微成像技术、圆偏振荧光光谱、荧光寿命成像技术也受到多个领域研究者的广泛关注，但由于这类荧光分析技术仪器昂贵，在应用上受到一定的限制。随着技术的进步，这类分析技术可能成为未来纳米荧光分析的新热点。

参考文献

陈婷婷，杜民，陈建国，等，2019. 上转换发光材料应用进展及其检测系统的研究［J］. 中国医疗设备，34（12）：151-155.

程倩，于佳酩，霍薪竹，等，2019. 稀土氟化物上转换荧光增强及应用［J］. 化学进展，31（12）：1 681-1 695.

董朝青，2007. 荧光相关光谱系统及其荧光纳米材料表征新方法研究［D］. 上海：上海交通大学.

江美娟，郭子健，唐本忠，2018. 聚集诱导发光材料在生物成像、疾病诊断及治疗的应用［J］. 科技导报，36（22）：27-53.

刘爱平，王琦琛，2007. 细胞生物学荧光技术原理和应用［M］. 合肥：中国科学技术大学出版社.

刘华兵，2017. 碳点与异硫氰酸荧光素相互作用、选择性细胞成像及抗病毒研究［D］. 武汉：华中农业大学.

潘雨，2018. 近红外下转换发光材料的制备、发光性质及其能量传递机制的研究［D］. 重庆：重庆邮电大学.

王健行，2019. 聚集诱导发光的金纳米簇的刻蚀化学研究［D］. 北京：北京科技大学.

王金龙，2019. 基于内滤效应的荧光碳量子点适配体传感器体系构建与检测应用［D］. 贵州：贵州大学.

王绪炎，梁建功，马金杰，等，2010. CdTe 量子点—罗丹明 6G 荧光共振能量转移体系的构建及其应用研究［J］. 高等学校化学学报，31（2）：260-263.

夏锦尧，1992. 实用荧光分析法［M］. 北京：中国人民公安大学出版社.

许金钩，王尊本，2006. 荧光分析法［M］. 北京：科学出版社.

姚保利，雷铭，薛彬，等，2011. 高分辨和超分辨光学成像技术在空间和生物中的应用［J］. 光子学报，40（11）：1 607-1 618.

荧光量子产率［EB/OL］. http：//baike. baidu. com/view/1888738. htm？fr=aladdin.

张普敦，任吉存，2005. 荧光相关光谱及其在单分子检测中的应用进展［J］. 分析化学，33（6）：875-880.

Abadeer N S，Brennan M R，Wilson W L，et al，2014. Distance and plasmon wavelength dependent fluorescence of molecules bound to silica-coated gold nanorods［J］. *ACS Nano*，2014，8（8）：8 392-8 406.

Berezin M Y，Achilefu S，2010. Fluorescence lifetime measurements and biological imaging［J］. *Chemical Reviews*，110（5）：2 641-2 684.

Chen C Y，Cheng C T，Lai C W，et al，2006. Potassium ion recognition by 15-crown-5 functionalized CdSe/ZnS quantum dots in H_2O［J］. *Chemical Communications*（3）：263-265.

Dean K M，Palmer A E，2014. Advances in fluorescence labeling strategies for dynamic cellular imaging［J］. *Nature Chemical Biology*，10（7）：512-523.

Diaspro A，Chirico G，Collini M，2005. Two-photon fluorescence excitation and related techniques in biological microscopy［J］. *Quarterly Reviews of Biophysics*，38（2）：97-166.

Dong F，Han H，Liang J，et al，2008. Study on the interaction between 2-mercaptoethanol，dimercaprol and CdSe quantum dots［J］. *Luminescence*，23（5）：321-326.

Fisher K M，Campbell C J，2014. Ratiometric biological nanosensors［J］. *Biochemical Society Transactions*，42：899-904.

Galletly N P，McGinty J，Dunsby C，et al，2008. Fluorescence lifetime imaging distinguishes basal cell carcinoma from surrounding uninvolved skin［J］. *British Journal of Dermatology*，159（1）：152-161.

Gao X，Han B，Yang X，et al，2019. Perspective of chiral colloidal semiconductor nanocrystals：opportunity and challenge［J］. *Journal of the American Chemical Society*，141（35）：13 700-13 707.

Gill R，Willner I，Shweky I，et al，2005. Fluorescence resonance energy transfer in CdSe/ZnS-DNA conjugates：Probing hybridization and DNA cleavage［J］. *Journal of Physical Chemistry B*，109（49）：23 715-23 719.

Kakehi K，Oda Y，Kinoshita M，2001. Fluorescence polarization：Analysis of carbohydrate-protein interaction［J］. *Analytical Biochemistry*，297（2）：111-116.

Lindenburg L，Merkx M，2014. Engineering genetically encoded FRET sensors［J］. *Sensors*，14（7）：11 691-11 713.

Lippolis V，Maragos C，2014. Fluorescence polarisation immunoassays for rapid，accurate and sensitive determination of mycotoxins［J］. *World Mycotoxin Journal*，7（4）：479-489.

Liu H B，Xu C Y，Bai Y L，et al，2017. Interaction between fluorescein isothiocyanate and carbon dots: Inner filter effect and fluorescence resonance energy transfer [J]. *Spectrochimica Acta Part A-Molecular and Biomolecular Spectroscopy*, 171: 311-316.

Luo Z, Yuan X, Yu Y, et al, 2012. From aggregation-induced emission of Au (Ⅰ) -thiolate complexes to ultrabright Au (0) @Au (Ⅰ) -thiolate core-shell nanoclusters [J]. *Journal of the American Chemical Society*, 134 (40): 16 662-16 670.

Massey M, Kim H, Conroy E M, et al, 2017. Expanded quantum dot-based concentric forster resonance energy transfer: Adding and characterizing energy-transfer pathways for triply multiplexed biosensing [J]. *The Journal of Physical Chemistry C*, 121 (24): 13 345-13 356.

Miller J N, 2005. Fluorescence energy transfer methods in bioanalysis [J]. *Analyst*, 130 (3): 265-270.

Mykytczuk N C S, Trevors J T, Leduc L G, et al, 2007. Fluorescence polarization in studies of bacterial cytoplasmic membrane fluidity under environmental stress [J]. *Progress in Biophysics & Molecular Biology*, 95 (1-3): 60-82.

Mátyus L, Szöllösi J, Jenei A, 2006. Steady-state fluorescence quenching applications for studying protein structure and dynamics [J]. *Journal of Photochemistry and Photobiology B-Biology*, 83 (3): 223-236.

Nettles C B, Hu J, Zhang D, 2015. Using water Raman intensities to determine the effective excitation and emission path lengths of fluorophotometers for correcting fluorescence inner filter effect [J]. *Analytical Chemistry*, 87 (9): 4 917-4 924.

Oddone A, Verdeny Vilanova I, Tam J, et al, 2014. Super-resolution imaging with stochastic single-molecule localization: Concepts, technical developments, and biological applications [J]. *Microscopy Research and Technique*, 77 (7): 502-509.

Papadakis C M, Kosovan P, Richtering W, et al, 2014. Polymers in focus: fluorescence correlation spectroscopy [J]. *Colloid and Polymer Science*, 292 (10): 2 399-2 411.

Ray P C, Fan Z, Crouch R A, et al, 2014. Nanoscopic optical rulers beyond the FRET distance limit: fundamentals and applications [J]. *Chemical Society Reviews*, 43 (17): 6 370-6 404.

Rurack K, Spieles M, 2011. Fluorescence quantum yields of a series of red and near-infrared dyes emitting at 600~1 000nm [J]. *Analytical Chemistry*, 83 (4): 1 232-1 242.

Schaerli Y, Wootton R C, Robinson T, et al, 2009. Continuous-flow polymerase chain reaction of single-copy DNA in microfluidic microdroplets [J]. *Analytical Chemistry*, 81 (1): 302-306.

Shi W, Li X, Ma H, 2012. A tunable ratiometric pH sensor based on carbon nanodots for the quantitative measurement of the intracellular pH of whole cells [J]. *Angewandte Chemie International Edition*, 51 (26): 6 432-6 435.

Tomasulo M, Yildiz I, Raymo F M, 2006. pH-Sensitive quantum dots [J]. *Journal of Physical Chemistry B*, 110 (9): 3 853-3 855.

Wang J X, Lin X F, Shu T, et al, 2019. Self-assembly of metal nanoclusters for aggregation-induced emission [J]. *International Journal of Molecular Sciences*, 2019, 20 (8): 1 891.

Wang W X, Wu Y, Li H W, 2017. Regulation on the aggregation-induced emission (AIE) of DNA-templated silver nanoclusters by BSA and its hydrolysates [J]. *Journal of Colloid and Interface Science*, 505: 577-584.

Xu S, Wang C L, Xu Q, et al, 2010. What is a convincing photoluminescence quantum yield of fluorescent nanocrystals [J]. *Journal of Physical Chemistry C*, 114 (34): 14 319-14 326.

Yuan J，Wang L，Wang Y T，et al，2020. Stimuli-responsive fluorescent nanoswitches：Solvent-induced emission enhancement of copper nanocluster［J］. *Chemistry-A European Journal*，26（16）：3 545-3 554.

Zheng C，Wang H，Liu L，et al，2013. Synthesis and spectroscopic characterization of water-soluble fluorescent Ag nanoclusters［J］. *Journal of Analytical Methods in Chemistry*，UNSP：261-648.

第2章　纳米荧光探针简介

荧光分析法具有快速、简便、灵敏度高等优点（刘欣等，2001），在分析化学、生命科学等领域受到研究者的广泛关注。然而，对于大多数的分子而言，其本身可能没有荧光或荧光很弱，需要将一些强荧光的物质与其偶联，从而对其进行示踪分析。目前，荧光探针主要包括三大类：第一类是有机小分子荧光探针；第二类是以绿色荧光蛋白为代表的蛋白荧光探针；第三类是纳米荧光探针（刘洋，2009）。

早在1871年，德国化学家Adolph Von Baeyer就合成了荧光素，这是科学家首次合成荧光探针（Warrier and Kharkar，2014）。目前，有机荧光探针在生命科学中已经得到广泛应用（张华山等，2002），可用于离子检测、蛋白质标记、核酸检测等多方面。常见的有机荧光染料包括吖啶类染料（acridine dyes）、呫吨类染料（xanthene dyes）［如罗丹明类染料（rhodaniines）、荧光素类染料（fluoreceins）等］、菁类染料（cyanine dyes）、醌—亚胺类染料（quinone-imine dyes）、芳基甲烷类染料（arylmethane dyes）、香豆素类染料（coumarin dyes）和稠环芳烃类染料（polycydic aromatic hydrocarbons）等（吴志勇，2013）。这些荧光染料中，只有吲哚青绿（indocyanine green）和荧光素（fluoresein）两种荧光染料被美国食品和药品监督管理局（FDA）批准在人体中使用（Kobayashi et al.，2010）。

绿色荧光蛋白是科学家从水母体内发现的一种天然发光蛋白质，由238个氨基酸组成，分子量约28kDa（马金石，2009）。2008年，日本科学家下村修（Osamu Shimomura）、美国科学家马丁·沙尔菲（Martin Chalfie）和美籍华裔科学家钱永健（Roger Y. Tsien）因发现并发展了新的光学分子成像探针而获得诺贝尔化学奖（Weiss，2008）。下村修从水母体内提取出了绿色荧光蛋白，并将所提取的绿色荧光蛋白用于钙离子的测定；沙尔菲利用转基因技术在异源细胞中表达出绿色荧光蛋白；钱永健通过对绿色荧光蛋白基因的改造，发展出蓝色荧光蛋白（BlueFP）、青色荧光蛋白（CyanFP）和黄色荧光蛋白（YellowFP）等绿色荧光蛋白变种（马金石，2009）。

纳米荧光探针近年来也受到分析化学、材料科学及生命科学等领域研究者的广泛关注，主要包括半导体量子点荧光探针、荧光金属纳米团簇探针、碳点荧光探针、石墨烯及类石墨烯量子点荧光探针、上转换纳米荧光探针以及多功能纳米荧光探针等。本章将对目前常见的纳米荧光探针做一简要介绍。

2.1　半导体量子点荧光探针

半导体量子点（semiconductor quantum dots）是一类尺寸小于或接近于激子玻尔半径近似球状的无机纳米颗粒（Zhang et al.，2014；Chinnathambi et al.，2014）。高质量的半导体量子点具有宽的激发光谱、窄而对称的发射光谱、高的量子产率和较好的生物相容性（Liu et al.，2013）。自 1998 年《Science》杂志首次报道将半导体量子点用于细胞成像以来，半导体量子点已经在生物分析、细胞成像等领域受到研究者的广泛关注，并显示出巨大的优越性（Chan and Nie，1998；Bruchez et al.，1998；Michalet et al.，2005）。

与体相半导体纳米材料相比，由于量子限域效应的存在，量子点内部导带和价带之间的距离会随着其尺寸的变化而变化，尺寸越小，其导带与价带之间的距离越大（图 2-1）（Murphy，2002；Chen，2004；Chan，2001）。当一定波长的光照射量子点时，量子点内处于价带的电子就会吸收光子能量，从价带跃迁到导带，当处于导带的电子重新从导带跃迁回价带时，就会发出荧光。如果量子点表面有缺陷存在，电子也会从导带跃

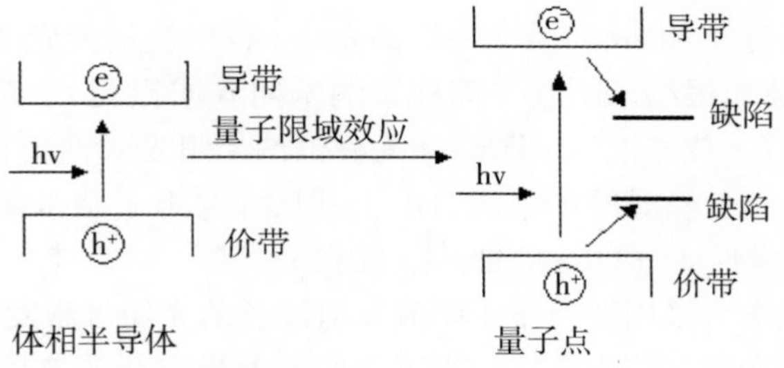

图 2-1　量子点的发光机理

（Murphy C J，2002；Chen Y F，2004；Chan W C W，2001；梁建功，2006）

迁到缺陷能带，在缺陷能带之间跃迁的电子通常会发出波长更长的荧光（梁建功，2006）。根据量子点的组成方式不同，量子点可分为单核型量子点、核—壳型量子点、合金型量子点及掺杂型量子点四大类（梁建功等，2013）。单核型量子点包括硅量子点、CdSe 量子点、CdTe 量子点、ZnO 量子点、ZnS 量子点等。由于单核型量子点表面存在缺陷，会降低其荧光量子产率。通常在量子点表面包覆一层壳，使量子点表面缺陷钝化，从而增加其发光效率。核—壳型量子点又可以分为Ⅰ型量子点、Ⅱ型量子点及反Ⅰ型量子点三大类（Peter et al.，2009）。Ⅰ型量子点如 CdSe/ZnS 量子点、CdTe/ZnS 量子点等，其荧光发射波长一般与核的组成和尺寸有关，与壳的厚度无关，原因是电子和空穴被完全限制在核内。Ⅱ型量子点如 CdTe/CdSe 和 CdSe/ZnTe 等，这类材料会随着壳厚度的增加，导致量子点最大荧光发射波长显著红移，主要原因是核材料的能级与壳材料能级发生了交错，导致电子和空穴被限制在壳中。反Ⅰ型量子点如 CdS/CdSe 和 ZnSe/CdSe 量子点等，这类材料核的带宽比壳的带宽大，当反Ⅰ型量子点核厚度增加

时，其最大荧光发射波长一般也会发生红移（梁建功等，2013）。合金型量子点如CdTeS合金型量子点、CdZnSe合金型量子点、CdZnTe合金型量子点等(Yahia-Ammar et al.，2014；Sheng et al.，2014；Cheng et al.，2014)，其量子点荧光发射波长不仅随着尺寸大小不同而发生变化，而且会随着合金比例不同而发生变化。掺杂型量子点如Mn掺杂ZnS量子点、Mn掺杂ZnO量子点等，Mn掺杂的量子点发射带宽会变窄，导致量子点的荧光发射波长变长（Kolmykov et al.，2014），如ZnS量子点的最大荧光发射波长在450nm左右，Mn掺杂后最大发射波长会红移到570~590nm（Xue et al.，2011）。量子点不仅用于生物检测、细胞成像及活体诊断等方面，最近在太阳能电池领域也受到研究者的关注（Kouhnavard et al.，2014；Petryayeva et al.，2013）。

最近研究发现，量子点的荧光在外界压力诱导下会发生改变。Xiao等（2018）研究发现，CdSe量子点在压力作用下，其荧光发射波长会发生蓝移，荧光发射强度会大大增强，他们认为压力可能会减少量子点的表面缺陷，从而导致其荧光发射增强，该性质可进一步扩大量子点的应用范围。

2.2 荧光金属纳米团簇探针

荧光金属纳米团簇（Fluorescent metal nanoclusters）包括荧光金纳米团簇（简称金纳米团簇或金簇)、荧光银纳米团簇（简称银纳米团簇或银簇)、荧光铂纳米团簇（简称铂纳米团簇或铂簇)、荧光铜纳米团簇（简称铜纳米团簇或铜簇）等。荧光金属纳米团簇一般由几个至几十个金属原子组成，由于其尺寸与电子费米能级（0.7nm）接近，从而表现出独特的光学性质（Lu and Chen，2012）。

（1）宽的激发光谱。采用波长小于团簇发射波长的光均可激发团簇产生荧光。

（2）可调的发射光谱。荧光金属纳米团簇的发射光谱会随着核的尺寸而发生变化，其发射波长可在紫外、可见及近红外区域调节。例如金Au_{31}、Au_{13}、Au_8及Au_5荧光团簇的最大发射波长分别在近红外、红、绿、蓝及紫外区域（Zheng et al.，2004；Zheng et al.，2007）。

（3）较高的荧光量子产率。如Dickson课题组采用枝状分子为修饰试剂所合成的Au_5荧光团簇，其荧光量子产率可达70%，Martinez课题组合成的银荧光团簇最高荧光量子产率可达64%（Sharma et al.，2010）。

（4）优异的双光子荧光发射特性。研究表明，金簇是一种非常有效的双光子荧光吸收试剂，其双光子吸收截面积可达到10^5 Goppert-Mayer单位，高于普通有机荧光染料及量子点（Ramakrishna et al.，2008）。

（5）良好的生物相容性。与目前在生物成像中使用的CdSn/ZnS量子点相比，金簇、银簇中不含有毒的重金属元素，据文献报道，在成像浓度范围内，金簇对细胞的活力和形态不产生负面的影响（Li et al.，2011）。

金属材料的光学性质具有很强的尺寸依赖性，体相金属材料具有良好的导电性；当金属材料尺寸减小到纳米级别后，由于表面等离子体共振效应的影响，其颜色会随着尺寸的变化而发生变化；当材料的尺寸进一步降低到电子费米能级（0.7nm）附近时，金属材料内部能级会进一步分裂，从而表现出荧光发射特性（Zhang and Wang，2014）。当金属材料尺寸减小到纳米级后，其表面自由能会迅速增大，通常需要在其表面修饰一层保护试剂，防止金属纳米粒子或团簇发生团聚。课题组以 $AgNO_3$、十二烷基磺酸钠（SDS）及硼氢化钠（$NaBH_4$）为原料，通过一步法合成水相分散荧光银纳米团簇（Zheng et al.，2013）。该团簇在 277nm 和 203nm 有 2 个吸收峰，分别对应于电子从基态到不同激发态的跃迁，在 340nm 有一荧光发射峰，对应于电子从第一激发态最低振动能级回到基态时的跃迁（图 2-2）。为了提高金属纳米团簇的荧光量子产率，还可以将不同金属进行掺杂，如 Zhang 等（Zhang et al.，2014）以 $HAuCl_4$、$AgNO_3$ 及牛血清白蛋白为原料，合成了合金型金/银纳米团簇，所合成团簇的荧光比 BSA 修饰金团簇提高了 6.5 倍，比金/银核壳型纳米团簇的荧光提高了 4.7 倍。

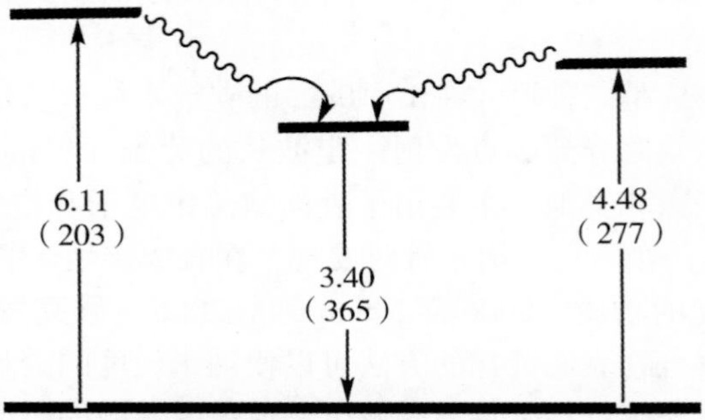

图 2-2　银纳米团簇荧光发射的电子能级示意

（Zheng et al.，2013）

金簇的稳定性对其在生物检测及生物成像等领域的应用具有重要的意义。作者课题组采用氙灯照射的方法，研究了不同 pH 值条件下组氨酸、谷胱甘肽混合修饰金簇的光稳定性（周优等，2018）。结果表明，在 pH 值 9.0 的条件下，金簇在最大发射波长处的荧光强度随光照时间变化更快，说明金簇在 pH 值 5.0 及 pH 值 7.4 的条件下，光稳定性比 pH 值 9.0 的条件下光稳定性更高（图 2-3，见书末彩图）。当向体系中通入氮气除去体系中溶解氧后，金簇在最大发射波长处的荧光强度随光照时间会明显变慢，说明金簇在光照条件下可能与溶解氧发生光化学反应，导致其荧光产生猝灭。

Zhou 等（2019）系统研究了金簇的原子数与其光学性质之间的关系。结果表明，当金簇的原子数少于 50 个金原子时，其光学性质主要由其结构决定；当金簇所含原子数目为 50~100 个金原子时，其光学性质由金簇的尺寸和结构共同决定；当金簇所含原子数目大于 100 时，其光学性质主要依赖于其尺寸变化。该研究可为了解金属团簇的光学性质提供重要的参考。Li 等（2019）对金簇的肿瘤微环境、肿瘤靶向性、药代动力学特征进行了评述，并总结了基于金簇的纳米药物在肿瘤成像及治疗中的应用。由于金簇的尺寸、电荷、形貌及表面化学特征对其生物相容性有着重要的影响，通过改变金簇的尺寸、形貌等特征提高其生物相容性及肿瘤靶向性是十分必要的。另外，目前合成的金簇其最大荧光发射波长一般小于 800nm，合成波长更长的发光金纳米团簇也是未来该领域的一个发展方向。

与金簇及银簇相比，铜元素是人体必需元素，更容易被人体清除。Lai 等（2020）全面总结了作为诊疗试剂铜簇的合成方法、表面修饰技术以及铜簇在疾病诊断及治疗中的应用，对铜簇的尺寸、形貌对诊疗效果的影响进行了全面总结。他们认为，未来发展新的铜簇合成方法是十分必要的，这样可以更有效的控制铜簇的物理、化学及生物性质。另外，发展基于单一体系的多模式成像及诊疗技术也是未来的一个重要研究方向。

2.3 碳点荧光探针

在文献中，广义的碳点包括碳量子点、石墨烯量子点、碳纳米点及聚合物点，狭义的碳点仅指碳量子点（Zhu et al.，2019）。本书中的碳点按照狭义的碳点来定义，仅指碳量子点。

碳点（Carbon dots）是一种尺寸在 1~10nm 的碳纳米粒子，是由于碳粒子表面的能量缺陷而产生的，能量缺陷导致碳点发射一定波长的荧光（Wang et al.，2009）；碳点发光行为与半导体量子点相类似，主要由于表面缺陷中电子和空穴的辐射重组而产生。2004 年，Xu 等（2004）在纯化碳纳米管时发现，在合成碳纳米管的杂质中含有发橘红色、黄色和蓝绿色荧光的物质。2006 年，Sun 等（2006）研究发现，采用硝酸处理碳点后，再通过高分子聚合物表面钝化的方法可以使纳米尺度的碳粒子在可见光区发射出强烈的荧光。此后，荧光碳点在生物检测及生物成像等领域的研究逐渐引起人们广泛的关注。Cao 等（2007）发现了碳点的双光子吸收特性，且具有大的双光子吸收截面积。Liu 等（2007）发展了蜡烛灰制备碳点新方法，他们采用 HNO_3 及 H_2O_2/ AcOH 为氧化剂，合成了不同发光的碳点，在合成过程中，氧化剂不仅可使碳点团聚体变成小的颗粒，增加碳点的溶解性，而且可改变所合成碳点的荧光性质。他们通过红外光谱检测发现，所合成的碳点中含有末端C ═C、内部 C ═C 和 C ═O 等基团。

在成像分析过程中，荧光量子产率是非常重要的指标。碳点的荧光量子产率主要与碳点的尺寸及表面修饰状态有关（田瑞雪，2014），其中，表面钝化是提高碳点荧光量子产率的一个有效途径。尽管很多文献报道未经钝化过程也可以制备出不同发射波长的碳点，然而，所合成碳点的荧光量子产率大都较低，而通过钝化过程后，碳点的荧光量子产率会大大提高（Luo et al.，2013）。掺杂是提高碳点荧光量子产率的另一有效途径，Sun 等（2008）将 ZnO 和 ZnS 掺杂到碳点内部后，其荧光量子产率大大增加，其中，掺杂 ZnS 的碳点的荧光量子产率超过 50%，掺杂 ZnO 碳点的荧光量子产率约 45%，他们认为，掺杂可以对碳点起到钝化作用，从而提高其荧光发射强度，但具体机理目前仍不清楚。Anilkumar 等（2011）将 TiO_2 掺杂到碳点中后，发现碳点的荧光量子产率可达 78%。这些研究为碳点进一步应用提供了重要的前期工作基础。

碳量子点的光学稳定性对其进一步用于生物检测及生物成像等领域具有重要的参考价值。作者课题组系统地研究了氙灯光照对荧光碳点的光稳定性影响（Hu et al.，2019）。结果表明，在不同 pH 值（5.0、7.4、9.0）条件下，随着光照时间的延长，碳点的荧光强度均表现出先增强后减弱的变化，总体变化表现为荧光强度增强，且在光照过程中，碳点荧光的最大发射波长不断发生红移。图 2-4（a）是光照后碳点的透射电子显微图像，可看出在光照后碳点的颗粒发生了明显的团聚，图 2-4（b）是光照前后碳点的红外光谱，从红外光谱可看出光照后碳点的表面基团也发生了明显的变化。这说明，氙灯光照会改变碳点表面官能团，并导致碳点聚集成较大颗粒，从而使碳点荧光发生红移。

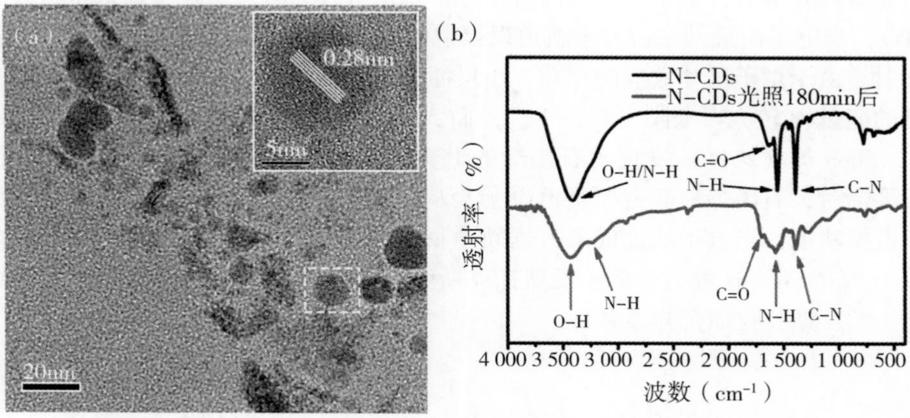

图 2-4　光照后碳点的透射电子显微图像（a）及光照前后碳点的红外光谱（b）

压力变化也会导致碳点的荧光光谱产生变化，Liu 等（2018）研究发现，采用氢氧化钠处理碳点后，碳点的荧光会随着压力的增大出现先红移后蓝移的现象，而采用氢氧化钠及氢碘酸处里碳点后，碳点的荧光会随着压力的增大一直红移。他们认为碳点表面的羧基基团及 π-电子共轭体系对其压力诱导荧光变化起着至关重要的作用，当体系压力增大后，会提高 π-电子共轭体系的 π-π 堆叠作用，从而导致碳点的荧光红移。

最近研究发现，碳点还具有氢键诱导发光（hydrogen-bonding-induced emission）特性。Liu 等（2019）以间苯二胺和叶酸为原料，采用水热合成法合成了平均尺寸 2.6nm 的碳点。研究发现，由于该碳点具有氢键诱导发光特性，当向碳点溶液中加入 DNA 或 RNA 时，所加入的 DNA 或 RNA 会与碳点结合，导致碳点的荧光强度最大可增强 6 倍。他们进一步将该碳点用于 HeLa 细胞的细胞核成像，取得了良好的效果。

2.4　石墨烯及类石墨烯量子点荧光探针

2004 年以前，很多研究者认为二维结构的碳原子由于不稳定而不能存在。2004 年，英国曼彻斯特大学物理学家 Novoselov 等（2004）通过胶带剥离石墨片的方法，制备出单层石墨烯，他们发现在电场作用下，石墨烯的电子—空穴浓度可达 $10^{13}/cm^2$。安德烈 · 海姆（Andre Geim）和康斯坦丁 · 诺沃肖洛夫（Konstantin Novoselov），也因“在二维石墨烯材料的开创性试验”，共同获得 2010 年诺贝尔物理学奖（Hancock，2011）。随后，在科学界逐渐出现了一个石墨烯的研究热潮。

氧化石墨烯（Loh et al.，2010）是石墨烯的衍生物，含有 sp^2、sp^3 杂化的碳原子及含氧功能基团。Pan 等（2010）采用水热合成法，以片状石墨烯为原料，合成了平均尺寸 9.6nm 的表面功能化石墨烯量子点（Graphene quantum dots），他们发现所合成的石墨烯量子点发射蓝色荧光，这是首次报道石墨烯的光致发光现象。Shen 等（2011）通过水合肼还原的方法制备出发射蓝色荧光的石墨烯，所合成石墨烯量子点的荧光量子产率为 7.4%。图 2-4 是石墨烯量子点电子跃迁示意图，当处于基态的电子吸收适当能量的光子后，电子就从最高占据分子轨道（HOMO）跃迁至最低未占分子轨道（LUMO），当电子由最低未占分子轨道以辐射的方式回到最高占据分子轨道时，就产生荧光发射。由于量子尺寸效应的存在，小尺寸的石墨烯最低未占分子轨道与最高占据分子轨道的能量差较大［图 2-5（a）］，而大尺寸的石墨烯能量差则较小［图 2-5（b）］。Shen 等（2011）发现了石墨烯的上转换荧光现象，他们认为，当长波长光子激发石墨烯时，石墨烯最高占据轨道电子会从 δ 轨道跃迁到 π 轨道，再进一步跃迁到最低未占据轨道，当电子从最低未占据轨道回到最高占据轨道时，就产生了荧光［图 2-5（c）、（d）］。这种荧光属于反斯托克斯荧光。同样，小尺寸石墨烯比大尺寸石墨烯所产生的反斯托克斯荧光波长短。

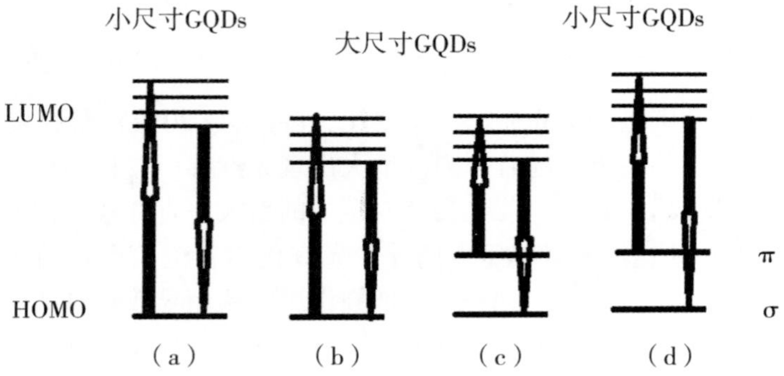

GQDs 代表石墨烯量子点；HOMO 代表最高占据分子轨道；LUMO 代表最低未占分子轨道

图 2-5　石墨烯量子点电子跃迁

（Shen et al.，2011）

类石墨烯量子点近年来也引起了研究者的广泛关注，其结构与石墨烯量子点相似。部分类石墨烯量子点不仅保留了二维结构材料的原有性能，还具有稳定的荧光发光特性及良好的生物相容性（刘青青，2019）。类石墨烯量子点主要有以下五大类：第一类是以黑磷量子点为代表的磷烯量子点；第二类是过渡金属硫化物量子点如二硫化钨量子点、二硫化钼量子点等；第三类是过渡金属氧化物量子点，如氧化钼量子点、氧化钨量子点等；第四类是以碳化硅为代表的二维层状碳基量子点；第五类是以六方氮化硼为代表的二维层状氮基量子点（刘青青，2019）。鉴于类石墨烯量子点种类很多，在生物检测及生物成像等领域应用还比较少，很多检测及成像原理与石墨烯量子点相类似，本书对类石墨烯量子点的应用仅做简要介绍。

2.5 稀土掺杂上转换纳米荧光探针

稀土掺杂纳米粒子具有下转换及上转换发光特性。其中，下转换荧光与普通荧光探针类似，即吸收短波长的光，发射长波长的光，由于稀土掺杂下转换纳米荧光材料目前研究很少，而且在生命科学中的应用也较少，鉴于此，本书不再介绍下转换荧光的相关研究内容，感兴趣的读者可参考东北大学徐淑坤教授编著的《无机纳米探针的制备及其生物应用》一书（徐淑坤，2012）。上转换荧光是吸收长波长的光，发射短波长的光，早在 1959 年 Bloembergen 就发现了这一现象，并提出了激发态吸收的上转换发光原理（Bloembergen，1959）。稀土掺杂上转换纳米粒子（Lanthanide-doped upconversion nanoparticles）具有长波长激发、短波长发射等特点，可有效避免生物材料自发荧光的干扰，降低可见光照射对生物组织的损伤（Min et al.，2014）。当上转换荧光材料一次吸收 2 个或 2 个以上低能量的光子后，其电子就会从基态跃迁到高能级的激发态，处于高能级激发态的电子以辐射的方式回到低能级激发态或基态时，就会产生荧光发射。稀土掺杂上转换荧光材料的发光机理包括激发态吸收［Excited-state absorption（ESA）］［图 2-6（a）］、能量传递上转换［Energy transfer upconversion（ETU）］［图 2-6（b）］、协同敏化上转换［Cooperative sensitization upconversion（CSU）］［图 2-7（a）］、交叉弛豫［Cross relaxation（CR）］［图 2-7（b）］和光子雪崩［Photon avalanche（PA）］［图 2-7（c）］五大类（吴世嘉，2013；Yang Y，2014；Chen et al.，2014）。Chen 等（2014）在“Upconversion Nanoparticles：Design，Nanochemistry and Applications in Theranostics”的综述中对相关机理做了详细说明。上转换荧光与双光子荧光发光机理并不相同，双光子荧光激发时，电子先吸收一个光子到达虚拟的能级，而上

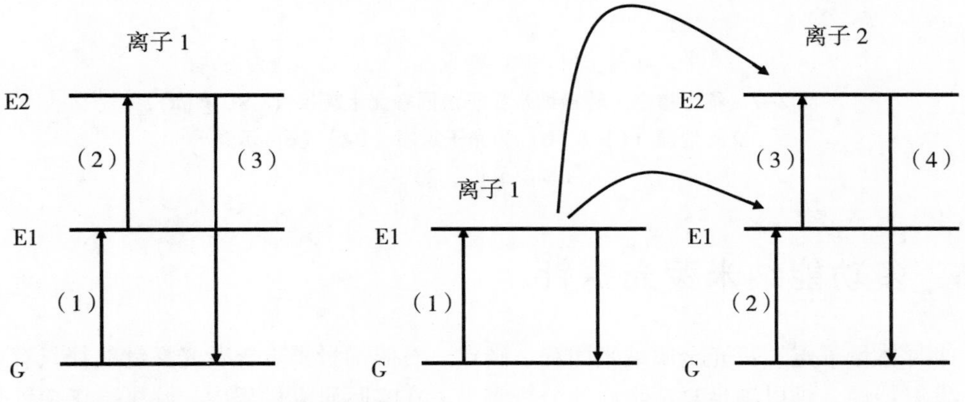

（a）激发态吸收能量传递（ESA）示意　　（b）能量传递上转换（ETU）示意

G：基态；E1：第一激发态；E2 第二激发态

图 2-6　稀土掺杂上转换纳米粒子激发态吸收（ESA）（a）及能量传递上转换（ETU）（b）

（Chen et al.，2014）

转换荧光材料吸收第一个光子后，电子会跃迁到一个实际存在的能级。这使得在采用激发光源时，双光子荧光必须采用价格昂贵的飞秒激光器，而上转换荧光一般采用价格比较便宜的普通近红外激光器。上转换纳米荧光探针已经用于生物检测、细胞成像、活体诊断及光动力学治疗等多个研究领域，未来具有很大的发展潜力（吴世嘉，2013）。

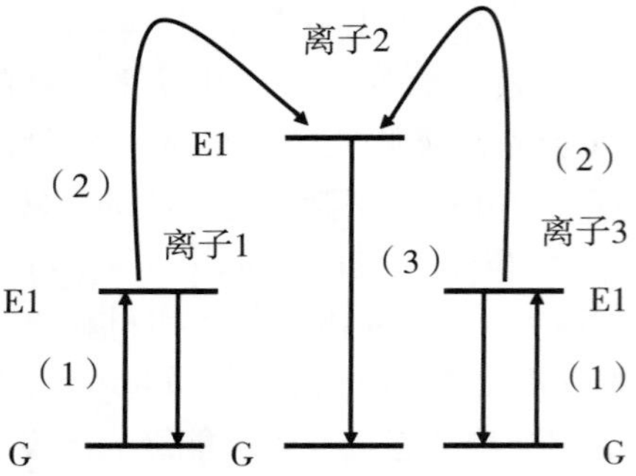

（a）协同敏化上转换（CSU）示意

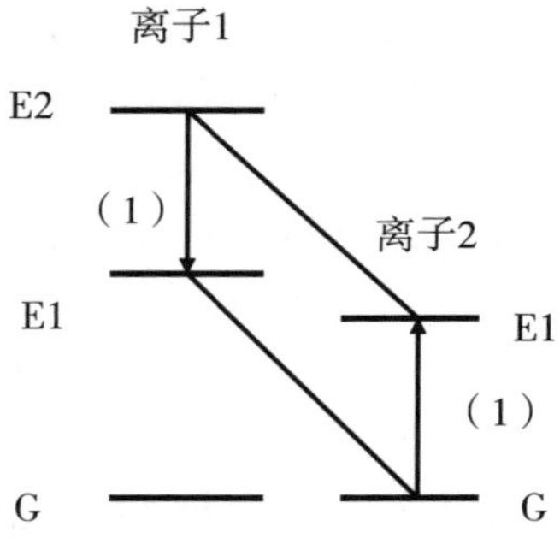

（b）交叉弛豫（CR）示意

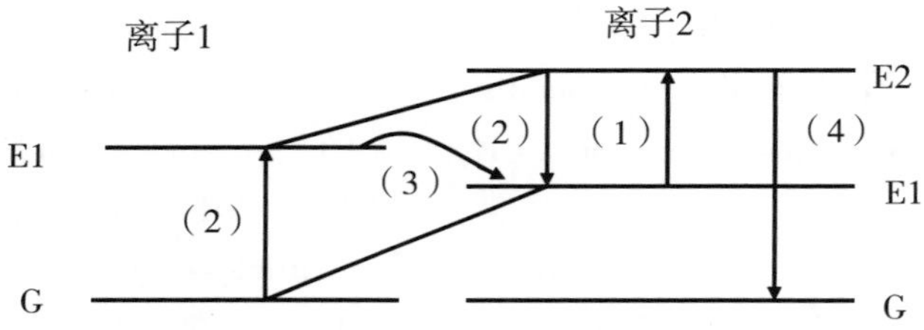

（c）光子雪崩（PA）示意

G：基态；E1：第一激发态；E2：第二激发态

图 2-7　稀土掺杂上转换纳米粒子协同敏化上转换（CSU）（a）、交叉弛豫（CR）（b）和光子雪崩（PA）（c）示意

（Chen et al.，2014）

2.6　多功能纳米荧光探针

半导体量子点、荧光金属纳米团簇、碳点、石墨烯量子点等荧光探针往往只有单一荧光发射特性，难以满足复杂物质的分析需求。在实际研究过程中，除了要求探针具有荧光发射特性，还需要探针具有分离功能、药物治疗功能等（Yi et al.，2014）。为了实现这些功能，通常把不同的纳米探针或纳米探针与药物分子相偶联，使探针具有磁性、荧光及生物靶向性等多种功能。多功能纳米荧光探针可分为增强型纳米荧光探针、比率型纳米荧光探针、荧光共振能量转移探针及磁性、荧光双功能探针等。例如，在磁性荧光双功能材料的制备过程中，可采用掺杂法、偶联法及包埋法等多个过程（图

2-8)，实现探针同时具有磁性分离功能和荧光成像功能，如果在探针表面偶联上生物识别分子，还可使探针同时具有生物靶向功能（刘欣等，2007），该类探针目前已经成功用于细胞分离及识别、细胞多模式成像分析及活体成像等领域。与单一荧光探针相比，多功能纳米荧光探针具有磁性分离、靶向识别、荧光成像、磁共振成像及靶向治疗等功能，未来具有很好的发展及应用前景。

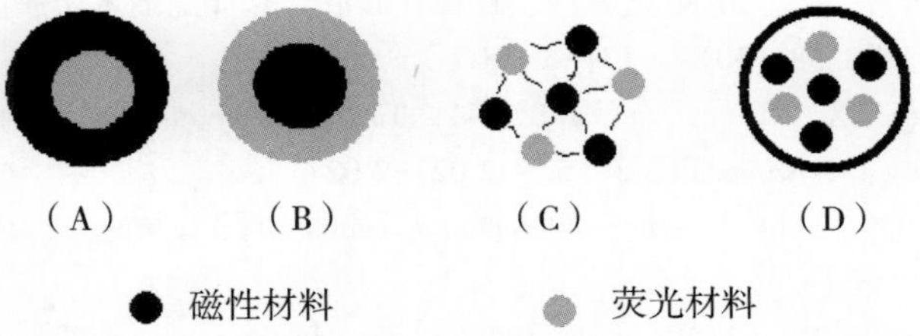

(A)、(B) 为掺杂法；(C) 为偶联法；(D) 为包埋法

图 2-8　几种磁性荧光多功能纳米荧光探针制备方法示意

(刘欣等，2007)

2.7　小　结

本章简要介绍了常见的几类纳米荧光探针及其发光原理，其中半导体量子点和上转换荧光纳米材料的发光原理目前已经比较清楚，而荧光金属纳米团簇、碳点、石墨烯及类石墨烯量子点的发光原理还有待进一步研究。除上述纳米荧光探针外，还有一些纳米荧光探针如荧光胶束、荧光囊泡及生物可降解纳米荧光探针等，这部分内容在 2015 年的《Chemical Society Reviews》杂志上发表的软纳米荧光材料的综述（Peng and Chiu，2015）中已详细介绍，限于篇幅，本书对这一内容不再介绍。

参考文献

梁建功，韩鹤友，2013. 量子点的水相合成及其生物成像分析研究进展 [J]. 科学通报，58 (7)：524-530.

梁建功，2006. 量子点合成及分析应用研究 [D]. 武汉：武汉大学.

刘青青，2019. 类石墨烯量子点的制备及其荧光性能研究 [D]. 太原：太原理工大学.

刘欣，王红，张华山，2001. 生物分析中近红外荧光探针进展 [J]. 分析科学学报，17 (4)：346-351.

刘欣，郑成志，梁建功，等，2010. 磁性荧光多功能纳米荧光探针的研制及分析应用 [J]. 分析科学学报，26 (2)：235-239.

刘洋，2009. 对 pH 敏感和对氧化还原敏感的荧光分子探针的设计、合成及在肿瘤细胞成像中的应用研究 [D]. 杭州：浙江大学.

马金石，2009. 绿色荧光蛋白 [J]. 化学通报 (3)：243-250.

田瑞雪，2014. 碳量子点表面基团调控及性能的研究 [D]. 太原：中北大学.

吴世嘉，2013. 基于上转换荧光纳米探针的高灵敏微生物毒素检测方法研究［D］. 无锡：江南大学.

吴志勇，2013. 基于光致电子转移（PET）机理设计环境敏感黏度荧光探针［D］. 大连：大连理工大学.

徐淑坤，2012. 无机纳米探针的制备及其生物应用［M］. 北京：科学出版社.

张华山，王红，2002. 分子探针与检测试剂［M］. 北京：科学出版社.

周优，谭洪鹏，唐爽，等，2018. 组氨酸、谷胱甘肽混合修饰金纳米团簇的光稳定性研究［J］. 光谱学与光谱分析，38（10）：3 177-3 181.

Anilkumar P, Wang X, Cao L, et al, 2011. Toward quantitatively fluorescent carbon - based "quantum" dots [J]. *Nanoscale*, 3 (5): 2 023-2 027.

Bloembergen N, 1959. Solid state infrared quantum counters [J]. *Physical Review Letters*, 2 (3): 84-85.

Bruchez M Jr, Moronne M, Gin P, et al, 1998. Semiconductor nanocrystals as fluorescent biological labels [J]. *Science*, 281 (5385): 2 013-2 015.

Cao L, Wang X, Meziani M J, et al, 2007. Carbon dots for multiphoton bioimaging [J]. *Journal of the American Chemical Society*, 129 (37): 11 318-11 319.

Chan W C W, 2001. Semiconductor quantum dots for ultrasensitive biological detection and imaging [D]. Indiana University.

Chan W C, Nie S, 1998. Quantum dot bioconjugates for ultrasensitive nonisotopic detection [J]. *Science*, 281 (5385): 2 016-2 018.

Chen G, Qju H, Prasad P N, et al, 2014. Upconversion nanoparticles: Design, nanochemistry, and applications in theranostics [J]. *Chemical Reviews*, 114 (10): 5 161-5 214.

Chen Y F, 2004. Luminescent semiconductor quantum dots (QDs) and their nanoassemblies as bioprobes [D]. PhD Dissertation, University of New Orleans.

Cheng J, Li D, Cheng T, et al, 2014. Aqueous synthesis of high-fluorescence CdZnTe alloyed quantum dots [J]. *Journal of Alloys and Compounds*, 589: 539-544.

Chinnathambi S, Chen S, Ganesan S, et al, 2014. Silicon quantum dots for biological applications [J]. *Advanced Healthcare Materials*, 3 (1): 10-29.

Hancock Y, 2011. The 2010 Nobel prize in physics - ground - breaking experiments on graphene [J]. *Journal of Physics D-Applied Physics*, 44 (47): 473 001.

Hu H W, Tian X M, Gong Y X, et al, 2019. N-doped carbon dots under Xenon lamp irradiation: Fluorescence red-shift and its potential mechanism [J]. *Spectrochimica Acta Part A: Molecular and Biomolecular Spectroscopy*, 216: 91-97.

Kobayashi H, Ogawa M, Alford R, et al, 2010. New strategies for fluorescent probe design in medical diagnostic imaging [J]. *Chemical Reviews*, 110 (5): 2 620-2 640.

Kolmykov O, Coulon J, Lalevee J, et al, 2014. Aqueous synthesis of highly luminescent glutathione-capped Mn (2+) -doped ZnS quantum dots [J]. *Materials Science & Engineering C, Materials for Biological Applications*, 44: 17-23.

Kouhnavard M, Ikeda S, Ludin N A, et al, 2014. A review of semiconductor materials as sensitizers for quantum dot-sensitized solar cells [J]. *Renewable & Sustainable Energy Reviews*, 37: 397-407.

Lai W F, Wong W T, Rogach A L, 2020. Development of copper nanoclusters for *in vitro* and *in vivo* Theranostic Applications [J]. *Advanced Materials*, 1906872.

Li H, Li H, Wan A, 2020. Luminescent gold nanoclusters for *in vivo* tumor imaging [J]. *Analyst*, 145 (2): 348-363.

Li S, Dong S, Nienhaus G U, 2011. Ultra - small fluorescent metal nanoclusters: Synthesis and biological applications [J]. *Nano Today*, 6: 401-418.

Liu C, Xiao G J, Yang M L, et al, 2018. Mechanofluorochromic carbon nanodots: Controllable pressure-triggered blue- and red-shifted photoluminescence [J]. *Angewandte Chemie International Edition*, 57 (7): 1 893-1 897.

Liu H, Yang J, Li Z, et al, 2019. Hydrogen-bond-induced emission of carbon dots for wash-free nucleus imaging [J]. *Analytical Chemistry*, 91 (14): 9 259-9 265.

Liu H, Ye T, Mao C, 2007. Fluorescent carbon nanoparticles derived from candle soot [J]. *Angewandte Chemie International Edition*, 46 (34): 6 473-6 475.

Liu L, Miao Q, Liang G, 2013. Quantum dots as multifunctional materials for tumor imaging and therapy [J]. *Materials*, 6 (2): 483-499.

Loh K P, Bao Q, Eda G, et al, 2010. Graphene oxide as a chemically tunable platform for optical applications [J]. *Nature Chemistry*, 2 (12): 1 015-1 024.

Lu Y, Chen W, 2012. Sub-nanometre sized metal clusters: From synthetic challenges to the unique property discoveries [J]. *Chemical Society Reviews*, 41 (9): 3 594-3 623.

Luo P G, Sahu S, Yang S T, et al, 2013. Carbon "quantum" dots for optical bioimaging [J]. *Journal of Materials Chemistry B*, 1 (16): 2 116-2 127.

Michalet X, Pinaud F F, Bentolila L A, et al, 2005. Quantum dots for live cells, in vivo imaging, and diagnostics [J]. *Science*, 307 (5709): 538-544.

Min Y, Li J, Liu F, et al, 2014. Recent advance of biological molecular imaging based on lanthanide-doped upconversion-luminescent nanomaterials [J]. *Nanomaterials*, 4 (1): 129-154.

Murphy C J, 2002. Optical sensing with quantum dots [J]. *Analytical Chemistry*, 74 (19): 520A-526A.

Novoselov K S, Geim A K, Morozov S V, et al, 2004. Electric field effect in atomically thin carbon films [J]. *Science*, 306 (5696): 666-669.

Pan D, Zhang J, Li Z, et al, 2010. Hydrothermal route for cutting graphene sheets into blue-luminescent graphene quantum dots [J]. *Advanced Materials*, 22 (6), 734-738.

Peng H S, Chiu D T, 2015. Soft fluorescent nanomaterials for biological and biomedical imaging [J]. *Chemical Society Reviews*, DOI: 10. 1039/c4cs00294f.

Petryayeva E, Algar W R, Medintz I L, 2013. Quantum dots in bioanalysis: A review of applications across various platforms for fluorescence spectroscopy and imaging [J]. *Applied Spectroscopy*, 67 (3): 215-252.

Ramakrishna G, Varnavski O, Kim J, et al, 2008. Quantum-sized gold clusters as efficient two-photon absorbers [J]. *Journal of the American Chemical Society*, 130 (15): 5 032-5 033.

Reiss P, Protiere M, Li L, 2009. Core/shell semiconductor nanocrystals [J]. *Small*, 5 (2): 154-168.

Sharma J, Yeh H C, Yoo H, et al, 2010. A complementary palette of fluorescent silver nanoclusters [J]. *Chemical Communications*, 46 (19): 3 280-3 282.

Shen J, Zhu Y, Chen C, et al, 2011. Facile preparation and upconversion luminescence of graphene quantum dots [J]. *Chemical Communications*, 47 (9): 2 580-2 582.

Sheng Y, Wei J, Liu B, et al, 2014. A facile route to synthesize CdZnSe core-shell-like alloyed quantum dots via cation exchange reaction in aqueous system [J]. *Materials Research Bulletin*, 57: 67-71.

Sun Y P, Wang X, Lu F, et al, 2008. Doped carbon nanoparticles as a new platform for highly photoluminescent dots [J]. *Journal of Physical Chemistry C*, 112 (47): 18 295-18 298.

Sun Y P, Zhou B, Lin Y, et al, 2006. Quantum-sized carbon dots for bright and colorful photoluminescence [J]. *Journal of the American Chemical Society*, 128 (24): 7 756-7 757.

Wang X, Cao L, Lu F, et al, 2009. Photoinduced electron transfers with carbon dots [J]. *Chemical Communications*, (25): 3 774-3 776.

Warrier S, Kharkar P S, 2014. Fluorescent probes for biomedical applications (2009-2014) [J]. *Pharmaceutical Patent Analyst*, 3 (5): 543-560.

Weiss P S, 2008. Nobel prize in chemistry: green fluorescent protein, its variants and implications [J]. *ACS Nano*, 2 (10): 1 977-1 977.

Xiao G J, Wang Y N, Han D, et al, 2018. Pressure-induced large emission enhancements of cadmium selenide nanocrystals [J]. *Journal of the American Chemical Society*, 140 (42): 13 970-13 975.

Xu X Y, Ray R, Gu Y L, et al, 2004. Electrophoretic analysis and purification of fluorescent single-walled carbon nanotube fragments [J]. *Journal of the American Chemical Society*, 126 (40): 12 736-12 737.

Xue F, Liang J, Han H, 2011. Synthesis and spectroscopic characterization of water-soluble Mn-doped ZnO_xS_{1-x} quantum dots [J]. *Spectrochimica Acta Part A-Molecular and Biomolecular Spectroscopy*, 83 (1): 348-352.

Yahia-Ammar A, Nonat A M, Boos A, et al, 2014. Thin-coated water soluble CdTeS alloyed quantum dots as energy donors for highly efficient FRET [J]. *Dalton Transactions*, 43 (41): 15 583-15 592.

Yang Y, 2014. Upconversion nanophosphors for use in bioimaging, therapy, drug delivery and bioassays [J]. *Microchimica Acta*, 181 (3-4): 263-294.

Yi X, Wang F, Qin W, et al, 2014. Near-infrared fluorescent probes in cancer imaging and therapy: an emerging field [J]. *International Journal of Nanomedicine*, 9: 1 347-1 365.

Zhang F, Yi D, Sun H, et al, 2014. Cadmium-based quantum dots: Preparation, surface modification, and applications [J]. *Journal of Nanoscience and Nanotechnology*, 14 (2): 1 409-1 424.

Zhang L, Wang E, 2014. Metal nanoclusters: New fluorescent probes for sensors and bioimaging [J]. *Nano Today*, 9 (1): 132-157.

Zhang N, Si Y, Sun Z, et al, 2014. Rapid, Selective and Ultrasensitive Fluorimetric Analysis of Mercury and Copper Levels in Blood Using Bimetallic Gold-Silver Nanoclusters with "Silver Effect" —Enhanced Red Fluorescence [J]. *Analytical Chemistry*, 86 (23): 11 714-11 721.

Zheng C, Wang H, Liu L, et al, 2013. Synthesis and spectroscopic characterization of water-soluble fluorescent Ag nanoclusters [J]. *Journal of Analytical Methods in Chemistry*, 261-648.

Zheng J, Nicovich P R, Dickson R M, 2007. Highly fluorescent noble-metal quantum dots [J]. *Annual Review of Physical Chemistry*, 58: 409-431.

Zheng J, Zhang C W, Dickson R M, 2004. Highly fluorescent, water-soluble, size-tunable gold quantum dots [J]. *Physical Review Letters*, 93 (7): 77 402.

Zhou M, Higaki T, Li Y, et al, 2019. Three-stage evolution from nonscalable to scalable optical properties of thiolate-protected gold nanoclusters [J]. *Journal of the American Chemical Society*, 141 (50): 19 754-19 764.

Zhu Z, Zhai Y, Li Z, et al, 2019. Red carbon dots: Optical property regulations and applications [J]. *Materials Today*, 30: 52-79.

第 3 章　纳米荧光探针的制备

近年来，纳米荧光探针在生物检测、生物成像、生物效应及医学诊断等领域已成为一个研究热点（Zhang et al.，2014；Zhang and Tang，2014），受到研究者的广泛关注。目前，大多数纳米荧光探针并没有商品化的产品，在建立纳米荧光探针生物分析方法之前，必须合成纳米荧光探针。鉴于这一原因，本章主要介绍各类纳米荧光探针的合成方法，包括半导体量子点的制备方法、荧光金属纳米团簇的制备方法、碳点的制备方法、石墨烯及类石墨烯量子点的制备方法、稀土掺杂上转换荧光纳米探针的制备方法、多功能纳米荧光探针的制备方法。

3.1　半导体量子点的制备

由于半导体量子点的种类很多，不同的量子点的合成方法也各不相同，即使同一种量子点也有多种不同的合成方法。其合成方法包括两大类：一类是在有机溶剂中进行合成，另一类是在水溶液中进行合成。本部分将按照单核型量子点、核—壳型量子点、合金型量子点和掺杂型量子点的分类方法举例介绍不同半导体量子点的制备过程。介绍时主要侧重 3 个方面：一是经典的量子点合成方法；二是课题组发展的量子点合成方法；三是文献报道的最新的量子点合成方法。

3.1.1　单核型量子点的制备

常见的单核型量子点包括 Si、S、CdSe、CdTe、ZnS、ZnSe、ZnTe、PbS、PbSe、PbTe、Ag_2S、Ag_2Te、InP、InAs 等量子点。其制备方法举例介绍如下。

（1）Si 量子点的制备

与含 Cd、含 Pb 的量子点相比，硅量子点不含重金属元素，生物相容性好。由于未包裹的硅量子点对空气中的氧气和水蒸气非常敏感，硅量子点的合成过程大多要在惰性气体保护的环境中进行（McVey and Tilley，2014）。Wilcoxon 等（1999）采用氢化铝锂还原四氯化硅的方法，合成了尺寸在 1~10nm 范围的硅量子点。Kang 等（2007）采用多金属氧酸盐（polyoxometalate）辅助电化学方法合成了单分散性的硅量子点。他们采用石墨作为阳极、硅作为阴极的电化学池，以乙醇、氢氟酸溶液混合一定量的过氧化氢及 $H_3PMo_{12}O_{40} \cdot H_2O$ 为电解液，通过调节电流强度、刻蚀时间及电解液的浓度，就可以合成不同尺寸的表面带有 Si—H 键的硅量子点及硅纳米线。在合成 H—Si 量子点后，他们进一步采用尺寸在 3nm 左右的 H—Si 量子点分散在无水乙醇溶液中，再向溶液中加入 30%的过氧化氢回流，通过改变回流时间，进一步得到了不同发射波长的水相分散的硅量子点（Kang et al.，2009）。Wang 等（2014）采用 3-氨基丙基-3 甲氧基硅烷（APTES）和抗坏血酸钠为原料，在室温和常压下一步合成了水相分散的硅量子点，所合成硅量子点平均粒径约 2nm，荧光发射峰在 530nm，荧光发射半峰宽度约 70nm，荧光量子产率约 0.21，这是首次报道硅量子点的绿色合成新方法。

（2）S 量子点的制备

近年来，硫量子点的制备及应用也引起了研究者的关注。闽南师范大学李顺兴教授课题组率先发展了硫点的制备方法（Li et al.，2014）。他们以正己烷分散的 CdS 量子点或 ZnS 量子点为原料，向其中加入硝酸水溶液，搅拌 36h 后，便获得了平均尺寸 1.6 硫量子点。在 352nm 光激发下，所合成的硫量子点可发射 428nm 的荧光，其荧光量子产率 0.549%。该方法不仅合成硫量子点的荧光量子产率低，而且不能大量制备。Shen 等（2018）采用升华硫、氢氧化钠及聚乙二醇 400 为原料，建立了一种硫量子点的快速制备新方法。他们首先将硫粉、聚乙二醇 400 及氢氧化钠溶解在 100mL 蒸馏水中，再在 70℃搅拌 30~125h，便合成了聚乙二醇修饰的硫量子点。所合成硫量子点的最大荧光发射波长可随反应时间的延长而蓝移。在最佳合成条件下，其荧光量子产率可达 3.8%。该方法尽管可大量合成硫量子点，但其合成时间较长，合成硫量子点的荧光量子产率较低。河北大学翟永清教授课题组及桂林理工大学周立教授课题组分别对该方法进行了改进（Wang et al.，2019；Song et al.，2020）。翟永清教授课题组采用过氧化氢作为氧化剂，在合成硫量子点后，加入不同浓度的过氧化氢进行刻蚀，可调控所合成硫量子点的荧光发射波长，并提高其荧光量子产率（Wang et al.，2019），在最佳合成条件下，所合成硫量子点的荧光量子产率可达 23%。周立教授课题组采用氧气作为氧化剂，可快速制备高荧光量子产率的硫量子点（Song et al.，2020）。他们首先将 4g 氢氧化钠和 3g 聚乙二醇一起溶解在 50mL 水中，再向该体系中加入 1.6g 升华硫粉，在纯氧气气氛条件下 90℃ 反应 10h，进一步透析后，便得到了纯化的硫量子点。采用 400nm 波长激发时，所合成硫量子点的最大荧光发射波长在 490nm。在最佳合成条件下，所合成硫量子点的荧光量子产率可达 21.5%。长波长发射硫点的合成是一个具有挑战性的课题。河北大学王振光教授课题组（Wang et al.，2020）采用两步氧化法成功制备成红色发光的硫量子点。他们首先将硫粉及硫化钠一起溶解在蒸馏水中，在 70℃ 反应 10 h，通过冷冻干燥的方法将溶液挥发，所得粉末在 600℃反应 1min，便得到了红色发射的硫量子点，硫量子点的荧光量子产率最高为 7.2%。

（3）CdS 量子点的制备

大多数的 CdS 量子点都是以硫盐和镉盐为前体，在保护剂如巯基乙酸、聚合物等存在的条件下合成的。作者（Liang et al.，2005）以牛血清白蛋白（BSA）、$Na_2S \cdot 9H_2O$、$Cd(NO_3)_2 \cdot 4H_2O$ 为原料，在室温条件下一步合成了 CdS 量子点/BSA 纳米杂化功能材料。图 3-1 是 BSA：CdS 摩尔比对所合成 CdS 量子点/BSA 纳米杂化功能材料的荧光强度的影响，可看出随着 BSA 浓度的增大，所合成量子点的荧光强度逐渐增大，最大荧光发射峰向短波长方向移动。然而，一般水相合成的 CdS 量子点的尺寸分布宽、量子产率较低，不适合生物成像分析使用。

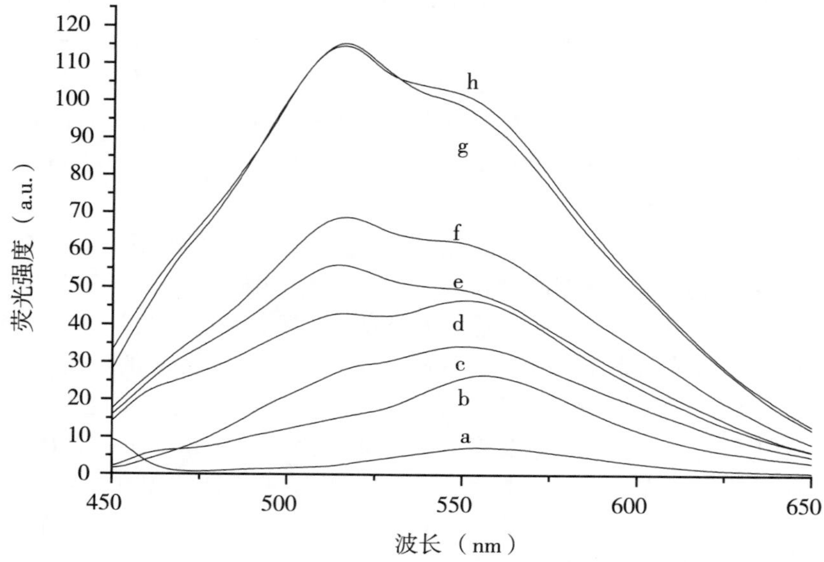

（a）CdS：BSA = 0.0033；（b）CdS：BSA = 0.0066；（c）CdS：BSA = 0.012；（d）CdS：BSA = 0.024；（e）CdS：BSA = 0.047；（f）CdS：BSA = 0.095；（g）CdS：BSA = 0.19；（h）CdS：BSA = 0.29，荧光激发波长为 388nm

图 3-1　BSA：CdS 的比例对所合成 CdS 量子点/BSA 纳米杂化功能材料荧光性质的影响
（Liang et al.，2005）

（4）CdSe 量子点的制备

高质量的 CdSe 量子点的合成大多在有机相中进行反应。1993 年，Murray 等（1993）发展了一种在有机溶剂中制备 CdSe 量子点的新方法，在合成过程中采用二甲基镉［$(CH_3)_2Cd$］和 TOPSe（TOP 为三正辛基膦）分别作为 Se 和 Cd 的前体，在 340～360℃进行反应，获得了尺寸分布较为均匀的 CdSe 量子点。然而，由于该方法需要采用易燃易爆的反应前体，而使其应用受到限制。Peng 等（2001）尝试采用 $CdCl_2$ 及 CdO 来代替易燃易爆的二甲基镉，合成 CdSe 量子点，结果发现，尽管 $CdCl_2$ 也可以溶解在反应溶剂中，但并不能获得高质量的 CdSe 量子点。而采用 CdO 作为前体，不仅可以合成高质量的 CdSe 量子点，而且可以采用类似的方法合成 CdS 及 CdTe 量子点。随后，同一课题组系统研究了反应物的摩尔比、反应时间等条件对合成 CdSe 量子点荧光量子点产率、半峰宽等的影响（Qu and Peng，2002），发现在反应过程中，随着反应时间的增加，所合成 CdSe 量子点的荧光量子产率先增加，再逐渐降低。Cd 与 Se 前体的摩尔比无论对荧光量子产率还是荧光半峰宽等都有很大的影响。然而，上述合成方法仍然需要三正辛基膦等有毒物质来制备 Se 的前体。作者研究发现，可采用十八碳烯作为 TOP 的替代试剂，这样在制备 Se 的前体时，就可以避免使用手套箱。通过改变反应时间及反应物的浓度，作者成功地合成了不同粒径、尺寸分布均匀的 CdSe 量子点（梁建功，2006）。图 3-2 是采用该方法合成不同尺寸 CdSe 量子点的透射电子显微图片。其中，图 3-2（a）图中所合成量子点的平均尺寸为 3.9nm，（b）图中所合成量子点的平均尺寸为 7.0nm。

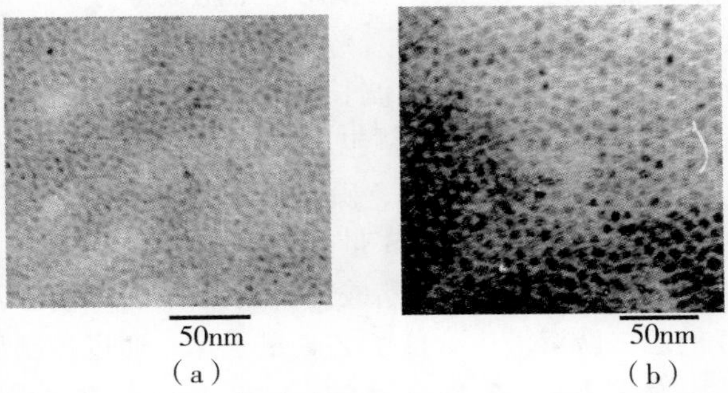

（a）平均尺寸为 3.9nm 的量子点；（b）平均尺寸为 7.0nm 的量子点

图 3-2　不同尺寸 CdSe 量子点的透射电子显微图像

微生物合成法也可以用于量子点的合成。武汉大学庞代文教授课题组将酵母细胞与亚硒酸钠、氯化镉等统一培养，通过时空耦合活细胞内互不相关的生化反应，成功地在活的酵母细胞内合成了尺寸及荧光发射波长可控的 CdSe 量子点（Cui et al.，2009）。当培养时间从 10h 增加到 40h，所合成 CdSe 量子点的颜色就会从绿色变为黄色，再进一步变为红色。该方法环境友好、成本低，也可用于类似其他量子点如 ZnSe、CdS 等的合成。

（5）CdTe 量子点的制备

尽管采用有机相法可以合成高质量的量子点，但在生物分析及生物成像过程中，需要把量子点从有机溶剂中转移到水溶液中，这个过程往往会造成量子点荧光量子产率的降低。Gaponik 等（2002）以高氯酸镉和 H_2Te 气体为前体，以不同类型巯基化合物为表面修饰试剂，合成了不同尺寸、不同表面修饰的 CdTe 量子点。通过改变反应时间及表面修饰的类型，可获得激子吸收峰位置在 420~650nm 的 CdTe 量子点。例如，当反应 5~10min 时，量子点的激子吸收峰在 420nm，量子点的尺寸小于 2nm；反应 10~15min 时，可获得最大荧光发射在 510nm 左右的绿色量子点；如果采用巯基乙酸或巯基乙氨作为表面修饰试剂，通常需要反应 2~3 天，才能获得尺寸 5nm 左右，最大发射波长在 650nm 左右、发射红色荧光的量子点；如果采用巯基乙醇作为修饰试剂，通常需要反应 12 天，才能得到最大发射波长在 650nm 左右的发射红色荧光的量子点，该论文是合成水溶性 CdTe 量子点的经典文献之一，截至 2020 年 8 月，该论文的引用次数已超过 1 480次。Zheng 等（2007）采用谷胱甘肽为表面修饰试剂，直接在水溶液中合成了高荧光量子产率的 CdTe 量子点。他们首先将硫酸溶液逐滴加入到 Al_2Te_3 粉末中，获得 H_2Te 气体，再将所产生的气体直接通入含有谷胱甘肽的 $CdCl_2$ 溶液中，在 95℃ 反应一定时间，便可得到荧光最大发射波长在 500~630nm 的 CdTe 量子点。上述量子点的合成，通常需要先产生碲化氢气体，装置比较复杂。Sheng 等（2010）以亚碲酸钠、硼氢化钠、氯化镉为原料，以谷胱甘肽为表面修饰试剂，一步法合成了高质量的 CdTe 量子点。当氯化镉、亚碲酸钠及谷胱甘肽的摩尔比为 5∶1∶6 时，所合成量子点的荧光量子产率最大可达 84%。他们进一步研究了量子点的细胞毒性，发现所合成量子点的细胞毒性较低，并可以穿过细胞膜进入细胞，有望用于细胞成像分析。

（6）ZnS 量子点的制备

ZnS 量子点的带宽较大，其荧光发射波长通常在紫外和短波长可见光区域，由于 ZnS 材料不含重金属离子，既可作为壳材料包裹在其他的量子点表面，也可直接合成量子点荧光探针。Liu 等（2013）以醋酸锌、硫化钠为原料，以巯基乙酸为表面修饰试剂，一步法合成了发射紫外光波长的 ZnS 量子点，所合成量子点的最大发射波长在 360nm 左右。Zhang 等（2013）以二水合醋酸锌、硫化钠为原料，以三乙胺为表面修饰试剂，在 pH 值为 10 的乙二醇溶液中合成了 ZnS 量子点。通过控制反应时间 1h、1. 5h、2. 5h、3h，获得了尺寸为 3. 2nm、6. 1nm、6. 9nm、8. 1nm 的 ZnS 量子点，随着量子点尺寸的增大，量子点的荧光发射波长从 452nm 红移到 516nm。Jothi 等（2013）以七水合硫酸锌作为锌的前体，以硫脲作为硫的前体，反应前，分别将七水合硫酸锌和硫脲各自溶解在一定量的蒸馏水中，然后装入水热反应釜中，反应 3h 后，就可获得 ZnS 量子点，通过改变锌前体和硫前体的比例，还可以得到 ZnS 纳米花。

（7）ZnSe 量子点的制备

ZnSe 的带宽也比较宽，其荧光发射峰主要位于紫外及短波长可见光区域。Murase 等（Murase and Gao，2004）采用高氯酸锌为锌源，利用 NaHSe 和 NaOH 反应生成硒化氢气体，分别以巯基乙醇、巯基乙胺及巯基乙酸为表面修饰试剂，合成了不同表面修饰的 ZnSe 量子点。所合成的 ZnSe 量子点尺寸在 2~3nm。通过 X-射线衍射分析证明所合成的 ZnSe 具有立方结构，在 387nm 和 475nm 有 2 个荧光发射峰，其中，387nm 的发射峰为激子发射峰，475nm 发射峰为缺陷发射峰。他们还系统研究了表面修饰试剂的比例、pH 值对所合成 ZnSe 量子点的影响，发现在最佳修饰剂比例条件下，pH 值在 10. 16 时，所合成量子点的荧光强度最大。尽管该方法操作非常简单，但所合成的量子点荧光量子产率比较低，量子点的荧光半峰宽也较宽。Huang 等（Huang and Han，2010）以六水合硝酸锌、谷胱甘肽、亚硒酸钠及硼氢化钠为原料，以微波辅助的方法合成了较高质量的 ZnSe 量子点。试验过程中，通过改变谷胱甘肽与锌前体的摩尔比，可以调节所合成 ZnSe 的最大荧光发射波长。该方法步骤简单，所合成量子点的荧光量子产率可达 18%，量子点的荧光半峰宽在 26~30nm，量子点的缺陷发射峰也较低。

（8）ZnTe 量子点的制备

到目前为止，ZnTe 材料大多作为表面修饰试剂使用，有关直接在水溶液中合成 ZnTe 量子点的报道较少。Xu 等（2010）以硝酸锌、巯基乙酸、碲氢化钠为原料，合成了不同尺寸的 ZnTe 量子点。他们还研究了不同 pH 值条件下合成 ZnTe 量子点的可行性，结果发现，当溶液 pH 值在 3. 04~5. 49 时，加入 NaHTe 就会产生黑色沉淀物质，这种黑色沉淀是由于生成的 ZnTe 量子点被氧化成 Te 粉所致；当溶液 pH 值在 5. 9~7. 1 时，把 NaHTe 注入溶液后，就会产生颜色均匀的黑色溶液，此时在溶液中没有沉淀产生，通过元素分析可知该溶液中纳米粒子所含 Te 和 Zn 的物质的量比约为1∶1；当 pH 值在 7. 1~10. 0 时，注入

NaHTe 溶液也会产生 ZnTe 量子点，但该溶液很不稳定，放置 1 天就会出现大的沉淀；当 pH 值大于 10.0 时，溶液也会产生 ZnTe 量子点。该溶液放置过程中会出现白色沉淀，上清液很快会变成无色，这种白色沉淀主要成分为 Zn（OH）$_2$，该文献仅给出 ZnTe 量子点的紫外—可见吸收光谱，没有给出荧光光谱。Ghosh 等（2011）以硝酸锌、碲氢化钠为前体，以带有氨基的枝状聚合物为修饰试剂，合成了 ZnTe 纳米功能杂合材料，该材料的尺寸在2.9~6.0nm 范围，最大荧光发射光谱为 497nm，荧光量子产率最大可达 15%，该材料对霍乱弧菌和大肠杆菌都具有很好的抑制作用。

（9）PbS 量子点的制备

Si、CdS、CdSe、CdTe、ZnS、ZnSe、ZnTe 等量子点的荧光发射大多在紫外及可见光区域，在生物成像过程中容易受到背景信号干扰。近红外量子点荧光穿透力强，背景干扰小，在细胞成像及活体成像中具有很好的应用前景。PbS、PbSe、PbTe、Ag_2S、Ag_2Se、Ag_2Te、InP、InAs 等量子点导带和价带之间能量差较小，在一定尺寸范围内，这些量子点的最大荧光发射波长均可达到近红外区域。本部分将首先介绍 PbS 量子点的合成方法。

Sadovnikov 等（2014）以醋酸铅、硫化钠、乙二胺四乙酸二钠、柠檬酸钠为原料，控制溶液 pH 值在 4.75~6.25，室温条件下合成了 PbS 量子点，并系统研究了反应物浓度对纳米材料尺寸及稳定性的影响。在最佳条件下，所合成的 PbS 量子点尺寸为 10~20nm，在溶液中可稳定存在 30 天以上。Zhang 等（2014）以醋酸铅为铅源，硫脲为硫源，L-半胱氨酸为表面修饰试剂，采用乙二胺、水、乙醇、乙烯醇或其混合物为溶剂，合成了不同形貌的 PbS 纳米粒子。然而，上述两篇文献仅提供了 PbS 纳米粒子的紫外—可见吸收光谱，没有提供该纳米粒子的荧光光谱。Nakane 等（2014）以醋酸铅、硫化钠、谷胱甘肽为原料，合成了表面修饰谷胱甘肽的 PbS 量子点，通过改变量子点的尺寸，可在 950~1 300nm 范围内调节其最大荧光发射波长，该量子点发光稳定性较好，采用 785nm 波长的灯照射 2h，其荧光强度仅有少量下降；该量子点对细胞的毒性较小，当其浓度为 140mg/mL 时，对 HeLa 细胞的增殖影响很小。

（10）PbSe 量子点的制备

2004 年，Yu 等（2004）采用氧化铅、油酸、十八碳烯、硒粉、三辛基膦为原料，合成了尺寸均匀的 PbSe 量子点，通过改变反应时间可以调整产物的尺寸。例如：混合体系在 150℃反应 10s，就可以得到尺寸为 3.5nm 的 PbSe 量子点，反应 800s，就可以获得尺寸为 9nm 的纳米粒子；所合成纳米粒子具有窄的半峰宽，荧光量子产率最大可达 89%。在此基础上，他们还采用 11-巯基十一酸作为相转移修饰试剂，成功将所合成的 PbSe 量子点转移到水溶液后，其荧光量子产率仍然可达 35%。Ouma 等（2014）建立了水相合成 PbSe 量子点的新方法。他们将硒粉溶解在浓硝酸中制备硒的储备液，以醋酸铅为铅的前体，3-巯基丙酸为表面修饰试剂，在水溶液中合成了 PbSe 纳米粒子，透射电子显微镜结果表明所合成的 PbSe 纳米粒子的尺寸为（2.8±0.2）nm，荧光最大发射波长为 1 203nm。

（11）PbTe 量子点的制备

PbTe 量子点大多在有机体系中合成，其合成方法与有机相合成 CdSe 量子点的方法类似。Lu 等（2004）在油酸存在条件下，将醋酸铅和三辛基膦碲的混合物快速注射到 200℃二苯醚溶液中，反应 5min 后，就得到了球状的 PbTe 纳米粒子，反应 25min 则可得到立方体状的 PbTe 纳米粒子。Murphy 等（2006）将氧化铅和油酸混合在十八碳烯中，制备出油酸铅作为铅的前体，再向前体中快速加入三辛基膦溶液，反应一段时间后，将反应器移入冷水中快速冷却，再向体系中加入等体积无水正己烷，通过改变反应物的比例及反应时间，可获得激子吸收峰位置在 1 009~2 054nm 的 PbS 量子点，在最佳合成条件下，所制备量子点的荧光量子产率可达 52%。

（12）Ag_2S 量子点的制备

Ag_2S 量子点的荧光发射波长在长波长的可见光及近红外光区域。Xiang 等（2008）将 0. 271 mmol 的硝酸银加入 0. 271 mmol 的 L-半胱氨酸的乙醇溶液中，搅拌 15min 后，将混合物转移到聚四氟乙烯反应釜中，在 180℃反应 10h，采用去离子水及无水乙醇洗涤沉淀，便合成了最大发射波长在 637nm 的硫化银量子点，但该量子点的荧光强度较弱。Wang 等（2012）将 0. 16 g 的硫粉溶解在 10mL 的水合肼中作为硫的前体，并将该溶液在室温条件下放置 24h 后，稀释 20 倍使用。将谷胱甘肽与银离子以一定比例混合后，加入硫的前体进行反应，通过异丙醇将所得到的 Ag_2S 量子点沉淀后，再重新分散在水溶液中进行提纯。通过控制反应物的比例可以使合成的 Ag_2S 量子点最大荧光发射波长在 624~724nm 变化。

（13）Ag_2Se 量子点的制备

目前，用于生物成像的 Ag_2Se 量子点，不仅可在有机溶剂中合成，也可在水溶液中合成。武汉大学庞代文教授课题组以 L-丙氨酸、硝酸银、谷胱甘肽、亚硒酸钠等为原料，在水相中合成了近红外发射的 Ag_2Se 量子点（Gu et al.，2012），所合成量子点的最大荧光发射波长可在 700~820nm 调节，然而，这种方法合成 Ag_2Se 量子点的荧光量子产率只有 3%。Sahu 等（2011）以硝酸银、三辛基膦、硒粉、油酸等为原料，在有机溶剂中合成了 Ag_2Se 纳米粒子，类似的方法也可以合成 Ag_2S 和 Ag_2Te 纳米粒子，但他们并没有研究有机溶剂合成量子点的荧光性质。Dong 等（2013）将硝酸银溶解在油胺和甲苯中制备出银的前体，加入十二烷基硫醇作为表面修饰试剂，硒氢化钠作为硒的前体，混合溶液搅拌 5min 后，在 180℃溶剂热反应 1h，就合成了平均尺寸 3. 4nm，最大荧光发射波长 1 300nm 的 Ag_2Se 量子点，该量子点转移到水相后，其荧光量子产率可达 29. 4%，是一种较好的生物成像材料。

（14）Ag_2Te 量子点的制备

有关 Ag_2Te 近红外量子点的合成目前报道还比较少。Chen 等（2013）在合成 CdTe 量子点的基础上，向 CdTe 量子点中加入硝酸银溶液，将 CdTe 量子点中的镉进行取代，合成了 Ag_2Te 近红外量子点，他们将 Ag_2Te 近红外量子点提纯后，加入醋酸锌和硫脲，进一步合成了 Ag_2Te/ZnS 核—壳型量子点。所合成近红外量子点的荧光发射波长可以在 900~1 300nm 调节，未包壳量子点的荧光量子产率为 2. 1%，包上 ZnS 壳后，其荧光量子产率可增加到 5. 6%。

（15）InP 量子点的制备

O'Brien 课题组采用 $LiPBu^t_2$ 和 $InCl_3$ 反应，得到 In（PBu^t_2）$_3$，再将 In（PBu^t_2）$_3$ 在

4-乙基吡啶中 167℃回流 0.5h，就可得到尺寸为(7.24±1.24) nm 的 InP 量子点（Green and O'Brien，1998）。Xu 等（2006）以三（三甲基硅基）膦［$(TMS)_3P$］和三甲基铟为原料，在肉豆蔻酸甲酯、癸二酸二丁酯溶剂中合成了尺寸分布均匀的 InP 量子点，所合成 InP 最大荧光发射波长可在 550～650nm 范围调整，荧光半峰宽约 48nm。Li 等（2008）首先将醋酸铟溶解在肉豆蔻酸中制备铟的前体，在另一个烧瓶中将盐酸加入到磷化钙中制备磷化氢气体，并将生成的磷化氢气体通入到铟的前体中，反应 5min 后，可得到激子吸收峰在 570nm 的 InP 量子点；反应 20min 后，则可得到激子吸收峰在 600nm 的 InP 量子点。他们还研究了反应前体的浓度对所合成量子点尺寸的影响，发现当前体浓度变大后，所得到 InP 量子点的尺寸会变小。通过改变前体浓度和反应温度，可以得到激子吸收峰在 650～700nm、最大荧光发射峰在 675～720nm 的 InP 量子点。

（16）InAs 量子点的制备

目前，InAs 量子点的合成方法以有机相合成方法为主。Zhang 等（2010）将醋酸铟溶解在肉豆蔻酸中，制备铟的前体，将砷化锌与盐酸反应，制备砷化氢作为砷的前体，将两种前体在惰性气体保护下反应 20～30min，就获得了单分散性较高的 InAs 量子点，如果反应时间延长，所得到量子点的尺寸分布就会变宽。Uesugi 等（2014）将三溴化铟溶解在油酸中，作为铟的前体，将三苯基砷溶解在十八碳烯中作为砷的前体，将砷的前体和铟的前体在室温混合后，加热到 320℃反应一定时间，离心去除溶液中不溶的大颗粒，再向溶液中加入正己烷和乙醇离心，最后采用正己醇洗涤，真空干燥成固体粉末，采用透射电子显微镜表征发现，反应 90min 及 112min 后，所得到 InAs 量子点平均尺寸分别为 12.9nm、20.0nm。

除上述量子点外，单核型量子点还有 GaN、GaP、GaAs 等，由于其合成方法与上述量子点的合成方法相类似，在本书中就不再介绍。

3.1.2　核—壳型量子点的制备

由于单核型量子点表面缺陷较多，其荧光容易受到外界环境的影响。为了提高量子点的荧光强度和环境稳定性，通常需要在量子点表面覆盖一层新的半导体纳米材料，以提高其量子产率，并增加其环境稳定性。一般来说，核—壳型量子点的壳层材料带宽要比核内材料的带宽大。一些发光在紫外及短波长可见光区的半导体材料经常被用作壳层材料，常见的壳层材料包括 ZnS、CdS、ZnSe、ZnO、CdSe 等材料。

（1）基于 ZnS 壳层材料的核—壳型量子点的制备

ZnS 壳层的包覆最初是在有机溶剂中反应的，所用的前体也以金属有机化合物为主。1996 年，Hines 等（1996）采用了二甲基锌和六甲基二硅硫烷等易燃易爆的金属有机化合物为原料，成功合成了 CdSe/ZnS 核—壳型量子点。作者与武汉大学庞代文教授课题组合作，以醋酸锌代替了二甲基锌，合成了 CdSe/ZnS 核—壳型量子点，所合成量子点的荧光量子产率可达 60%～80%，荧光半峰宽在 20～30nm（Xie et al.，2005）。其他的核壳型量子点如 InAs/ZnS、InP/ZnS 等均可采用类似的方法来制备。

不仅有机溶剂中可以实现 ZnS 壳层的包覆，在水溶液中也可实现 ZnS 壳层的包覆。武汉大学何治柯教授课题组以 N-乙酰半胱氨酸为表面修饰试剂，合成了蓝光发射的

ZnSe/ZnS 核—壳型量子点，所合成量子点具有窄的半峰宽和高的光稳定性，其荧光量子产率可达 39%（Zhao et al.，2014）。

（2）基于 CdS 为壳层材料的核—壳型量子点的制备

CdS 作为壳层的核—壳型量子点，既可在有机溶剂中合成，也可以在水溶液中合成。有机溶剂中的合成方法与前面介绍的 CdSe 量子点的合成类似，水溶液中的合成方法与前面介绍的 CdTe 量子点类似。下面举两个例子分别介绍有机溶剂及水溶液中 CdS 壳的合成。

Zhao 等（2014）以氯化铅、油酸、硫粉等为原料，合成了 PbS 核量子点，将量子点提纯后，加入油酸镉，在 100℃ 反应一段时间后，冷水终止反应，可得到 PbS/CdS 核—壳型量子点，CdS 的壳层厚度为 0.6~0.8nm。该核—壳量子点的浓度可依据朗伯比尔定律计算，其摩尔吸光系数 $\varepsilon = 19\,600r$，r 为量子点的半径，可通过透射电子显微镜获得。

Deng 等（2010）首先合成了 0.8nm 的具有幻数尺寸的 CdTe 量子点团簇，该团簇的激子吸收峰在 465nm，带边发射在 480nm，在该团簇的表面包覆不同厚度的 CdS 壳后，可以使 CdTe 的发射波长大幅度红移，从而获得最大发射波长在 530nm、577nm、623nm、660nm、700nm、740nm、760nm、800nm 及 820nm 的 CdTe/CdS 小核厚壳型量子点，在最佳条件下，所合成量子点的荧光量子产率可达 70%，荧光寿命可达 245ns。

（3）基于 ZnSe 壳层材料的核—壳型量子点的制备

核—壳型量子点既可在水溶液中制备，也可以采用水溶液和有机溶剂相结合的方法进行制备。Yong 等（2010）在合成巯基丙酸修饰的水相分散量子点的基础上，采用十二烷基硫醇取代量子点表面的巯基丙酸，使所合成的 CdTe 量子点可以重新分散在氯仿中，采用醋酸锌为锌的前体，TOPSe（TOP 为三正辛基膦）为硒的前体，在氩气保护条件下合成了 CdTe/ZnSe 量子点，通过乙醇沉淀的方法，可对所合成的量子点进行提纯。该量子点的最大发射波长在 730nm，荧光量子产率为 45%~50%。

有机聚合物也是一种很好的量子点表面修饰试剂，与巯基小分子化合物相比，有机聚合物修饰的量子点的稳定性通常更好。Tripathi 课题组以聚乙烯醇为表面修饰试剂，以醋酸镉、硫代硒酸钠、醋酸锌为原料，成功合成了表面修饰聚乙烯醇的 CdSe/ZnSe 核—壳型量子点（Tripathi and Sharma，2013），透射电子显微图像结果表明，所合成的 CdSe 量子点核的尺寸在 2~3nm，当 CdSe 表面包覆 ZnSe 后，其尺寸增加到 3~4.5nm。在 380nm 光的激发下，CdSe 量子点的最大荧光发射波长在 541nm，包覆 ZnSe 壳后，量子点的最大发射波长为 549nm，随着壳的厚度增加，量子点的荧光逐渐向长波长方向移动，当向 CdSe 量子点表面包覆 4 层 ZnSe 壳后，量子点的最大发射波长会红移到 562nm。

（4）基于 ZnO 壳层材料的核—壳型量子点的制备

ZnO 是一种较好的壳层包覆材料，与 CdSe 的晶格错配率为 7.1%（Tich-Lam et al.，2014），但目前合成 CdSe/ZnO 的报道还比较少。Rakgalakane 课题组以镉盐、硼氢化钠、硒粉为原料，巯基乙酸为表面修饰试剂，合成了 CdSe 量子点，然后在强碱性条件下（pH 值 = 12）向溶液中加入锌离子，进一步合成了 CdSe/ZnO 核—壳型量子点

(Rakgalakane and Moloto, 2011)。尽管在水相中可以合成 CdSe/ZnO 量子点，但其尺寸分布较宽，量子产率不高。Tich-Lam 等（2014）以乙酰丙酮锌为锌的前体，通过乙酰丙酮锌热分解的方式合成了 CdSe/ZnO 核—壳量子点。研究发现，在包覆 ZnO 壳后，量子点的荧光量子产率从 1.4%增加到 8.6%，荧光半峰宽度从 22nm 增大到 26nm，说明包壳后，量子点仍然保持了较好的单分散性。

（5）基于 CdSe 壳层材料的核—壳型量子点的制备

CdSe 不仅可以作为核—壳量子点的核层材料，也可以作为壳层材料。安徽师范大学朱昌青教授课题组以氯化镉、碲氢化钠为原料，以巯基丙酸为表面修饰试剂合成了 CdTe 量子点（Xia and Zhu，2008），在此基础上，以氯化镉、硫代硒酸钠为壳层材料前体，在 75~78℃条件下进行油浴反应，合成了 CdTe/CdSe 核—壳量子点，并采用所合成的近红外发射量子点建立了铜离子测定新方法。华中农业大学韩鹤友教授课题组以氯化镉、亚碲酸钠、硼氢化钠为原料，以巯基丙酸为修饰试剂，合成了最大荧光发射波长为 620nm 的 CdTe 量子点（Wang et al.，2010），在此基础上，采用氯化镉、亚硒酸钠、硼氢化钠为原料，巯基丙酸为修饰试剂，利用水热法进一步合成了 CdTe/CdSe 核—壳型量子点。研究发现，当向 CdTe 的表面包覆 1 层 CdSe 时，所合成量子点的最大荧光发射波长为 675nm，包覆 2 层后，最大荧光发射波长为 700nm，包覆 4 层后，最大荧光发射波长红移至 738nm，所合成量子点的荧光量子产率最高达 44.2%。从光稳定性来看，包覆 4 层壳的 CdTe/CdSe 量子点比未包壳的 CdTe 量子点的光稳定性更好，连续光照 0.5h 后，其荧光强度几乎不下降。

（6）核—壳—壳双壳型量子点的制备

尽管 CdTe/CdSe 等核—壳型量子点荧光量子产率高，光稳定性好，但这类量子点容易释放有毒的 Cd^{2+}，对生物体系的毒性较大。为了降低量子点的毒性，减少在生物成像过程中 Cd^{2+} 的释放，通常需要在这类核—壳量子点的表面再包覆一层壳。Zane 等（2014）采用微波辅助合成的方法在水溶液中合成了 CdSe/CdS/ZnS 核—壳—壳型量子点。他们首先将氯化镉加入到巯基丙酸的水溶液中，采用 NaOH 调节溶液的 pH 值至 9.5，制备 Cd 的储备液，采用硼氢化钠还原硒粉，制备硒氢化钠作为硒的储备液。当硒的前体与镉的前体反应生成 CdSe 核后，再向溶液中加入 $Zn(NH_3)_4^{2+}$，使最终反应物的比例为 Cd：Se：Zn：MPA 为 4：1：4：20。当没有加入 $Zn(NH_3)_4^{2+}$时，巯基丙酸会释放出硫并与镉离子结合形成 CdSe/CdS 核—壳型量子点，加入 $Zn(NH_3)_4^{2+}$后，核—壳型量子点的表面会进一步形成 ZnS 壳。他们还发现，在微波反应结束后，再对样品进行适当时间的光照，就可大大提高所合成量子点的荧光量子产率。苏州大学纳米科学技术学院何耀教授课题组以氯化镉、巯基丙酸、碲氢化钠为原料，合成了 CdTe 量子点核，将所合成的 CdTe 量子点浓缩沉淀后，重新分散在水溶液中，继续向溶液中加入氯化镉、硫化钠和巯基丙酸，就合成了 CdTe/CdS 核—壳型量子点，将量子点进一步提纯并重新分散后，再向溶液中加入氯化锌、硫化钠和巯基丙酸，就可获得 CdTe/CdS/ZnS 核—壳—壳型的量子点（Wang et al.，2013）。由于 CdTe/CdS 是一种小核厚壳的结构，存在晶格错配，导致量子点的发光大幅度红移到近红外区域（720~800nm），再在 CdS 的表面包覆一层 ZnS，可降低量子点的生物毒性。与 CdTe 量子点的荧光寿命（92 ns）相比，CdTe/CdS/ZnS 核—

壳—壳型的量子点的荧光寿命可增加到 172ns。

浙江大学彭笑刚教授课题组在合成 InP/ZnSe/ZnS 核—壳—壳量子点的过程中，实现了对量子点核及壳的化学计量控制，大大提高了所合成量子点的稳定性。在最佳合成条件下，所合成量子点放置一个月以后，其荧光量子产率仍然可达 93%（Li et al., 2019）。

3.1.3 合金型量子点的制备

量子点的发射波长不仅可以通过改变尺寸的方式来调控，还可以通过改变组成量子点元素成分的方式调控。三元合金型量子点是由不同阳离子与同种阴离子或不同阴离子与同种阳离子组成的半导体纳米材料。在量子点尺寸不变的情况下，可以通过改变组成量子点阳离子或阴离子的比例来改变量子点的最大荧光发射波长。

（1）不同阳离子组成的三元合金量子点的制备

由不同阳离子组成的三元合金量子点如 $Zn_{1-x}Cd_xS$、$Zn_xCd_{1-x}Se$、$Zn_{1-x}Cd_xTe$、$Hg_{1-x}Cd_xTe$ 等。Zhong 等（2004）以硬脂酸镉、硬脂酸锌、硫粉等为原料，以高沸点的长链胺为表面修饰试剂，在有机溶剂中合成了 $Zn_{1-x}Cd_xS$ 合金型量子点，所合成量子点的荧光量子产率为 25%~45%。随着量子点中锌含量的增加，量子点的 X-射线衍射峰会向大角度方向移动。Alehdaghi 等（2014）以硫酸镉、醋酸锌、硫代硫酸钠为原料，巯基乙酸为表面修饰试剂，采用微波辅助加热的方法合成了 $Zn_{1-x}Cd_xS$ 合金型量子点，随着镉含量的增加，所合成量子点的激子吸收峰及最大荧光发射峰均向长波长方向移动。Wang 等（2007）以醋酸镉、醋酸锌、碲氢化钠为原料，以巯基乙酸为表面修饰试剂，通过改变锌与镉前体的摩尔比，获得了不同组成的 $Zn_{1-x}Cd_xTe$ 合金型量子点。当反应物中镉的含量增加时，所合成量子点的荧光发射波长向长波长方向移动。Du 等（2012）以亚碲酸钠作为碲的前体，氯化镉、氯化锌作为镉和锌的前体，以谷胱甘肽作为修饰试剂，在 100℃的沸水中合成了谷胱甘肽修饰的 $Zn_{1-x}Cd_xTe$ 合金型量子点。所合成量子点的荧光半峰宽在 39~44nm，荧光发射光谱可在 500~610nm 范围内调节，在最佳条件下，量子点的荧光量子产率可达 90%。与 CdTe 量子点相比，$Zn_{1-x}Cd_xTe$ 合金型量子点的细胞毒性大大降低。$Zn_xCd_{1-x}Se$ 量子点的合成方法与 $Zn_{1-x}Cd_xS$、$Zn_{1-x}Cd_xTe$ 类似，此处不再介绍。

美国 Emory 大学聂书明教授课题组采用离子交换的方法合成了 $Hg_xCd_{1-x}E$，（E 代表 Te、Se 或 S）（Smith and Nie, 2010）。他们将 Hg^{2+} 在非极性的有机溶剂中与 Cd^{2+} 交换后，可使 CdE 的发射波长红移到近红外区域。所合成近红外量子点的半峰宽在 40~50nm，而直接法合成的近红外量子点如 CdTe/CdSe 半峰宽在 70~80nm，InAs 的半峰宽在 80~90nm，说明采用离子交换法合成合金型量子点优于其他方法。在合成合金型量子点后，如果在量子点表面再包覆一层 ZnS 壳，其室温荧光量子产率可达到 60%~80%，完全可以满足近红外荧光成像的需要。

（2）不同阴离子组成的合金型量子点的制备

不同阴离子组成的合金型量子点包括 $CdS_{1-x}Se_x$、$CdSe_{1-x}Te_x$、$CdSe_{1-x}Te_x$、$ZnS_{1-x}Se_x$、$ZnSe_{1-x}Te_x$、$HgSe_{1-x}Te_x$ 等合金型量子点。美国 Emory 大学聂书明教授课题组采用

氧化镉、硒粉、碲粉、三正辛基膦、氧化三正辛基膦、十六胺等为原料，合成了 $CdSe_{1-x}Te_x$ 合金型量子点（Bailey and Nie，2003），在合成过程中，控制 Se：Te 的摩尔比分别为 100：0、75：25、50：50、25：75 及 0：100。这些合金型量子点不仅可以通过改变其尺寸来调节最大荧光发射波长，还可以通过改变 Se 与 Te 的含量调节最大荧光发射波长的位置。Ouyang 等（2009）以醋酸镉、硫粉、硒粉、2，2′-二巯基二苯并噻唑、肉豆蔻酸、十八碳烯为原料，合成了 $CdS_{1-x}Se_x$ 合金型量子点，量子点的尺寸在 3.05~3.70nm 范围，随着量子点中 Se 含量的增高，量子点的荧光发射波长向长波长方向移动，不同 Se 含量的合金型量子点的最大发射波长介于相同尺寸的 CdS 和 CdSe 的最大发射波长之间。

3.1.4　掺杂型量子点的制备

掺杂是改变量子点发光行为的一种重要方式，很多过渡金属离子和镧系金属离子被用于制备掺杂型量子点。常见的掺杂型量子点（Wu and Yan，2013）包括 Mn^{2+}、Co^{2+}、Cu^{2+}、Ni^{2+}、Ag^{+}、Pb^{2+}、Cr^{3+}、Eu^{3+}、Tb^{3+}、Sm^{3+} 和 Er^{3+}。除单一离子掺杂外，还有一些双掺杂量子点如 Cu^{2+}-Pb^{2+}、Cu^{2+}-Co^{2+}、Cu^{2+}-Mn^{2+} 等。掺杂的形式又包括表面掺杂、内部掺杂和中心掺杂 3 种方式（Pradhan et al.，2005）（图 3-3）。量子点掺杂后，会导致量子点的紫外—可见吸收光谱、荧光光谱、电子顺磁共振光谱发生改变。利用紫外—可见吸收光谱、荧光光谱、电子顺磁共振光谱的变化，可以区分表面掺杂、中心掺杂等不同类型的掺杂量子点（Lommens et al.，2007）。本部分主要对 Mn^{2+} 掺杂量子点、Cu^{2+} 掺杂量子点、Co^{2+} 掺杂量子点及镧系元素掺杂量子点（以 Eu^{3+} 掺杂量子点为代表）的合成方法做一简单介绍。

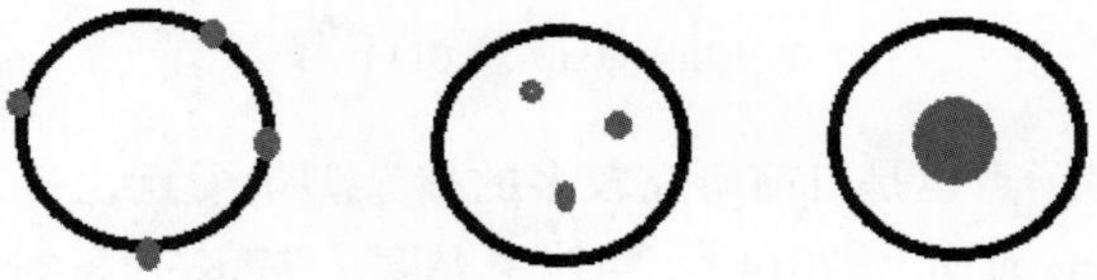

图 3-3　不同掺杂方式示意
（Pradhan et al.，2005）

（1）Mn^{2+} 掺杂量子点的制备

ZnS 量子点的带隙较宽，已被广泛用于掺杂型纳米粒子的合成，当 Mn^{2+} 掺杂到 ZnS 量子点中以后，可减小 ZnS 量子点辐射去活化的过程，在长波长区域产生新的荧光发射（Sotelo-Gonzalez et al.，2013）。Sotelo-Gonzalez 等（2013）探讨了不同浓度 Mn^{2+} 掺杂后对 ZnS 发光行为的影响，发现随着 Mn^{2+} 浓度的增加，所合成掺杂型量子点的颜色会明显变深。X-射线衍射光谱表明，当 Mn^{2+} 浓度大于 1%时，在量子点内部会有 $ZnMn_2O_4$ 生成。量子点的荧光强度和荧光寿命也会随着掺杂浓度的不同而发生变化。作者课题组采用变性牛血清白蛋白（dBSA）、硝酸锌、硫化钠等为原料，通过氮气保护，合成了 Mn^{2+}掺杂的 ZnO_xS_{1-x}量子点，在紫外灯的照射下，所合成的量子点可发射出橙色荧光（Xue et al.，2011），具体合成路线如图 3-4 所示。通过研究 Mn 离子浓度对量子点的荧光影响发现，当 Mn^{2+}的浓度为 1%及 20%时，所合成的量子点会出现较强的荧光。本方法采用绿色的修饰试剂，所合成量子点不含重金属元素，可望进一步用于生物成像分析。

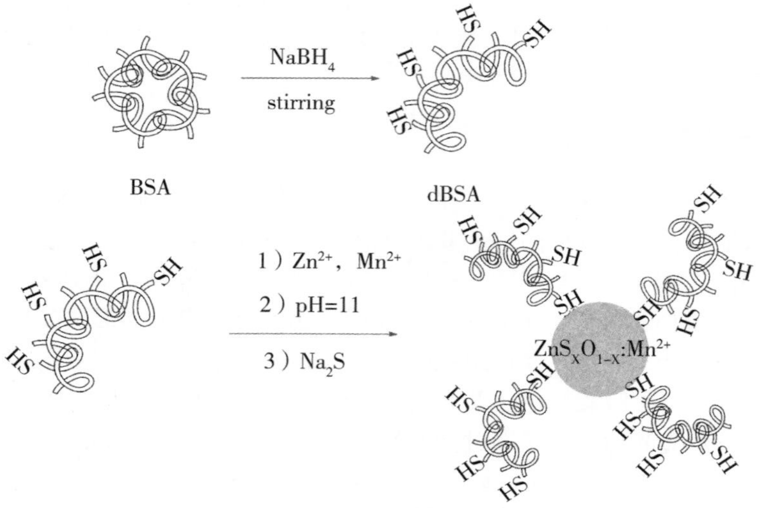

Stirring：搅拌；BSA：牛血清白蛋白；dBSA：变性的牛血清白蛋白

图 3-4　Mn 掺杂的 ZnO_xS_{1-x}量子点合成示意图

（Xue et al.，2011）

Mn^{2+}掺杂 ZnSe 量子点也是目前研究较多的掺杂型量子点之一，其寿命会随温度的变化而发生变化（Yang et al.，2014），当体系温度从 77 K 升高到 297 K 时，该量子点的荧光寿命先从 0.62 ms 增加到 0.83 ms，再降低到 0.44 ms。荧光寿命增加是由于量子点内自旋—轨道相互作用随温度的升高而减弱所引起的，荧光寿命降低是由高温状态下热激活非辐射过程所引起的。在 Mn^{2+}掺杂 ZnSe 量子点合成方面，一般改变其最大荧光发射波长比较困难。Shao 等（Shao，2011）以氯化锰、硒氢化钠、醋酸锌、巯基丙酸为原料，在水溶液中合成了 Mn 掺杂 ZnSe 量子点。通过改变反应时间，可在 572～602nm 范围内调节量子点的发射波长。在反应过程中，pH 值对荧光强度具有很大的影响，合适的 pH 值不仅可以促进 MnSe 核的形成，而且还可以提高量子点的荧光量子产率。

其他的 Mn^{2+}掺杂量子点如：Mn 掺杂 CdS 量子点、Mn 掺杂 CdSe 量子点等也有文献报道，其合成方法与上述合成方法类似，在此不再介绍。

（2）Cu^{2+}掺杂量子点的制备

Cu 掺杂量子点荧光发射波长调节范围大、荧光量子产率高，在生物成像领域具有潜在应用价值。Xie 等（Xie and Peng，2009）采用以三（三甲基硅基）膦[$(TMS)_3P$]、醋酸铟、硬脂酸铜、醋酸锌、硒粉等为原料，先后合成了 Cu：InP 量子点和 Cu：InP/ZnSe 量子点。对 InP 量子点进行铜掺杂后，其最大荧光发射波长可覆盖几乎整个可见光和近红外光范围。Zhang 等（Zhang et al.，2014）以醋酸铜、醋酸锌、醋酸铟、硫粉等为原料，在有机溶剂中合成了 Cu：Zn-In-S 掺杂量子点以及 Cu：Zn-In-S/ZnS 核—壳型掺杂量子点。所合成量子点的最大荧光发射波长可在 450~810nm 范围内调节，量子点的荧光量子产率最大可达 85%。当采用巯基丙酸将量子点由有机溶剂中转移到水溶液中后，量子点的荧光量子产率仍然较高，仅降低了10%~15%。

（3）Co^{2+}掺杂量子点的制备

当量子点中掺杂 Co^{2+}后，会导致量子点的吸收光谱、磁性等性质发生变化，从而大大拓展其应用范围。Schwartz 等（2003）采用醋酸钴、醋酸锌、氢氧化四甲铵等为原料，在二甲亚砜溶液中合成了 Co^{2+}：ZnO 量子点。在此基础上采用三辛基氧化膦、十二胺对所合成的量子点处理后，可将量子点从二甲亚砜溶剂中转移到甲苯等弱极性溶剂中，去除溶液中过量 Zn^{2+}后，再将溶液在三辛基氧化膦溶液中加热到 180℃至少 30min，然后冷却到 80℃以下，并用乙醇洗涤后，可使量子点重新分散在非极性溶剂中。类似的过程也可用于其他过渡金属掺杂 ZnO 量子点的合成。Norberg 等（2006）以醋酸钴、醋酸锌、三丁基膦、硒粉等为原料，在十八碳烯溶剂中合成了 Co^{2+}：ZnSe 量子点。通过吸收光谱发现所合成的掺杂型量子点为内部掺杂方式，量子点表现出激子塞曼分裂现象。

（4）Eu^{3+}掺杂量子点的制备

将镧系元素掺杂到量子点中后，会提高镧系元素的发光效率。Sadhu 等（2007）采用醋酸镉、硫代乙酰胺、硝酸铕为原料，以冰醋酸及 2-甲氧基乙醇为反应溶剂，成功制备出 Eu^{3+}掺杂的硫化镉量子点。当采用 347nm 波长的光激发量子点时，在 440nm 会出现 CdS 量子点的荧光发射峰，同时在 592nm 和 614nm 处会出现 Eu^{3+}的荧光发射峰，在 CdS 量子点与 Eu^{3+}之间存在能量转移。随着掺杂量子点尺寸的增加 Eu^{3+}的发光会先增加后降低，当量子点尺寸为 5.5nm 时，Eu^{3+}的发光强度最大。Ung Thi Dieu 等（2013）以十八碳烯、醋酸铟、十四烷脂肪酸（又名肉豆蔻酸或十四酸）、硬脂酸锌、三（三甲基硅基）膦[$(TMS)_3P$]为原料，合成了 In（Zn）P 合金型量子点，在此基础上，向体系中加入油酸铕进行掺杂反应，采用丙酮、甲醇、氯仿等对量子点进行纯化，最终得到的 Eu 掺杂 In（Zn）P 量子点可分散在氯仿、甲苯、正己烷等有机溶剂中。

3.2 荧光金属纳米团簇的制备

荧光金属纳米团簇包括金、银、铂、铜等类型，与量子点相比，其尺寸更小，是目前纳米荧光探针领域研究的热点之一。合成方法对荧光金属纳米团簇的发光性质起着至关重要的作用。不同的方法合成的荧光金属纳米团簇，其荧光性质差别很大。本节将重点介绍一些常见的金属纳米材料合成方法。

3.2.1 金簇的制备

（1）基于有机小分子为修饰试剂的金簇的制备

由于巯基与金原子之间具有很强的配位能力，很多巯基类小分子化合物常被用作金簇的表面修饰试剂。Lin 等（2009）采用前体诱导金纳米粒子刻蚀的方法合成了(1.56±0.3）nm 的红色发射荧光金纳米团簇。他们首先采用双十二烷基二甲基溴化铵为表面修饰试剂，合成了尺寸为（5.55±0.68）nm 分散在甲苯中的金纳米粒子；继续向溶液中滴加氯化金或氯金酸，使溶液变得无色透明，此时溶液中金纳米粒子的尺寸为(3.17±0.35）nm，再采用二氢硫辛酸试剂交换的方法将金纳米粒子从有机溶剂中转移到水溶液中，采用超速离心的方法去除溶液中多余的二氢硫辛酸，最后获得了表面修饰二氢硫辛酸红色发射的荧光金纳米团簇。Jang 等（2013）以 1，4-哌嗪二乙磺酸(PIPES）为表面修饰试剂，成功合成不同尺寸的金纳米团簇。金纳米团簇的尺寸可通过 1，4-哌嗪二乙磺酸的浓度进行调节。Narouz 等（2019）采用 N-杂环卡宾及卤原子作为稳定剂，成功合成了 Au_{13}团簇，每个团簇表面结合了 9 个 N-杂环卡宾和 3 个卤原子。所合成的团簇在 485nm 波长光的激发下，其最大荧光发射波长为 730nm，团簇的荧光量子产率可达 16%。

（2）基于蛋白为修饰试剂的金簇的制备

牛血清白蛋白是一种广泛使用的模式蛋白，已被报道用于多种纳米粒子的合成。Xie 等（2009）以氯金酸为原料，将一定量的氯金酸加入到牛血清白蛋白溶液中，搅拌 2min 后，采用 NaOH 将溶液的 pH 值调节到碱性，在 37℃持续反应 12h，就获得了牛血清白蛋白修饰的金纳米团簇。在反应过程中，温度及牛血清白蛋白浓度对产物的荧光具有很大的影响。当反应温度升高到 100℃后，尽管在几分钟之内就可以得到金纳米团簇，但其荧光非常弱，荧光量子产率只有 0.5%。在所合成的金纳米团簇表面，大概有 17%的一价金离子存在，这些吸附在金簇表面的一价金离子可以增加所合成金簇的稳定性。Liu 等（2011）采用胰岛素为修饰试剂，将胰岛素与氯金酸混合后，在磷酸钠溶液中 4℃反应 12h，就得到了胰岛素修饰的金簇。该金簇发射红色荧光，其荧光量子产率约 7%。DNA 酶 I 是一种非特异性核酸内切酶，含有 15 个酪氨酸残基。West 等(2014）在 37℃将不同浓度（20mmol/L、10mmol/L、5mmol/L、1mmol/L）的氯金酸加入到等体积的 20mg/mL 的 DNA 酶 I 蛋白溶液中，搅拌 5min 后，加入 1 mol/L 的 NaOH 溶液将 pH 值调到 12，反应 12h 后，溶液逐渐变为深黄色，这样就合成了蓝色发射的金纳米团簇。当 DNA 酶 I 蛋白溶液的初始浓度调整为 0.5 mol/L 时，采用类似的方式就可以合成红色发射的金纳米团簇。

3.2.2 银簇的制备

（1）基于有机小分子修饰试剂的银簇的制备

作者课题组以十二烷基磺酸钠（SDS）、硼氢化钠（$NaBH_4$）和硝酸银($AgNO_3$）为原料，在低温条件下合成了水相分散的荧光银纳米团簇（图 3-5 为银纳米团簇合成示意图）（Zheng et al.，2013）。在此基础上，采用紫外—可见吸收光谱、荧光光谱、透射电子显微镜及 X-射线衍射等手段对所合成的荧光银纳米团簇进行了表征。结果表明，SDS 修饰的荧光银纳米团簇激发波长在 220～260nm 范围内，荧光最大发射峰在 365nm，荧光量子产率为 0. 84%。

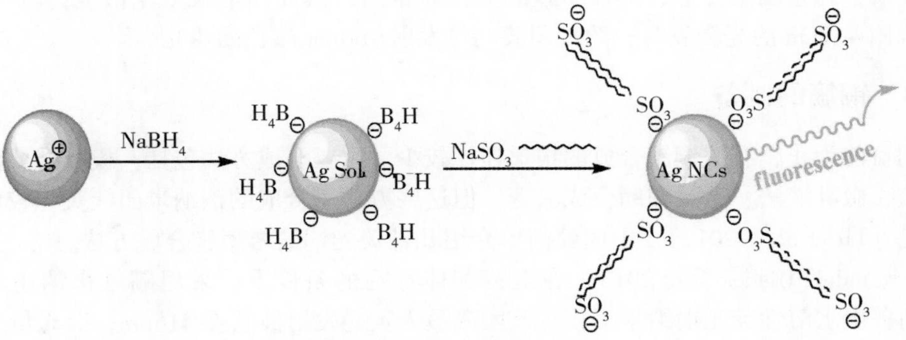

图 3-5　荧光银纳米团簇合成示意图

（Zheng et al. , 2013）

（2）基于蛋白修饰试剂的银簇的制备

牛血清白蛋白不仅可用于金纳米团簇的合成，也可用于荧光银纳米团簇的合成。Guo 等（Guo and Irudayaraj，2011）以硝酸银溶液、硼氢化钠为原料，以变性牛血清白蛋白为稳定剂，在 4℃条件下成功合成了最大荧光发射峰 637nm，荧光量子产率 1. 2%的水溶性银纳米团簇。该团簇在 400～500nm 范围内没有明显的表面等离子体吸收峰，表明体系中没有银纳米粒子存在。

（3）基于 DNA 修饰试剂的银簇的制备

由于银粒子与胞嘧啶核苷酸具有很强的结合能力，可利用含胞嘧啶高的单链核苷酸来合成银纳米团簇（Lee et al. , 2014），在反应过程中，既可采用硼氢化钠作为还原剂进行化学还原，也可采用紫外光诱导还原。Lee 等（2014）以硝酸银和硼氢化钠为原料，以单链 DNA（序列为：CCCTTAATCCCCATACAGCTGCAGCTGCGA）为模板，成功合成可用于特定 DNA 序列分析的银纳米团簇。在该单链 DNA 序列中，CCCTTAATCCCC 为 DNA 形成区域，CAGCTGCAGCTGCGA 为靶 DNA 结合区域。Liu 等（2012）采用单链核苷酸序列［5′-（CCCTAA）$_3$CCCTA-3′］为模板，以硝酸银及硼氢化钠为原料，成功合成 DNA 修饰的荧光银纳米团簇。该团簇在 410nm 和 535nm 波长有 2 个吸收峰，当采用 468nm 光激发时，银纳米团簇在 567nm 处会出现一荧光峰。中国科学院长春应用化学研究所汪尔康院士课题组以 5′-CCCACCCACCCGCCCA-3′核苷酸链为模板，合成了荧光银纳米团簇，并研究了 DNA 序列对 DNA-Ag 团簇荧光性质的影响（Teng et al. , 2014）。发现所合成的银纳米团簇除在 762nm 波长处发射近红外荧光外，在 615nm 及 680nm 处也有弱的荧光发射峰，通过增加或减少 DNA 链中胞嘧啶的数量，所合成银纳米团簇的荧光发射强度会发生明显的变化，该研究为精确调控银纳米团簇的合成提供了重要的参考。

（4）核—壳型银簇的制备

核—壳型银簇的合成也是金属团簇领域研究的热点之一，在核—壳型银簇的合成过程中，控制核的结构比控制壳的机构更具有挑战性。Wang 等（2019）采用 Ph_3CSH 及 Ph_3PSe 分别作为硫源及硒源，成功合成 $Ag_6S_4@Ag_{36}$ 及 $Ag_6Se_4@Ag_{36}$ 两种核壳型银簇。研究发现，在室温条件下，两种团簇的荧光非常弱；然而当溶液采用液氮冷却到 83 K 后，采用 468nm 的光激发时，两种团簇均可发射 760nm 波长的荧光。

3.2.3 铜簇的制备

到目前为止，有关铜簇合成的报道还比较少。主要合成方法包括：模板合成法、电化学法、微乳液法、微波辅助合成法等。但这些方法所合成的铜纳米团簇荧光较弱或没有荧光（Lu et al.，2012）。下面就简单介绍几种荧光铜纳米团簇合成方法。

Fernandez-Ujados 等（2013）在双齿配体存在的条件下，采用硼氢化钠还原的方法，制备出水溶性荧光铜纳米团簇。该团簇最大荧光发射波长在 416nm，荧光量子产率 3.6%。在 pH 值 3~12 范围及 1 mol/L 的 NaCl 存在条件下，仍能保持较强的荧光发射。

小分子的凝胶能够将水分子或有机溶剂分子捕获，形成三维弹性网状结构。Shen 等（2013）采用胆酸钠、硝酸铜、半胱氨酸等为原料，在超分子水凝胶体系中合成了发射红光的铜纳米团簇。当采用 375nm 的光激发时，铜纳米团簇的荧光发射波长在 615nm。半胱氨酸的浓度对团簇的荧光强度也有很大的影响，当半胱氨酸与铜离子的摩尔比为 15∶1 时，所合成的纳米团簇荧光强度最大。

Wang X P 等（2013）分别采用 10 个、14 个、15 个、25 个碱基的双链 DNA 为模板，以硫酸铜和 L-抗坏血酸为原料，合成了最大荧光发射波长在 608nm 的荧光铜纳米团簇。研究发现，DNA 浓度对铜纳米团簇的荧光强度具有很大的影响，当 DNA 的浓度从 100nmol/L 提高到 1μmol/L 时，所合成铜纳米团簇的荧光强度大大提高。

Wang 等（Wang C et al.，2014）将 100mg 的牛血清白蛋白加入到 5mL 5mmol/L 的硫酸铜溶液中，在室温条件下搅拌 10min，由于铜离子的配位作用，该溶液在室温条件下会形成水溶胶。在此基础上，用 NaOH 将溶液 pH 值调节到碱性，再向溶液中加入水合肼并室温搅拌 4h，采取透析的方法去除杂质后，将产物冷冻干燥。透射电子显微镜结果表明所合成的铜纳米团簇尺寸为（2.7±0.4）nm，其最大荧光发射波长在 625nm，荧光半峰宽约为 85nm，荧光量子产率约为 4.1%。Ghosh 等（2014）将溶菌酶与硫酸铜混合后，在 45℃搅拌 10min，采用 NaOH 将溶液的 pH 值调节到 10~11，加入水合肼后，再搅拌 6~12h，就合成了蓝光发射的铜纳米团簇。当激发光波长从 325~525nm 逐渐变化时，铜纳米团簇的荧光也会从 410nm 位移到 575nm，该方法合成铜纳米团簇的荧光量子产率可达 18%。

Goswami 等（2018）以硫酸铜及转铁蛋白为原料，成功合成转铁蛋白修饰的铜簇。他们首先将 0.2mL 25mmol/L 硫酸铜溶液逐滴加入 2mL 5mg/mL 的转铁蛋白溶液中，在 37℃搅拌 10min 后，采用 1mol/L 的氢氧化钠将溶液 pH 值调到 12，再向溶液中加入 50μL 80%浓度的肼，继续搅拌 10h，便制得转铁蛋白修饰的铜簇溶液。该铜簇在 375nm 波长光激发下，其最大荧光发射波长在 460nm，其荧光量子产率为 7.5%。除蛋白质外，有机高分子聚合物也可作为铜簇的修饰试剂。Ghosh 等（2015）以二氢硫辛酸及聚（乙烯基吡咯烷酮）为修饰试剂，建立了铜簇的合成新方法。他们首先将 10mg 的聚（乙烯基吡咯烷酮）加入到 3.8mL 饱和的氯化钠溶液中，再向该溶液中加入 0.2mL 25mmol/L 的氯化铜及 3.5mg 抗坏血酸，将二价铜离子还原为一价铜离子，再向溶液中加入 1.0mL10mmol/L 的二氢硫辛酸溶液，继续搅拌 5min，便制得二氢硫辛酸及聚（乙烯基吡咯烷酮）修饰的铜簇。采用 365nm 波长的光激发时，该铜簇的最大发射波长在 650nm。在 pH 值 8.5 的溶液中，团簇的荧光量子产率为 10.8%。Han 等（2018）利用 2，3，5，6-四氟硫酚作为还原剂及保护试剂，合成了最大发射波长在 590nm 的铜簇，由于该铜簇具有自组装诱导发射（SAIE）特征，其荧光量子产率高达 43%。基于组胺对该铜簇荧光的猝灭作用，建立了组胺的快速检测新方法，该方法对组胺的检出限可达 60nm。

3.2.4　金银合金型团簇的制备

与单一金属的团簇相比，合金型团簇稳定性更好，荧光量子产率也更高，金银合金团簇是目前研究较多的荧光金属纳米团簇。Paramanik 等（2014）采用四羟甲基氯化磷（THPC）、氯金酸、氢氧化钠为原料，合成了金纳米粒子。将一定量的金纳米粒子与银离子混合，并加入巯基十一酸作为修饰试剂，并在黑暗条件下刻蚀 72h，刻蚀结束后，以 10 000r/min 的速度离心 10min，以去除大的金纳米粒子，然后透析 6h，就得到了蓝色发射的金银合金纳米团簇。Le Guevel 等（2012）以氯金酸、硝酸银为原料，以谷胱甘肽为表面修饰试剂，在 65℃反应 2 天，就得到了谷胱甘肽修饰的金银合金团簇。透射电子显微镜结果表明所合成团簇的尺寸为（1.5±0.4）nm，团簇的水合半径为(3.1±0.5）nm，荧光量子产率约 16%，荧光寿命大于 200 ns。曲阜师范大学王桦教授课题组以氯金酸、硝酸银为原料，以牛血清白蛋白为修饰试剂，合成了合金型金银团簇，当金、银摩尔比为 25：6 时，团簇的荧光强度最大，其最大荧光发射波长在 620nm，荧光量子产率为 10.5%（Zhang N et al.，2014）。

与目前广泛研究的量子点相比，金属荧光纳米团簇的荧光量子产率仍然偏低，合成高稳定性、高荧光量子产率的新型金属纳米团簇仍然是未来的一个发展方向。

3.3　碳点的制备

到目前为止，有关碳点的合成方法已有很多文献报道，主要采取的原料包括碳粉、炭黑、蜡烛灰、聚合物、面包、焦糖、牛奶、蜂蜜等。Gao 课题组将碳点的合成方法归纳为三大类（Lim et al.，2015）：第一类是“自上而下”的方法（Top-down synthetic route），主要采用纳米金刚石、碳纳米管、石墨、碳黑等为原料来制备；第二类是“自下而上”的方法（Bottom-up synthetic route），主要采用柠檬酸、碳水化合物、聚合物等原料来制备；第三类是表面修饰的方法（Surface passivation and functionalization），主要对碳材料表面进行钝化及功能化，消除其表面微小污染，提高碳点的荧光量子产率。下面就对一些碳点的合成方法做一简要介绍。

3.3.1 “自上而下”法制备碳点

Hu 等（2009）采用激光照射有机悬浮液中碳粉的方法成功制备出荧光碳点。他们采用发射波长为 1 064nm 的 Nd：YAG 脉冲激光器作为光源，采用该光源照射分散在水合联氨、二乙醇胺和聚乙烯醇（PEG200N）中的石墨粉，成功合成绿色发光的碳点。当采用 420nm 光激发时，碳点会产生 490nm 的荧光，碳点的荧光量子产率为 3%～8%。Tian 等（2009）采用天然气燃烧后的炭黑为原料，向碳黑中加入 5 mol/L 的硝酸回流 12h，将生产物离心并采用碳酸钠中和，然后通过透析的方法对样品进行提纯，便得到未掺杂的碳点。将所合成的碳点分别与硝酸银、硝酸铜、氯化钯混合后，搅拌过夜，并透析纯化，就得到了表面沉积金属离子的碳点。所合成碳点的最大激发波长在 310nm，最大发射波长在 420nm，荧光量子产率为 0.43%。当碳点表面沉积金属离子后，碳点的荧光发射波长及发射强度略有变化。Sk 等（2012）采用面包、焦糖、玉米片、饼干等食物为原料，合成了尺寸在 4～30nm 的碳点。以焦糖为例，他们将焦糖放在一个玻璃反应器中，200℃油浴加热 10min，直到固体变成棕色，将这种棕色的黏稠状固体冷却至室温，并溶解到甲醇中，通过柱色谱进行纯化。研究发现，当采用 180℃反应时，所合成碳点的尺寸在（25.8±12.4）nm，采用 200℃反应时，所合成碳点的尺寸在（4.3±1.5）nm，表明高温有利于更小的碳点形成，碳点的荧光量子产率在 1%左右。

3.3.2 “自下而上”法制备碳点

Yang X 等（2014）将蜂蜜与过氧化氢混合后，采用水热反应釜 100℃反应 2h，采用 NaOH 将溶液 pH 值调节到中性，过滤及透析后，便得到最大发射光谱 420nm 的碳点。当采用 700nm 激光对碳点进行激发时，该碳点在 435nm 波长会产生上转换荧光发射。Gong 等（2014）以蔗糖、浓硫酸、$GdCl_3$ 为原料，将混合物超声后，在微波炉中加热，反应物的颜色在微波加热过程中会从无色变为暗褐色，采用离心的方式去除反应物中大的颗粒，采用透析的方式去除小分子，这样就获得了钆掺杂的绿色荧光碳点，该掺杂型碳点的平均尺寸为 2.97nm。当采用 360nm 光激发时，碳点的最大荧光发射波长在 521nm，荧光量子产率约为 5.4%。这种掺杂型碳点既可用于荧光成像，又可用于磁共振成像。Wang L 等（2014a）采用牛奶为原料，合成了氮掺杂的碳点。他们将牛奶在 180℃经过水热处理后，就形成了一种黄色的溶液，通过滤膜过滤后，就得到了尺寸约为 3nm 的荧光碳点。当采用 360nm 光激发碳点时，碳点在 400～600nm 波长范围会产生强的荧光发射，其荧光量子产率约 12%。该碳点在 4℃保存 6 个月后，其荧光强度仍然保持了原来的 90%。Wang W 等（2014）以链霉素为原料，采用水热法在 200℃反应 12h，再通过离心的方法去除大颗粒杂质，就获得了氮掺杂的碳点。该碳点的荧光量子产率可达 7.6%，荧光寿命为 7.42 ns。

通过改变碳点的合成原料及反应条件，还可以一步合成双发射的碳点。Song 等将 0.4477g 邻苯二胺与 15mL 磷酸混合，采用水热法合成了双发射的荧光碳点。当采用 380nm 的光激发时，该碳点可同时发射 440nm 及 624nm 两个波长的荧光。基于赖氨酸对碳点荧光的猝灭作用，建立了赖氨酸的快速检测新方法，该方法对赖氨酸的检出限为 94nmol/L。Hola 等以柠檬酸合尿素为原料，采用水热反应釜 180℃ 反应 12h，获得了全波长发射的碳点，采用柱色谱分离的方法获得了 4 种不同荧光发射波长的碳点（Hola et al.，2017）。他们进一步研究还发现，随着碳点荧光发射波长的红移，碳点中石墨化氮的含量逐渐升高。广西师范大学赵书林教授课题组通过溶剂热处理玉米苞片的方法，成功制备出基于碳点的纳米杂合材料，当采用 406nm 波长的光激发时，该材料可发射 470nm 和 678nm 两个波长的荧光（Zhao et al.，2017）。基于 Hg^{2+} 对碳点的荧光猝灭作用，他们成功建立了 Hg^{2+} 检测新方法，检出限为 9.0nmol/L。作者课题组以大麦若叶粉末及柠檬酸为原料，通过反应釜 180℃ 反应 3h，可得到蓝色发光的碳点，如果反应原料中加入一定量的脲，即可改变碳点的荧光发射波长，得到青色荧光发射的碳点，研究发现，两种碳点在细胞中定位有一定的差异，蓝色荧光碳点比青色荧光碳点对猪伪狂犬病毒的抑制效果更好（Liu et al.，2017）（图 3-6，见书末彩图）。作者课题组还以甘草酸为原料，采用水热合成法成功合成了甘草酸碳点（Tong et al.，2020）。该方法首先将 0.1g 碳点溶解在 10mL 去离子水中，采用氢氧化钠将溶液 pH 值调节到 10，将溶液加入水热反应釜，180℃ 反应 7h。反应完成后通过离心机透析的方式将碳点纯化，便得到了平均尺寸为 11.4nm 的甘草酸碳点。图 3-7 为所合成甘草酸碳点的透射电子显微图像。

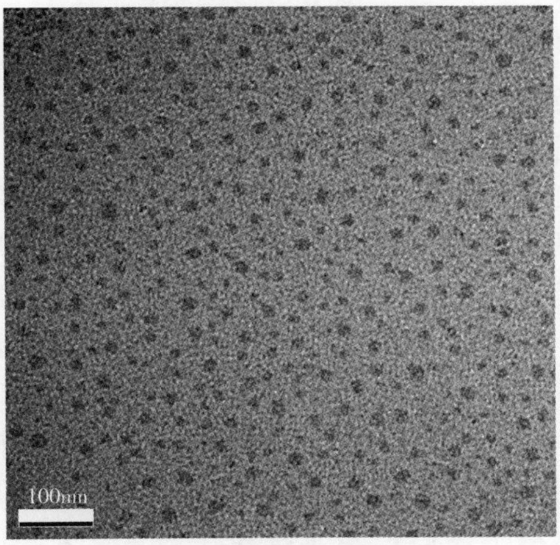

图 3-7　甘草酸碳点的透射电子显微图像（Tong et al.，2020）

红色发光的碳点是碳点合成的一个瓶颈。吉林大学卢革宇教授课题组以柠檬酸和硫脲为原料（Li et al.，2020），以二甲基甲酰胺为溶剂，采用聚四氟乙烯高压反应釜 160℃ 反应 6h，再通过氢氧化钠及盐酸溶液分别处理，便得到了红色发光的碳点。所合成碳点在 550nm 波长的光激发下，荧光最大发射波长在 610nm。碳点的荧光量子产率可达 24%。

清华大学许华平教授课题组以硒代半胱氨酸为原料，成功合成了硒掺杂的碳点（Li et al.，2017）。具体过程如下：先将 200mg 的硒代半胱氨酸溶解到 10mL 的水中，再用 NaOH 将溶液 pH 调为碱性，将溶液加热到 60℃ 反应 24h，产物在 12 000r/min 转速下离心并去除沉淀，透析上清液后就得到了纯化的硒掺杂碳点。该碳点在 398nm 波长的光激发下，荧光最大发射波长在490nm。

3.3.3 表面修饰法制备碳点

Wang等（2010）将炭黑与2.6mol/L的硝酸回流12h，去除沉淀后，继续在氯化亚砜中回流6h，便得到低荧光量子产率的碳点。将该碳点与$PEG_{1\ 500N}$混合后，在氮气保护下，110℃反应3天，离心去除沉淀，采用凝胶色谱对所得的上清液进行分离，就获得高荧光量子产率（55%~60%）的碳点。

尽管目前碳点的合成方法很多，但大多数合成方法所得到碳点的荧光量子产率并不高，进一步提高碳点的荧光量子产率仍然是未来需要解决的问题，另外，还需要发展碳点的表面修饰及与生物大分子偶联的方法。

3.4 石墨烯及类石墨烯量子点的制备

石墨烯及类石墨烯量子点的合成方法可分为“自上而下”法和“自下而上”法两大类。本节将对两类石墨烯及类石墨烯量子点的制备方法做一简要介绍。

3.4.1 “自上而下”法制备石墨烯及类石墨烯量子点

“自上而下”法合成石墨烯量子点多以石墨为原料合成。Qian等（2014）采用Hummers方法获得不发光的氧化石墨烯，具体过程如下，将石墨粉加入冷却的硫酸中，在冰浴条件下慢慢加入高锰酸钾，反应15min后，加入硝酸钠，在35℃反应1.5h后加水稀释，继续升温至95℃反应35min，最后向反应液中加入水及过氧化氢终止反应，离心去除未剥离的氧化石墨烯大颗粒，采用蒸馏水洗涤使pH值调整到中性。这种氧化石墨烯本身不发光，但对很多荧光分子具有很好的猝灭效果，可用来发展猝灭型的荧光探针。他们还采用石墨粉合成了发光的石墨烯量子点。具体过程如下，将石墨粉与浓硫酸、浓硝酸混合后，超声2h，在80℃回流24h，用蒸馏水对反应液稀释并用碳酸钠中和，通过透析的方法除去杂质。将得到的石墨烯量子点重新分散在四氢呋喃溶液中，加入硼氢化钠，在70℃搅拌8h，将反应混合物真空蒸馏去除多余的硼氢化钠，并用乙醇洗涤后，透析除杂，就获得了还原性石墨烯量子点。该石墨烯量子点的尺寸为（5±3）nm，最大荧光发射波长在430nm，荧光量子产率可达20.4%。Zhu等（2014）以石墨为原料，采用Hummers方法获得不发光的氧化石墨烯，向干燥的氧化石墨烯中加入N，N-二甲基甲酰胺，在氯化亚砜溶液中80℃回流24h，离心并弃去上清液，采用四氢呋喃洗涤沉淀，除去溶液中多余的氯化亚砜及溶液N，N-二甲基甲酰胺溶液。在此基础上，向活化的氧化石墨烯溶液中加入1，6-己二胺，将反应液重新分散在乙醇中，就得到了浅黄色的溶液，将该溶液真空过滤并采用旋转真空仪干燥，就得到了发蓝色荧光的氧化石墨烯。其最大荧光激发波长在365nm，最大荧光发射波长在440nm，荧光量子产率11.2%。电化学方法也可以用来合成石墨烯量子点。Li等（2014）以石墨棒作为工作电极，以对甲基苯磺酸钠为电解质溶液，通过电化学反应3h后，就得到了硫掺杂的石墨烯量子点，采用滤膜过滤去除氧化石墨烯及石墨颗粒。该石墨烯量子点最大激发波长 380nm，最大荧光发射波长 480nm，荧光量子产率 10. 6%。

“自上而下”法也可用来制备很多类石墨烯量子点。Gopalakrishnan 等将二硫化钼粉末加入到 1-甲基-2-吡咯烷酮溶液中，采用超声剥离法成功制得二硫化钼量子点（Gopalakrishnan et al.，2014）。采用 500nm 波长光激发时，该量子点可发射 570nm 的荧光。Xue 等以氮化硼分类、氢氧化钠、氢氧化钾等为原料，采用两步热解法成功合成了氮化硼量子点，该量子点在 290nm 波长光的激发下，最大荧光发射波长为 410nm，其荧光量子产率为 1. 8%。通过表面钝化的方法可以提高类石墨烯量子点的荧光量子点产率。Dehghani 等采用聚乙二醇（PEG200）对氮化硼量子点表面钝化后，其荧光量子产率从 32%提高到 38%。

3. 4. 2　“自下而上”法制备石墨烯及类石墨烯量子点

由于石墨烯量子点通常缺陷较多或呈多晶状态，导致其荧光量子产率很低。“自下而上”法可以很好地克服这一不足，从而获得高质量的石墨烯量子点。Wang L 等（2014b）通过对芘进行硝化，生成 1，3，6-三硝基芘，再在 0. 2 mol/L 的 NaOH 溶液中水热反应 10h，就可得到羟基化的石墨烯量子点。如将 1，3，6-三硝基芘与水合肼或氨水混合进行水热反应，就可获得氨基化的石墨烯量子点。研究发现，采用氨水为原料制备的氨基化量子点的荧光量子产率只有 7%，而采用水合肼为原料进行制备的氨基化量子点的荧光量子产率在可达 45%。通过调整反应时间，可获得黄色、蓝色和青色的石墨烯量子点，其尺寸分别为（3. 8±0. 5）nm、（2. 9±0. 5）nm、（2. 6±0. 6）nm，平均高度分别为（1. 98±0. 87）nm、（0. 81±0. 39）nm、（1. 07±0. 51）nm。由于该方法一次可合成克级的量子点，未来在光学成像、光学传感及燃料电池等方面具有广阔的应用前景。

氮化硼量子点也可用“自下而上”法合成。Liu 等以硼酸及氨水为原料，采用水热法一步合成了羟基及氨基功能化氮化硼量子点，该量子点最大荧光发射波长在 390nm 左右，其荧光量子产率可达 18. 3%。Huo 等以硼酸及三聚氰胺为原料，采用水热反应釜 200℃反应 15h，成功制得氮化硼量子点，该量子点的最大荧光发射波长为 400nm（Huo et al.，2017）。

3. 5　稀土掺杂上转换荧光探针的制备

稀土掺杂上转换纳米荧光探针具有长波长激发、短波长发射等优势，采用近红激发光可以增加光的穿透能力，减少激发光对有机体的损害，降低生物体本身自发荧光的干扰（Yang Y，2014），目前研究比较多的上转换荧光探针包括稀土掺杂 $NaYF_4$、$NaGdF_4$、Y_2O_3、LaF_3、GdF_3、CeO_2 等。本部分主要针对目前常见的一些上转换荧光探针的合成方法做一简要介绍。

3. 5. 1　稀土掺杂 $NaYF_4$ 上转换荧光探针的制备

α-$NaYF_4$：Yb，Er 的上转换荧光可覆盖可见光及近红外光发射区域。Yi 等

（2004）以氟化钠、氯化钇、氯化镱、氯化铒、乙二胺四乙酸二钠等为原料，合成了 α-$NaYF_4$：Yb，Er 的上转换荧光纳米材料。该上转换荧光材料在 517nm、536nm、651nm 波长处有 3 个最大荧光发射峰，分别对应于铒的$^4H_{11/2}$—$^4I_{15/2}$、$^4S_{3/2}$—$^4I_{15/2}$及$^4F_{9/2}$—$^4I_{15/2}$的跃迁，然而该上转换荧光纳米材料的发光效率只有 1%，比体相 α-$NaYF_4$：Yb，Er 的发光效率（4%）低，具体原因仍不清楚。Yin 等（2010）以三氟代乙酸钠、三氟代乙酸钇、三氟代乙酸镱、三氟代乙酸铥为原料，以油酸、油胺和十八碳烯的混合溶液作为表面修饰剂及溶剂，在氮气保护下合成了 α-$NaYF_4$：Yb，Tm 纳米粒子。在此基础上，将 α-$NaYF_4$：Yb，Tm 纳米粒子与三氟代乙酸加入到油酸和十八碳烯的混合溶液中，加热到 320～330℃，保持 30～45min，就可得到 β-$NaYF_4$：Yb，Tm 纳米粒子。在 980nm 的近红外光激发下，该纳米粒子的上转换发射包括 360nm、450nm、475nm、650nm 以及 695nm 等波长的荧光峰（Yin et al.，2010），其中 360nm 的荧光是由$^1D_2$—$^3H_6$ 的跃迁产生；450nm 的荧光发射是由$^1D_2$—$^3H_4$ 的跃迁产生；475nm 的荧光是由 $^1G_4$—$^3H_6$ 的跃迁产生；650nm 的荧光是由$^1G_4$—$^3H_4$ 的跃迁产生；695nm 的荧光是由$^3F_2$—$^3H_6$ 的跃迁产生。360nm、450nm 的荧光是纳米材料吸收 4 个光子产生的，475nm、650nm 的荧光是纳米材料吸收 3 个光子产生的，695nm 的荧光是纳米材料吸收 2 个光子产生的。尽管目前能够合成各种掺杂的 $NaYF_4$ 上转换荧光纳米材料，但大多数合成方法所合成的纳米材料尺寸都比较大，一般直径都超过 10nm，另外，纳米材料单分散性还有待提高。

3.5.2 稀土掺杂 $NaGaF_4$上转换荧光探针的制备

Ho^{3+}可发射强烈的绿色上转换荧光，在荧光共振能量转移及生物标记等领域具有潜在应用价值。Naccache 等（2009）采用三氟乙酸、氧化钬、氧化钆、氧化钇为原料，制备出三氟乙酸钬、三氟乙酸钆、三氟乙酸钇，分别作为钬、钆、钇的前体。再将钬、钆、钇的前体与油酸、十八碳烯、三氟乙酸钠混合，高温反应，就合成了 $NaGdF_4$：Ho^{3+}/Yb^{3+}纳米粒子。该纳米粒子在 980nm 红外光的激发下可发射出 486nm、541nm 的绿色上转换荧光，同时还产生波长在 647nm、751nm 较弱的红色及近红外上转换荧光。上海交通大学崔大祥教授课题组以氧化钬、氧化钆、氧化钇、氧化铒、氧化铥、油酸钠、油酸等为原料，采用油酸/离子液体双相合成体系，成功合成油相分散及水相分散的 $NaGdF_4$：Yb，Er（Ho，Tm）纳米粒子（He et al.，2011）。其中 $NaGdF_4$：20%Yb，2%Er 在 520nm、538nm、652nm 有 3 个上转换荧光发射峰，对应于 Er^{3+}的$^2H_{11/2}$—$^4I_{15/2}$、$^4S_{3/2}$—$^4I_{15/2}$及$^4F_{9/2}$—$^4I_{15/2}$跃迁；$NaGdF_4$：20%Yb，2%Ho 表现出 4 个 Ho^{3+}的发射峰，其中，484nm、539nm2 个较强的上转换荧光发射峰分别对应于 Ho^{3+} 的$^5F_3$—$^5I_8$及$^5F_4$，$^5S_2$—$^5I_8$ 跃迁；Tm 掺杂的纳米粒子在 445nm、474nm、538nm、652nm 及 693nm 处有 5 个弱的上转换荧光发射峰，分别对应于 Tm^{3+} 的$^1D_2$—$^3F_4$、$^1G_4$—$^3H_6$、$^1D_2$—$^3H_5$、$^1G_4$—$^3F_4$ 及$^3F_3$—$^3H_6$ 跃迁。该探针既有上转换荧光发射，又有很好的磁性，可用于荧光、磁共振双模式成像分析。

3.5.3　稀土掺杂 LaF_3 上转换荧光探针的制备

Stouwdam 等（Stouwdam and van Veggel，2002）以氟化钠、硝酸镧、硝酸铕等为原料，在有机相体系中合成了 Eu^{3+}、Er^{3+}、Nd^{3+} 及 Ho^{3+} 掺杂的三氟化镧纳米粒子。由于三氟化镧具有非常低的振动能级，导致处于激发态电子被猝灭的可能性变小。其中 Eu^{3+} 掺杂三氟化镧的上转换荧光第一寿命在 6~10ms，第二寿命在 2~4 ms。Er^{3+}、Nd^{3+} 及 Ho^{3+} 掺杂的三氟化镧纳米粒子荧光发射在 1 300~1 600nm，荧光寿命在 200~400μs。

3.6　多功能纳米荧光探针的制备

在荧光分析中，单一类型的纳米荧光探针往往不能满足分析需求，为了解决这一不足，可通过以下方式将荧光探针与其他材料结合，构建多功能荧光探针。常见的多功能荧光探针有以下 5 种。

（1）将有机荧光染料或纳米荧光探针包埋到纳米微球中，或吸附到微球表面，构建增强型荧光探针，提高探针的发光强度。

（2）将不同种类的荧光材料偶联在一起制备比率荧光探针。

（3）将纳米荧光探针与猝灭剂或其他荧光探针结合，构建荧光共振能量转移探针。

（4）将纳米荧光探针与磁性材料结合，构建同时可进行荧光成像分析及磁共振成像分析的多功能探针。

（5）将手性材料作为原料合成纳米荧光探针或在已经合成好的纳米荧光探针表面修饰一层手性材料。

3.6.1　增强型纳米荧光探针的制备

将多个有机荧光染料分子（或纳米荧光探针颗粒）吸附在纳米微球表面或包埋到纳米微球内，就可获得比单个染料分子（或单个纳米粒子）荧光强度更强的增强型纳米荧光探针。华中农业大学韩鹤友教授课题组将氯化镉加入到直径 120nm 氨基化聚苯乙烯微球中，再向体系中加入碲氢化钠溶液及水合肼，就合成了表面修饰 CdTe 量子点的聚苯乙烯微球（图 3-8 为微球合成示意图），通过改变反应时间，可使微球的最大发射波长在 553~646nm 之间变化（Liu et al.，2009）。作者课题组在合成牛血清白蛋白（BSA）修饰的水溶性荧光金纳米团簇和氨基化二氧化硅微球的基础上，将二者共混于醋酸—醋酸钠缓冲液中，利用静电作用将其偶联（Wang et al.，2013）。在醋酸—醋酸钠缓冲液中，氨基化二氧化硅微球表面带正电，而 BSA 修饰的荧光金纳米团簇表面带负电（BSA 等电点为 4.7），二者可以通过静电引力有效地结合（图 3-9 为荧光金纳米团簇/二氧化硅复合纳米微球形成的示意图）。本方法所制备的荧光金纳米团簇/二氧化硅复合纳米微球有效地提高了其化学环境适应性和光稳定性，可进一步用于化学传感及生物成像研究。二氧化硅和聚苯乙烯是常用的微球材料，Foda 等（2014）在制备出 $CuInS_2/ZnS$ 近红外量子点的基础上，将二氧化硅包裹在近红外量子点表面，形成可包裹单个量子点及多个量子点的二氧化硅微球，微球尺寸在 17~25nm，微球的荧光量子产率可达 30%~50%，该微球具有很好的生物相容性，当其浓度为 1mg/mL 时，细胞的 24h 存活率仍接近 100%。

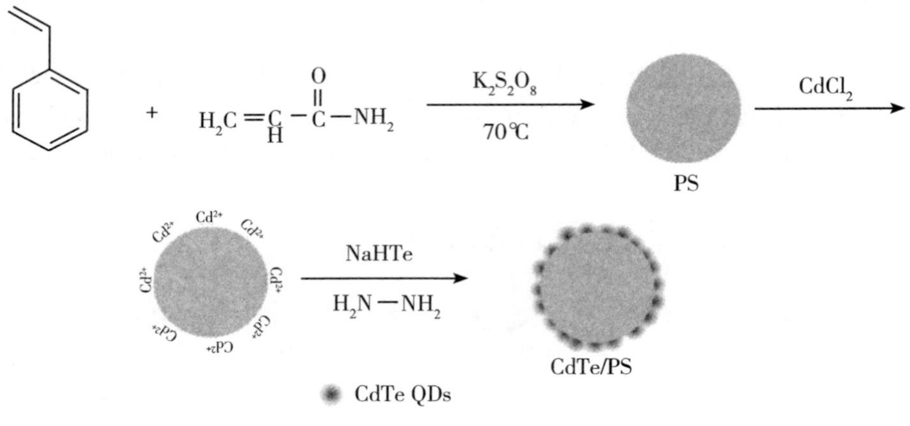

PS：聚苯乙烯微球

图 3-8　CdTe 量子点/聚苯乙烯纳米微球的制备示意

（Liu et al.，2009）

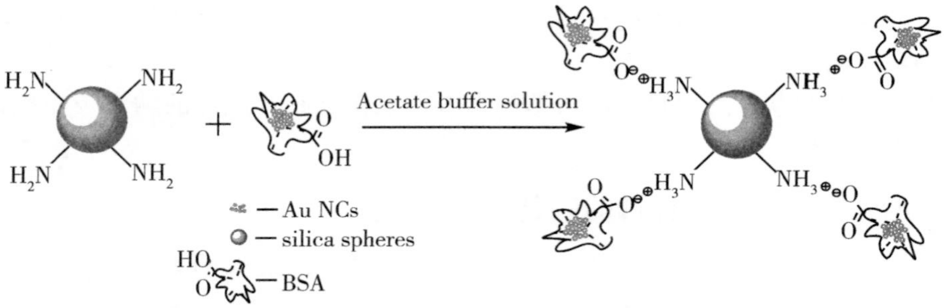

Acetate buffer solution：醋酸缓冲溶液；Au NCs：荧光金纳米团簇；silica spheres：二氧化硅微球；BSA：牛血清白蛋白

图 3-9　荧光金纳米团簇/二氧化硅复合纳米微球形成示意

（Wang H et al.，2013）

3.6.2　比率型纳米荧光探针的制备

采用单一荧光探针进行成像分析时，其绝对荧光强度会受到浓度、温度、环境等多种因素的影响，难以进行定量分析。如将 2 种荧光探针结合，构建比率型荧光探针，就可以依据 2 种探针的荧光强度比值对分析物进行定量分析。中国科学院北京化学研究所马会民研究员课题组以 4，7，10-三氧-1，13-十三烷二胺（TTDDA）、柠檬酸等为原料，合成了表面带有氨基的碳点，再将荧光素异硫氰酸酯、罗丹明 B 异硫氰酸酯偶联到碳点表面，构建可测定溶液 pH 值的比率型荧光探针（Shi et al.，2012）。研究发现，每克碳点表面可偶联荧光素异硫氰酸酯 53mg，偶联罗丹明 B 异硫氰酸酯 419mg。该碳点可用于检测 HeLa 细胞中 pH 值的变化。Ke 等（2014）发展了一种基于两亲脂质体的比率型胞外 pH 检测探针。所用探针的结构为 5′-lipid-T T T T T T T T T T T T T T T T T T T T-FAM-3′，5′-lipid-T T T T T T T T T T T T T T T T T T T T-TAMRA-3′，其中 FAM 为绿色发射 pH 敏感染料，TAMRA 为橙色发射 pH 不敏感染料。将这 2 种探针与细胞共同培养，探针就会吸附在细胞表面，依据 2 种染料的荧光强度比，就可以检测细胞表面 pH 值的变化。

作者课题组将荧光素异硫氰酸酯与牛血清白蛋白保护的金簇偶联，构建了 pH 响应比率型荧光探针（图 3-10）。该探针在 pH 值 5.5～8.0 范围内，其 520nm 波长处与 608nm 波长处荧光强度比值（I_{520}/I_{608}）与溶液的 pH 值具有良好的线性关系。探针细胞毒性小，可望用于细胞的 pH 值检测（许朝用，2015）。

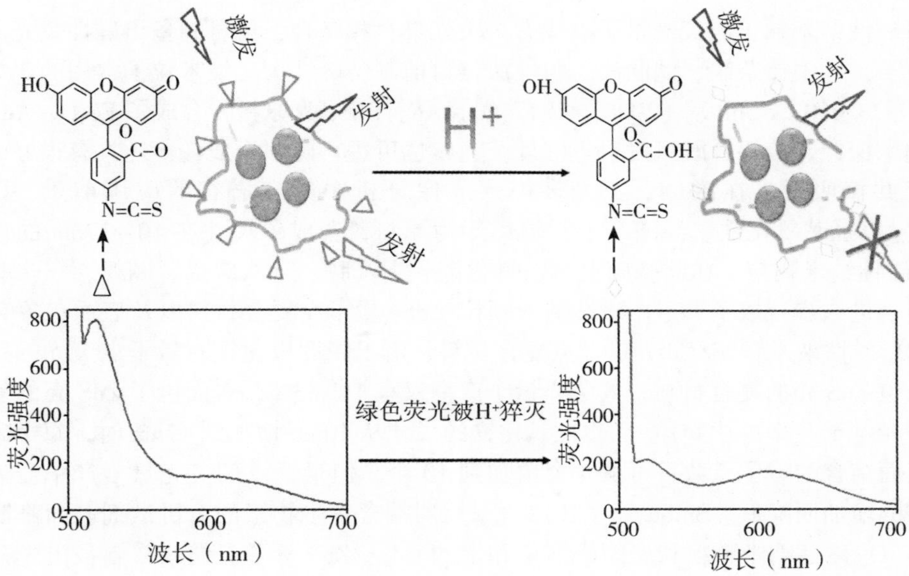

图 3-10　比率型 pH 探针设计示意（许朝用，2015）

3.6.3　荧光共振能量转移探针的制备

将 2 种或 2 种以上的纳米粒子组装，利用纳米粒子之间荧光共振能量转移现象，便可构建荧光共振能量转移探针。Chen 等（2014）采用金纳米粒子、罗丹明 B 等为原料，将双靶向促凋亡肽和罗丹明 B-DEVD（Asp-Glu-Val-Asp）偶联到金纳米粒子表面，设计了可实时监测癌细胞凋亡过程的荧光共振能量转移探针。双靶向促凋亡肽含有一个癌细胞靶向的叶酸，一个疏水性带正电荷的三苯基膦（对细胞内线粒体具有靶向性），一个凋亡肽（诱导细胞依赖线粒体凋亡）。在细胞凋亡没有发生时，罗丹明 B 通过 DEVD 为连接臂结合在金纳米粒子表面，由于罗丹明 B 与金纳米粒子之间荧光共振能量转移作用，导致其荧光几乎完全被金纳米粒子猝灭。当促凋亡肽诱导细胞发生凋亡时，细胞会产生半胱天冬酶-3（Caspase-3），该酶可将 DEVD 裂解，导致罗丹明 B 与金纳米粒子距离变远，使罗丹明 B 的荧光得到恢复，利用罗丹明 B 的荧光增强过程，可实时监测癌细胞的凋亡过程。

Kim 等（2014）将多肽修饰的 A488（Alexa Fluor 488）染料与多肽修饰的 A555（Alexa Fluor 555）染料/多肽修饰的 A647（Alexa Fluor 647）染料偶联在 CdSeS/ZnS 量子点表面，构建多供体荧光共振能量转移探针。由于 A488 染料只能采用蓝光激发产生荧光，而量子点既可采用蓝光激发，又可采用紫外激发，该体系同时存在 QD-到-A555/A647 或 A488-到-A555/A647 的荧光共振能量转移。这种多供体荧光共振能量转移探针未来可望用于酶的活性分子、生物活性物质检测及生物成像分子等多个领域。

3.6.4 磁性、荧光双功能纳米荧光探针的制备

将磁性纳米粒子与荧光量子点或有机荧光染料相结合，就可制备出磁性荧光多功能纳米粒子，其中掺杂法、偶联法、包埋法是目前制备磁性荧光纳米粒子常用的 3 类方法（刘欣等，2010）。Shi 等（2006）以 Fe_3O_4、Au、PbSe 为原料，合成了 Fe_3O_4-Au-PbSe 三元纳米探针。该探针既可发射近红外荧光，也可进行磁共振成像，还具有很好的表面等离子共振吸收，在磁性、荧光多模式成像分析中具有潜在的应用前景。Cho 等（2014）以羟基氧化铁、油酸、十八碳烯等为原料，合成了尺寸在 10～17nm 的一系列 Fe_3O_4 磁性纳米颗粒。在此基础上，以氧化镉、十八胺、十八碳烯、硒粉、三辛基膦等为原料，进一步合成了 Fe_3O_4 磁性纳米颗粒/CdSe 量子点复合材料以及表面包覆 ZnS 壳的 Fe_3O_4 磁性纳米颗粒/CdSe 量子点复合材料。由于磁性氧化铁对量子点荧光的猝灭作用，未包 ZnS 壳的复合材料，其荧光量子产率仅有 1%～3%，表面包了 ZnS 壳的复合材料的荧光量子产率可达 5%。当磁性氧化铁的尺寸从 10nm 增加到 17nm 时，每个磁性氧化铁表面结合的量子点数目可从 4 个增加到 10 个，但量子点的荧光量子产率会随着结合数目的增加而降低。Shibu 等（2013）采用两端含有生物素的有机试剂表面修饰亲和素的 Fe_3O_4 磁性纳米颗粒和表面修饰亲和素的 CdSe/ZnS 量子点偶联，制备出光开锁磁性荧光双功能探针。在紫外光照射条件下，有机试剂中间会发生断裂，使量子点与磁性氧化铁颗粒分离，量子点的荧光得到恢复。这种光开锁探针可用于体外及活体磁性、荧光双模式成像分析。

一些金属离子的配合物如 Gd^{3+} 的配合物可作为磁共振成像的对比剂，这些配合物可以有机荧光染料、量子点等偶联，获得荧光、磁共振双功能成像探针，2015 年，Kim 课题组对这一领域研究的进展做了详细的评述（Verwilst et al.，2015）。

3.6.5 手性纳米荧光探针的制备

手性纳米荧光材料由于其独特的光学性质，近年来引起了物理、化学及生物等领域研究者的关注。其合成方法主要有两大类，一类是直接采用手性分子作为修饰试剂合成，另一类是合成纳米荧光材料后，采用手性分子后修饰的方法进行合成（Gao et al.，2019）。Moloney 等（2007）采用 D-青霉胺及 L-青霉胺为修饰试剂，合成了手性 CdS

量子点。Zhou 等（2010）以碲化氢及高氯酸镉为原料，以 D-半胱氨酸及 L-半胱氨酸为修饰试剂，合成了 D-半胱氨酸修饰的 CdTe 量子点及 L-半胱氨酸修饰的 CdTe 量子点。采用圆二色谱、时间分辨紫外—可见吸收光谱及荧光光谱当表征手段，系统研究了两种修饰试剂修饰量子点光学性质的差异，相关研究为手性纳米材料在光学及药物学等领域的应用提供了一定的参考。Tohgha 等（2013）在合成不同尺寸油酸修饰 CdSe 量子点的基础上，采用 D-半胱氨酸及 L-半胱氨酸分别取代量子点表面的油酸，制备了不同尺寸的手性 CdSe 量子点。他们发现所制备的手性 CdSe 量子点具有尺寸依赖电子圆二色性及尺寸依赖圆偏振荧光特性。

Chekini 等（2019）使用手性纤维素纳米晶体作为碳源及基体材料，成功合成了 N-掺杂碳点/纤维素手性复合纳米材料。该材料的不对称因子偏振强度差分可达 0.2。Wei 等 D-色氨酸及 L-色氨酸为原料，采用水热法合成了手性碳点。研究发现 D-色氨酸及 L-色氨酸来源碳点具有类似的形貌及光学性质（Wen et al.，2019）。Suzuki 等将 D-半胱氨酸及 L-半胱氨酸偶联到石墨烯量子点表面，构建了手性石墨烯量子点，发现两种石墨烯量子点的生物相容性具有一定的差异，D-半胱氨酸修饰的石墨烯量子点与细胞膜的结合能力更强（Suzuki et al.，2016）。

3.7　小结与展望

本章主要介绍了半导体量子点、荧光金属纳米团簇、荧光碳点、石墨烯及类石墨烯量子点、稀土掺杂上转换纳米荧光探针与多功能纳米荧光探针的制备方法。从目前研究的总体情况来看，由于量子点的种类相对较多，其合成方法也更为成熟。其他几类纳米荧光探针的合成方法尽管研究相对较少，也已经成为目前研究的热点。在未来 5~10 年时间，这些纳米荧光探针的合成方法研究仍然是科学家研究的热点之一。其研究将集中在以下几个方面。

（1）对已有的纳米荧光探针合成方法进行改进，简化合成步骤，降低合成成本，减少环境污染。

（2）提高探针的荧光量子产率，尤其是荧光金属纳米团簇、碳点、石墨烯及类石墨烯量子点的荧光量子产率。

（3）进一步提高探针的环境稳定性，很多纳米荧光探针在长时间光照或极端 pH 值条件下，其荧光信号会大大减弱甚至完全猝灭，因此，改善探针合成方法，改善其环境稳定性十分必要。

（4）进一步提高探针的生物相容性，很多探针荧光量子产率很高，对生物体系如细胞、组织、活体具有很大的毒性，如何降低这些探针的毒性是未来需要解决的一个重要问题。

（5）进一步拓宽探针的应用范围，尽管目前合成的很多荧光探针性能非常优越，但其应用仅限于金属离子检测、细胞成像等领域，进一步拓宽探针的应用领域十分必要。

我们有理由相信，在相关领域研究者的共同努力下，以上这些问题将逐步得到解决，纳米荧光探针的优越性将进一步得到体现。

参考文献

梁建功，2006. 量子点合成及分析应用研究［D］. 武汉：武汉大学.

刘欣，郑成志，梁建功，等，2010. 磁性荧光多功能纳米荧光探针的研制及分析应用［J］. 分析科学学报，26（2）：235-239.

许朝用，2015. 基于金簇及碳点的比率型 pH 探针制备研究［D］. 武汉：华中农业大学.

Alehdaghi H, Marandi M, Molaei M, et al, 2014. Facile synthesis of gradient alloyed $Zn_xCd_{1-x}S$ nanocrystals using a microwave-assisted method [J]. *Journal of Alloys and Compounds*, 586: 380-384.

Bailey R E, Nie S M, 2003. Alloyed semiconductor quantum dots: Tuning the optical properties without changing the particle size [J]. *Journal of the American Chemical Society*, 125 (23): 7 100-7 106.

Chekini M, Prince E, Zhao L, et al, 2019. Chiral carbon dots synthesized on cellulose nanocrystals [J]. *Advanced Optical Materials*, 8 (4): 1 901 911.

Chen C, He X, Gao L, et al, 2013. Cation exchange-based facile aqueous synthesis of small, stable, and nontoxic near-infrared Ag_2Te/ZnS core/shell quantum dots emitting in the second biological window [J]. *ACS Applied Materials & Interfaces*, 5 (3): 1 149-1 155.

Chen W H, Luo G F, Xu X D, et al, 2014. Cancer-targeted functional gold nanoparticles for apoptosis induction and real-time imaging based on FRET [J]. *Nanoscale*, 6 (16): 9 531-9 535.

Cho M, Contreras E Q, Lee S S, et al, 2014. Characterization and optimization of the fluorescence of nanoscale iron oxide/quantum dot complexes [J]. *Journal of Physical Chemistry C*, 118 (26): 14 606-14 616.

Cui R, Liu H H, Xie H Y, et al, 2009. Living yeast cells as a controllable biosynthesizer for fluorescent quantum dots [J]. *Advanced Functional Materials*, 19 (15): 2 359-2 364.

Dehghani A, Ardekani S M, Lesani P, et al, 2018. Two-photon active boron nitride quantum dots for multiplexed imaging, intercellular ferric ion biosensing, and pH Tracking in living cells [J]. *ACS Applied Bio Materials*, 1 (4): 975-984.

Deng Z, Schulz O, Lin S, et al, 2010. Aqueous synthesis of zinc blende CdTe/CdS magic-core/thick-shell tetrahedral-shaped nanocrystals with emission tunable to near-infrared [J]. *Journal of the American Chemical Society*, 132 (16): 5 592-5 593.

Dong B, Li C, Chen G, et al, 2013. Facile synthesis of highly photoluminescent Ag_2Se quantum dots as a new fluorescent probe in the second near-infrared window for in vivo imaging [J]. *Chemistry of Materials*, 25 (12): 2 503-2 509.

Du J, Li X, Wang S, et al, 2012. Microwave-assisted synthesis of highly luminescent glutathione-capped $Zn_{1-x}Cd_xTe$ alloyed quantum dots with excellent biocompatibility [J]. *Journal of Materials Chemistry*, 22 (22): 11 390-11 395.

Fernandez-Ujados M, Trapiella-Alfonso L, Costa-Fernandez J M, et al, 2013. One-step aqueous synthesis of fluorescent copper nanoclusters by direct metal reduction [J]. *Nanotechnology*, 24 (49): 495 601.

Foda M F, Huang L, Shao F, et al, 2014. Biocompatible and highly luminescent near-infrared $CuInS_2$/ZnS quantum dots embedded silica beads for cancer cell imaging [J]. *ACS Applied Materials & Inter-

faces, 6 (3): 2 011–2 017.

Gao X, Han B, Yang X, et al, 2019. Perspective of chiral colloidal semiconductor nanocrystals: opportunity and challenge [J]. *Journal of the American Chemical Society*, 141 (35): 13 700–13 707.

Gaponik N, Talapin D V, Rogach A L, et al, 2002. Thiol-capping of CdTe nanocrystals: An alternative to organometallic synthetic routes [J]. *Journal of Physical Chemistry B*, 106 (29): 7 177–7 185.

Ghosh R, Goswami U, Ghosh S S, et al, 2015. Synergistic anticancer activity of fluorescent copper nanoclusters and cisplatin delivered through a hydrogel nanocarrier [J]. *ACS Applied Materials & Interfaces*, 7 (1): 209–222.

Ghosh R, Sahoo A K, Ghosh S S, et al, 2014. Blue-emitting copper nanoclusters synthesized in the presence of lysozyme as candidates for cell labeling [J]. *ACS Applied Materials & Interfaces*, 6 (6): 3 822–3 828.

Ghosh S, Ghosh D, Bag P K, et al, 2011. Aqueous synthesis of ZnTe/dendrimer nanocomposites and their antimicrobial activity: implications in therapeutics [J]. *Nanoscale*, 3 (3): 1 139–1 148.

Gong N, Wang H, Li S, et al, 2014. Microwave-assisted polyol synthesis of gadolinium-doped green luminescent carbon dots as a bimodal nanoprobe [J]. *Langmuir*, 30 (36): 10 933–10 939.

Gopalakrishnan D, Damien D, Shaijumon M M, 2014. MoS_2 quantum dot-interspersed exfoliated MoS_2 nanosheets [J]. *ACS Nano*, 8 (5): 5 297–5 303.

Goswami U, Dutta A, Raza A, et al, 2018. Transferrin-copper nanocluster-doxorubicin nanoparticles as targeted theranostic cancer nanodrug [J]. *ACS Applied Materials & Interfaces*, 10 (4): 3 282–3 294.

Green M, O'Brien P, 1998. A novel metalorganic route for the direct and rapid synthesis of monodispersed quantum dots of indium phosphide [J]. *Chemical Communications* (22): 2 459–2 460.

Gu Y P, Cui R, Zhang Z L, et al, 2012. Ultrasmall near-infrared Ag_2Se quantum dots with tunable fluorescence for in vivo imaging [J]. *Journal of the American Chemical Society*, 134 (1): 79–82.

Guo C, Irudayaraj J, 2011. Fluorescent Ag clusters via a protein-directed approach as a Hg (Ⅱ) ion sensor [J]. *Analytical Chemistry*, 83 (8): 2 883–2 889.

Han A L, Xiong L, Hao S J, et al, 2018. Highly bright self-assembled copper nanoclusters: A novel photoluminescent probe for sensitive detection of histamine [J]. *Analytical Chemistry*, 90 (15): 9 060–9 067.

He M, Huang P, Zhang C, et al, 2011. Dual phase-controlled synthesis of uniform lanthanide-doped $NaGdF_4$ upconversion nanocrystals via an OA/ionic liquid two-phase system for in vivo dual-modality imaging [J]. *Advanced Functional Materials*, 21 (23): 4 470–4 477.

Hines M A, Guyot-Sionnest P, 1996. Synthesis and characterization of strongly luminescing layered semiconductor nanoclusters ((CdSe) ZnS) [J]. *The Journal of Chemical Physics*, 100 (2): 468–471.

Hola K, Sudolska M, Kalytchuk S, et al, 2017. Graphiticnitrogen triggers red fluorescence in carbon dots [J]. *ACS Nano*, 11 (12): 12 402–12 410.

Hu S L, Niu K Y, Sun J, et al, 2009. One-step synthesis of fluorescent carbon nanoparticles by laser irradiation [J]. *Journal of Materials Chemistry*, 19 (4): 484–488.

Huang L, Han H, 2010. One-step synthesis of water-soluble ZnSe quantum dots via microwave irradiation [J]. *Materials Letters*, 64 (9): 1 099–1 101.

Huo B, Liu B, Chen T, et al, 2017. One-step synthesis of fluorescent boron nitride quantum dots *via* a hydrothermal strategy using melamine as nitrogen source for the detection of ferric ions [J]. *Langmuir*, 33 (40): 10 673-10 678.

Jang M H, Pak J, Yoo H, 2013. Synthesis of highly emissive pipes-stabilized gold nanoclusters and gold nanocluster-doped silica nanoparticles [J]. *Journal of Nanoscience and Nanotechnology*, 13 (4): 2 922-2 928.

Jothi N S N, Joshi A G, Vijay R J, et al, 2013. Investigation on one-pot hydrothermal synthesis, structural and optical properties of ZnS quantum dots [J]. *Materials Chemistry and Physics*, 138 (1): 186-191.

Kang Z, Liu Y, Tsang C, et al, 2009. Water-soluble silicon quantum dots with wavelength-tunable photoluminescence [J]. *Advanced Materials*, 21 (6): 661-664.

Kang Z, Tsang C H A, Zhang Z, et al, 2007. A polyoxometalate-assisted electrochemical method for silicon nanostructures preparation: From quantum dots to nanowires [J]. *Journal of the American Chemical Society*, 129 (17): 5 326-5 327.

Ke G, Zhu Z, Wang W, et al, 2014. A cell-surface-anchored ratiometric fluorescent probe for extracellular pH sensing [J]. *ACS Applied Materials & Interfaces*, 6 (17): 15 329-15 334.

Kim H, Ng C Y W, Algar W R, 2014. Quantum dot-based multidonor concentric FRET system and its application to biosensing using an excitation ratio [J]. *Langmuir*, 30 (19): 5 676-5 685.

Le Guevel X, Trouillet V, Spies C, et al, 2012. High photostability and enhanced fluorescence of gold nanoclusters by silver doping [J]. *Nanoscale*, 4 (24): 7 624-7 631.

Lee S Y, Bahara N H H, Choong Y S, et al, 2014. DNA fluorescence shift sensor: A rapid method for the detection of DNA hybridization using silver nanoclusters [J]. *Journal of Colloid and Interface Science*, 433: 183-188.

Li F, Li T Y, Sun C X, et al, 2017. Selenium-doped carbon quantum dots for free-radical scavenging [J]. *Angewandte Chemie International Edition*, 56 (33): 9 910-9 914.

Li H, Su D, Gao H, et al, 2020. Design of red emissive carbon dots: robust performance for analytical applications in pesticide monitoring [J]. *Analytical Chemistry*, 92 (4): 3 198-3 205.

Li L, Protiere M, Reiss P, 2008. Economic synthesis of high quality InP nanocrystals using calcium phosphide as the phosphorus precursor [J]. *Chemistry of Materials*, 20 (8): 2 621-2 623.

Li S, Chen D, Zheng F, et al, 2014. Water-soluble and lowly toxic sulphur quantum dots [J]. *Advanced Functional Materials*, 24 (45): 7 133-7 138.

Li S, Li Y, Cao J, et al, 2014. Sulfur-doped graphene quantum dots as a novel fluorescent probe for highly selective and sensitive detection of Fe^{3+} [J]. *Analytical Chemistry*, 86 (20): 10 201-10 207.

Li Y, Hou X, Dai X, et al, 2019. Stoichiometry-controlled InP-based quantum dots: synthesis, photoluminescence, and electroluminescence [J]. *Journal of the American Chemical Society*, 141 (16): 6 448-6 452.

Liang J G, Ai X P, He Z K, et al, 2005. Synthesis and characterization of CdS/BSA nanocomposites [J]. *Materials Letters*, 59 (22): 2 778-2 781.

Lim S Y, Shen W, Gao Z, 2015. Carbon quantum dots and their applications [J]. *Chemical Society Reviews*, 44 (1): 362-381.

Lin C A J, Yang T Y, Lee C H, et al, 2009. Synthesis, characterization, and bioconjugation of fluorescent gold nanoclusters toward biological labeling applications [J]. *ACS Nano*, 3 (2): 395-401.

Liu B, Yan S, Song Z, et al, 2016. One-step synthesis of boron nitride quantum dots: simple chemistry meets delicate nanotechnology [J]. *Chemistry - A European Journal*, 22 (52): 18 899-18 907.

Liu C L, Wu H T, Hsiao Y H, et al, 2011. Insulin-directed synthesis of fluorescent gold nanoclusters: Preservation of insulin bioactivity and versatility in cell imaging [J]. *Angewandte Chemie International Edition*, 50 (31): 7 056-7 060.

Liu C, Ji Y, Tan T, 2013. One-pot hydrothermal synthesis of water-dispersible ZnS quantum dots modified with mercaptoacetic acid [J]. *Journal of Alloys and Compounds*, 570: 23-27.

Liu G, Feng D Q, Chen T, et al, 2012. DNA-templated formation of silver nanoclusters as a novel light-scattering sensor for label-free copper ions detection [J]. *Journal of Materials Chemistry*, 22 (39): 20 885-20 888.

Liu H B, Bai Y L, Zhou Y R, et al, 2017. Blue and cyan fluorescent carbon dots: one-pot synthesis, selective cell imaging and their antiviral activity [J]. *RSC Advances*, 7 (45): 28 016-28 023.

Liu J G, Liang J G, Han H Y, et al, 2009. Facile synthesis and characterization of CdTe quantum dots-polystyrene fluorescent composite nanospheres [J]. *Materials Letters*, 63 (26): 2 224-2 226.

Lommens P, Loncke F, Smet P F, et al, 2007. Dopant incorporation in colloidal quantum dots: A case study on Co (2+) doped ZnO [J]. *Chemistry of Materials*, 19 (23): 5 576-5 583.

Lu W G, Fang J Y, Stokes, et al, 2004. Shape evolution and self assembly of monodisperse PbTe nanocrystals [J]. *Journal of the American Chemical Society*, 126 (38): 11 798-11 799.

Lu Y, Wei W, Chen W, 2012. Copper nanoclusters: Synthesis, characterization and properties [J]. *Chinese Science Bulletin*, 57 (1): 41-47.

McVey B F P, Tilley R D, 2014. Solution synthesis, optical properties, and bioimaging applications of silicon nanocrystals [J]. *Accounts of Chemical Research*, 47 (10): 3 045-3 051.

Moloney M P, Gun'ko Y K, Kelly J M, 2007. Chiral highly luminescent CdS quantum dots [J]. *Chemical Communications* (38): 3 900-3 902.

Murase N, Gao M Y, 2004. Preparation and photoluminescence of water-dispersible ZnSe nanocrystals [J]. *Materials Letters*, 58 (30): 3 898-3 902.

Murphy J E, Beard M C, Norman A G, et al, 2006. PbTe colloidal nanocrystals: Synthesis, characterization, and multiple exciton generation [J]. *Journal of the American Chemical Society*, 128 (10): 3 241-3 247.

Murray C B, Norris D J, Bawendi M G, 1993. Synthesis and characterization of nearly monodisperse CdE (E=sulfur, selenium, tellurium) semiconductor nanocrystallites [J]. *Journal of the American Chemical Society*, 115 (19): 8 706-8 715.

Naccache R, Vetrone F, Mahalingam V, et al, 2009. Controlled synthesis and water dispersibility of hexagonal phase $NaGdF_4$: Ho^{3+}/Yb^{3+} nanoparticles [J]. *Chemistry of Materials*, 21 (4): 717-723.

Nakane Y, Tsukasaki Y, Sakata T, et al, 2013. Aqueous synthesis of glutathione-coated PbS quantum dots with tunable emission for non-invasive fluorescence imaging in the second near-infrared biological window (1 000-1 400nm) [J]. *Chemical Communications*, 49 (69): 7 584-7 586.

Narouz M R, Takano S, Lummis P A, et al, 2019. Highly luminescent Au-13 superatoms protected by N-heterocyclic carbenes [J]. *Journal of the American Chemical Society*, 141 (38): 14 997-15 002.

Norberg N S, Parks G L, Salley G M, et al, 2006. Giant excitonic Zeeman splittings in colloidal Co^{2+}-doped ZnSe quantum dots [J]. *Journal of the American Chemical Society*, 128 (40):

13 195–13 203.

Ouma I L A, Mushonga P, Madiehe, et al, 2014. Synthesis, optical and morphological characterization of MPA–capped PbSe nanocrystals [J]. *Physica B–Condensed Matter*, 439: 130–132.

Ouyang J, Vincent M, Kingston D, et al, 2009. Noninjection, one–pot synthesis of photoluminescent colloidal homogeneously alloyed CdSeS quantum dots [J]. *Journal of Physical Chemistry C*, 113 (13): 5 193–5 200.

Paramanik B, Patra A, 2014. Fluorescent AuAg alloy clusters: synthesis and SERS applications [J]. *Journal of Materials Chemistry C*, 2 (16): 3 005–3 012.

Peng Z A, Peng X, 2001. Formation of high–quality CdTe, CdSe, and CdS nanocrystals using CdO as precursor [J]. *Journal of the American Chemical Society*, 123 (1): 183–184.

Pradhan N, Goorskey D, Thessing, et al, 2005. An alternative of CdSe nanocrystal emitters: Pure and tunable impurity emissions in ZnSe nanocrystals [J]. *Journal of the American Chemical Society*, 127 (50): 17 586–17 587.

Qian Z S, Shan X Y, Chai L J, et al, 2014. A universal fluorescence sensing strategy based on biocompatible graphene quantum dots and graphene oxide for the detection of DNA [J]. *Nanoscale*, 6 (11): 5 671–5 674.

Qu L H, Peng X G, 2002. Control of photoluminescence properties of CdSe nanocrystals in growth [J]. *Journal of the American Chemical Society*, 124 (9): 2 049–2 055.

Rakgalakane B P, Moloto M J, 2011. Aqueous synthesis and characterization of CdSe/ZnO core–shell nanoparticles [J]. *Journal of Nanomaterials*.

Sadhu S, Chowdhury P S, Patra A, 2007. Understanding the role of particle size on photophysical properties of CdS: Eu^{3+} nanocrystals [J]. *Journal of Luminescence*, 126 (2): 387–392.

Sadovnikov S I, Kuznetsova Y V, Rempel A A, 2014. Synthesis of a stable colloidal solution of PbS nanoparticles [J]. *Inorganic Materials*, 50 (10): 969–975.

Sahu A, Qi L, Kang M S, et al, 2011. Facile synthesis of silver chalcogenide (Ag_2E; E = Se, S, Te) semiconductor nanocrystals [J]. *Journal of the American Chemical Society*, 133 (17): 6 509–6 512.

Schwartz D A, Norberg N S, Nguyen, et al, 2003. Magnetic quantum dots: Synthesis, spectroscopy, and magnetism of Co^{2+}–and Ni^{2+}–doped ZnO nanocrystals [J]. *Journal of the American Chemical Society*, 125 (43): 13 205–13 218.

Shao P, Zhang Q, Li Y, et al, 2011. Aqueous synthesis of color–tunable and stable Mn^{2+}–doped ZnSe quantum dots [J]. *Journal of Materials Chemistry*, 21 (1): 151–156.

Shen J S, Chen Y L, Wang Q P, et al, 2013. In situ synthesis of red emissive copper nanoclusters in supramolecular hydrogels [J]. *Journal of Materials Chemistry C*, 1 (11): 2 092–2 096.

Shen L, Wang H, Liu S, et al, 2018. Assembling of sulfur quantum dots in fission of sublimed sulfur [J]. *Journal of the American Chemical Society*, 140 (25): 7 878–7 884.

Sheng Z, Han H, Hu X, et al, 2010. One–step growth of high luminescence CdTe quantum dots with low cytotoxicity in ambient atmospheric conditions [J]. *Dalton Transactions*, 39 (30): 7 017–7 020.

Shi W L, Zeng H, Sahoo Y, et al, 2006. A general approach to binary and ternary hybrid nanocrystals [J]. *Nano Letters*, 6 (4): 875–881.

Shi W, Li X, Ma H, 2012. A tunable ratiometric ph sensor based on carbon nanodots for the quantitative measurement of the intracellular pH of whole cells [J]. *Angewandte Chemie International Edition*, 51 (26): 6 432-6 435.

Shibu E S, Ono K, Sugino S, et al, 2013. Photouncaging nanoparticles for MRI and fluorescence imaging in vitro and in vivo [J]. *ACS Nano*, 7 (11): 9 851-9 859.

Sk M P, Jaiswal A, Paul A, et al, 2012. Presence of amorphous carbon nanoparticles in food caramels [J]. *Scientific Reports*, 2: 383.

Smith A M, Nie S, 2011. Bright and compact alloyed quantum dots with broadly tunable near-infrared absorption and fluorescence spectra through mercury cation exchange [J]. *Journal of the American Chemical Society*, 133 (1): 24-26.

Song W, Duan W X, Liu Y H, et al, 2017. Ratiometric detection of intracellular lysine and pH with one-pot synthesized dual emissive carbon dots [J]. *Analytical Chemistry*, 89 (24): 13 626-13 633.

Song Y, Tan J, Wang G, et al, 2020. Oxygen accelerated scalable synthesis of highly fluorescent sulfur quantum dots [J]. *Chemical Science*, 11 (3): 772-777.

Sotelo-Gonzalez E, Roces L, Garcia-Granda S, et al, 2013. Influence of Mn^{2+} concentration on Mn^{2+}-doped ZnS quantum dot synthesis: evaluation of the structural and photoluminescent properties [J]. *Nanoscale*, 5 (19): 9 156-9 161.

Stouwdam J W, van Veggel F, 2002. Near-infrared emission of redispersible Er^{3+}, Nd^{3+}, and Ho^{3+} doped LaF_3 nanoparticles [J]. *Nano Letters*, 2 (7): 733-737.

Suzuki N, Wang Y, Elvati P, et al, 2016. Chiral graphene quantum dots [J]. *ACS Nano*, 10 (2): 1 744-1 755.

Teng Y, Yang X, Han L, et al, 2014. The Relationship between DNA sequences and oligonucleotide-templated silver nanoclusters and their fluorescence properties [J]. *Chemistry-A European Journal*, 20 (4): 1 111-1 115.

Tian L, Ghosh D, Chen W, et al, 2009. Nanosized carbon particles from natural gas soot [J]. *Chemistry of Materials*, 21 (13): 2 803-2 809.

Tich-Lam N, Michael M, Mulvaney P, 2014. Synthesis of highly crystalline CdSe@ZnO nanocrystals via monolayer-by-monolayer epitaxial shell deposition [J]. *Chemistry of Materials*, 26 (14): 4 274-4 279.

Tohgha U, Deol K K, Porter A G, et al, 2013. Ligand induced circular dichroism and circularly polarized luminescence in CdSe quantum dots [J]. *ACS Nano*, 7 (12): 11 094-11 102.

Tong T, Hu H, Zhou J, et al, 2020. Glycyrrhizic-acid-based carbon dots with high antiviral activity by multisite inhibition mechanisms [J]. *Small*, 16 (13): 1 906 206.

Tripathi S K, Sharma M, 2013. Synthesis and optical study of green light emitting polymer coated CdSe/ZnSe core/shell nanocrystals [J]. *Materials Research Bulletin*, 48 (5): 1 837-1 844.

Uesugi H, Kita M, Omata T, 2014. Facile synthesis of colloidal InAs nanocrystals using triphenylarsine as an arsenic source [J]. *Journal of Crystal Growth*, 405: 39-43.

Ung Thi Dieu T, Maurice A, Nguyen Quang L, et al, 2013. Europium doped In (Zn) P/ZnS colloidal quantum dots [J]. *Dalton Transactions*, 42 (35): 12 606-12 610.

Verwilst P, Park S, Yoon B, et al, 2015. Recent advances in Gd-chelate based bimodal optical/MRI contrast agents [J]. *Chemical Society Reviews*, 44 (7): 1 791-1 806.

Wang C, Wang C, Xu L, et al, 2014. Protein-directed synthesis of pH-responsive red fluorescent copper nanoclusters and their applications in cellular imaging and catalysis [J]. *Nanoscale*, 6 (3):

1 775-1 781.

Wang C, Wang Y, Xu L, et al, 2012. Facile aqueous-phase synthesis of biocompatible and fluorescent Ag_2S nanoclusters for bioimaging: tunable photoluminescence from red to near infrared [J]. *Small*, 8 (20): 3 137-3 142.

Wang H, Wang Z, Xiong Y, et al, 2019. Hydrogen peroxide assisted synthesis of highly luminescent sulfur quantum dots [J]. *Angewandte Chemie International Edition*, 58 (21): 7 040-7 044.

Wang H, Xu C, Zheng C, et al, 2013. Facile synthesis and characterization of Au nanoclusters-silica fluorescent composite nanospheres [J]. *Journal of Nanomaterials*, 972 834.

Wang J, Han H, 2010. Hydrothermal synthesis of high-quality type-II CdTe/CdSe quantum dots with near-infrared fluorescence [J]. *Journal of Colloid and Interface Science*, 351 (1): 83-87.

Wang J, Lu Y, Peng F, et al, 2013. Photostable water-dispersible NIR-emitting CdTe/CdS/ZnS core-shell-shell quantum dots for high-resolution tumor targeting [J]. *Biomaterials*, 34 (37): 9 509-9 518.

Wang J, Ye D X, Liang G H, et al, 2014. One-step synthesis of water-dispersible silicon nanoparticles and their use in fluorescence lifetime imaging of living cells [J]. *Journal of Materials Chemistry B*, 2 (27): 4 338-4 345.

Wang L, Wang Y, Xu T, et al, 2014b. Gram-scale synthesis of single-crystalline graphene quantum dots with superior optical properties [J]. *Nature Communications*, 5: 5 357.

Wang L, Zhou H S, 2014a. Green synthesis of luminescent nitrogen-doped carbon dots from milk and its imaging application [J]. *Analytical Chemistry*, 86 (18): 8 902-8 905.

Wang W, Lu Y C, Huang H, et al, 2014. Facile synthesis of water-soluble and biocompatible fluorescent nitrogen-doped carbon dots for cell imaging [J]. *Analyst*, 139 (7): 1 692-1 696.

Wang X P, Yin B C, Ye B C, 2013. A novel fluorescence probe of dsDNA-templated copper nanoclusters for quantitative detection of microRNAs [J]. *RSC Advances*, 3 (23): 8 633-8 636.

Wang X, Cao L, Yang S T, et al, 2010. Bandgap-like strong fluorescence in functionalized carbon nanoparticles [J]. *Angewandte Chemie International Edition*, 49 (31): 5 310-5 314.

Wang Y, Hou Y, Tang A, et al, 2007. Synthesis and optical properties of composition-tunable and water-soluble $Zn_xCd_{1-x}Te$ alloyed nanocrystals [J]. *Journal of Crystal Growth*, 308 (1): 19-25.

Wang Z, Liu J W, Su H F, et al, 2019. Chalcogens-induced Ag_6Z_4@Ag_{36} (Z = S or Se) core-shell nanoclusters: enlarged tetrahedral core and homochiral crystallization [J]. *Journal of the American Chemical Society*, 141 (44): 17 884-17 890.

Wang Z, Zhang C, Wang H, et al, 2020. Two-step oxidation synthesis of sulfur with a red aggregation-induced emission [J]. *Angewandte Chemie International Edition*, 59 (25): 9 997-10 002.

Wei Y, Chen L, Wang J, et al, 2019. Investigation on the chirality mechanism of chiral carbon quantum dots derived from tryptophan [J]. *RSC Advances*, 9 (6): 3 208-3 214.

West A L, Griep M H, Cole D P, et al, 2014. DNase 1 retains endodeoxyribonuclease activity following gold nanocluster synthesis [J]. *Analytical Chemistry*, 86 (15): 7 377-7 382.

Wilcoxon J P, Samara G A, Provencio P N, 1999. Optical and electronic properties of si nanoclusters synthesized in inverse micelles [J]. *Physical Review B*, 60: 2 704-2 714.

Wu P, Yan X P, 2013. Doped quantum dots for chemo/biosensing and bioimaging [J]. *Chemical Society Reviews*, 42 (12): 5 489-5 521.

Xia Y, Zhu C, 2008. Aqueous synthesis of type-Ⅱ core/shell CdTe/CdSe quantum dots for near-infrared fluorescent sensing of copper (Ⅱ) [J]. *Analyst*, 133 (7): 928-932.

Xiang J, Cao H, Wu Q, et al, 2008. L-cysteine-assisted synthesis and optical properties of Ag_2S nanospheres [J]. *Journal of Physical Chemistry C*, 112 (10): 3 580-3 584.

Xie H Y, Liang J G, Liu Y, et al, 2005. Preparation and characterization of overcoated II-VI quantum dots [J]. *Journal of Nanoscience and Nanotechnology*, 5 (6): 880-886.

Xie J, Zheng Y, Ying J Y, 2009. Protein-directed synthesis of highly fluorescent gold nanoclusters [J]. *Journal of the American Chemical Society*, 131 (3): 888-889.

Xie R, Peng X, 2009. Synthesis of Cu-doped InP nanocrystals (d-dots) with ZnSe diffusion barrier as efficient and color-tunable NIR emitters [J]. *Journal of the American Chemical Society*, 131 (30): 10 645-10 651.

Xu S, Kumar S, Nann T, 2006. Rapid synthesis of high-quality InP nanocrystals [J]. *Journal of the American Chemical Society*, 128 (4): 1 054-1 055.

Xu S, Wang C, Xu Q, et al, 2010. Key roles of solution pH and ligands in the synthesis of aqueous ZnTe nanoparticles [J]. *Chemistry of Materials*, 22 (21): 5 838-5 844.

Xue F, Liang J, Han H, 2011. Synthesis and spectroscopic characterization of water-soluble Mn-doped ZnO_xS_{1-x} quantum dots [J]. *Spectrochimica Acta Part A-Molecular and Biomolecular Spectroscopy*, 83 (1): 348-352.

Xue Q, Zhang H, Zhu M, et al, 2016. Hydrothermal synthesis of blue-fluorescent monolayer BN and BCNO quantum dots for bio-imaging probes [J]. *RSC Advances*, 6 (82): 79 090-79 094.

Yang B, Shen X, Zhang H, et al, 2014. Temperature-dependent photoluminescence of Mn-doped ZnSe nanocrystals [J]. *Science of Advanced Materials*, 6 (3): 623-626.

Yang X, Zhuo Y, Zhu S, et al, 2014. Novel and green synthesis of high-fluorescent carbon dots originated from honey for sensing and imaging [J]. *Biosensors & Bioelectronics*, 60: 292-298.

Yang Y, 2014. Upconversion nanophosphors for use in bioimaging, therapy, drug delivery and bioassays [J]. *Microchimica Acta*, 181 (3-4): 263-294.

Yi G S, Lu H C, Zhao S Y, et al, 2004. Synthesis, characterization, and biological application of size-controlled nanocrystalline $NaYF_4$: Yb, Er infrared-to-visible up-conversion phosphors [J]. *Nano Letters*, 4 (11): 2 191-2 196.

Yin A, Zhang Y, Sun L, et al, 2010. Colloidal synthesis and blue based multicolor upconversion emissions of size and composition controlled monodisperse hexagonal $NaYF_4$: Yb, Tm nanocrystals [J]. *Nanoscale*, 2 (6): 953-959.

Yong K T, Roy I, Law W C, et al, 2010. Synthesis of cRGD-peptide conjugated near-infrared CdTe/ZnSe core-shell quantum dots for in vivo cancer targeting and imaging [J]. *Chemical Communications*, 46 (38): 7 136-7 138.

Yu W W, Falkner J C, Shih B S, et al, 2004. Preparation and characterization of monodisperse PbSe semiconductor nanocrystals in a noncoordinating solvent [J]. *Chemistry of Materials*, 16 (17): 3 318-3 322.

Zane A, McCracken C, Knight D A, et al, 2014. Spectroscopic evaluation of the nucleation and growth for microwave-assisted CdSe/CdS/ZnS quantum dot synthesis [J]. *Journal of Physical Chemistry C*, 118 (38): 22 258-22 267.

Zhan Q, Tang M, 2014. Research advances on apoptosis caused by quantum dots [J]. *Biological Trace*

Element Research，161（1）：3-12.

Zhang B，Guo F，Yang L，et al，2014. Tunable synthesis of multi-shaped PbS via L-cysteine assisted solvothermal method［J］. *Journal of Crystal Growth*，405：142-149.

Zhang F，Yi D，Sun H，et al，2014. Cadmium - based quantum dots：Preparation，surface modification，and applications［J］. *Journal of Nanoscience and Nanotechnology*，14（2）：1 409-1 424.

Zhang J，Zhang D，2010. Synthesis and growth kinetics of high quality InAs nanocrystals using in situ generated AsH_3 as the arsenic source［J］. *Crystengcomm*，12（2）：591-594.

Zhang N，Si Y，Sun Z，et al，2014. Rapid，selective，and ultrasensitive fluorimetric analysis of mercury and copper levels in blood using bimetallic gold - silver nanoclusters with "silver effect" - enhanced red fluorescence［J］. *Analytical Chemistry*，86（23）：11 714-11 721.

Zhang R，Liu Y，Sun S，2013. Facile synthesis of water-soluble ZnS quantum dots with strong luminescent emission and biocompatibility［J］. *Applied Surface Science*，282：960-964.

Zhang W，Lou Q，Ji W，et al，2014. Color-tunable highly bright photoluminescence of cadmium-free Cu- doped Zn - In - S nanocrystals and electroluminescence［J］. *Chemistry of Materials*，26（2）：1 204-1 212.

Zhao D，Li J T，Gao F，et al，2014. Facile synthesis and characterization of highly luminescent UV-blue-emitting ZnSe/ZnS quantum dots via a one-step hydrothermal method［J］. *RSC Advances*，4（87）：47 005-47 011.

Zhao H，Liang H，Vidal F，et al，2014. Size dependence of temperature-related optical properties of PbS and PbS/CdS core/shell quantum dots［J］. *Journal of Physical Chemistry C*，118（35）：20 585-20 593.

Zhao J，Huang M，Zhang L，et al，2017. Unique approach to develop carbon dot-based nanohybrid near-infrared ratiometric fluorescent sensor for the detection of mercury ions［J］. *Analytical Chemistry*，89（15）：8 044-8 049.

Zheng C，Wang H，Liu L，et al，2013. Synthesis and spectroscopic characterization of water-soluble fluorescent Ag nanoclusters［J］. *Journal of Analytical Methods in Chemistry*.

Zheng Y，Gao S，Ying J Y，2007. Synthesis and cell-imaging applications of glutathione-capped CdTe quantum dots［J］. *Advanced Materials*，19（3）：376-380.

Zhong X H，Liu S H，Zhang Z H，et al，2004. Synthesis of high-quality CdS，ZnS，and $Zn_xCd_{1-x}S$ nanocrystals using metal salts and elemental sulfur［J］. *Journal of Materials Chemistry*，14（18）：2 790-2 794.

Zhou Y，Yang M，Sun K，et al，2010. Similar topological origin of chiral centers in organic and nanoscale inorganic structures：effect of stabilizer chirality on optical isomerism and growth of CdTe nanocrystals［J］. *Journal of the American Chemical Society*，132（17）：6 006-6 013.

Zhu H，Xu H，Yan Y，et al，2014. Highly fluorescent graphene oxide as a facile and novel sensor for the determination of hypochlorous acid［J］. *Sensors and Actuators B-Chemical*，202：667-673.

第4章　纳米荧光探针的表征

纳米荧光探针的荧光性质与其组成、尺寸、形貌、结构及表面吸附分子的状态等多种因素有关。对纳米荧光探针的形貌、成分、结构及表面吸附分子等进行表征，可为纳米荧光探针的应用提供重要参考。常见的纳米荧光探针表征手段包括透射电子显微镜法、扫描电子显微镜法、扫描探针显微镜法、紫外—可见吸收光谱法、荧光光谱法、红外光谱法、拉曼光谱法、激光粒度分析法、核磁共振法、质谱法、X-射线衍射分析法、X-射线光电子能谱法及凝胶过滤色谱法等。本章将对常见的纳米材料表征手段作一简要介绍。

4.1　透射电子显微镜法

透射电子显微镜不仅可提供样品形貌及尺寸等信息，与选区电子衍射相结合，还可获得样品晶体结构、晶相组成等信息（欧阳健明等，2012）。作为纳米材料一种重要的表征手段，透射电子显微镜已经在材料科学、化学、生命科学等领域得到了广泛的应用。透射电子显微镜的工作模式包括成像模式及衍射模式等。其成像方式包括荧光屏成像、胶片成像、高分辨率数字成像等（刘冰川等，2007），其中，高分辨数字成像和低剂量成像是未来透射电子显微镜的一个发展趋势。

在前面介绍的几类纳米荧光探针中，量子点、上转换纳米荧光探针、多功能纳米荧光探针尺寸相对较大，可采用普通的透射电子显微镜观测。石墨烯、碳点、荧光金属纳米团簇尺寸相对较小，大多需要采用高分辨透射电子显微镜观测。采用透射电子显微镜测定纳米粒子尺寸时，可测量约100个纳米粒子的最大交叉长度，计算交叉长度的算术平均值，即为纳米粒子的平均粒径（林志东等，2010）。例如，图4-1为CdSe量子点的透射电子显微图像，量子点的尺寸为（3.8±0.2）nm（Liang et al.，2006）。

能量色散X-射线光谱仪通常作为透射电子显微镜的附件来使用，可用来测定透射电子显微镜所观测样品中元素的含量。Wu等（2013）采用能量色散X-射线光谱仪分析了合成石墨烯量子点中碳、氮、氧的含量。与石墨烯量子点的合成原料L-谷氨酸相比，石墨烯量子点中碳的含量从48.73%上升到60.01%，氧的含量从41.73%降低到34.60%，氮的含量从9.54%降低到5.39%，表明L-谷氨酸在合成反应过程中发生了炭化。

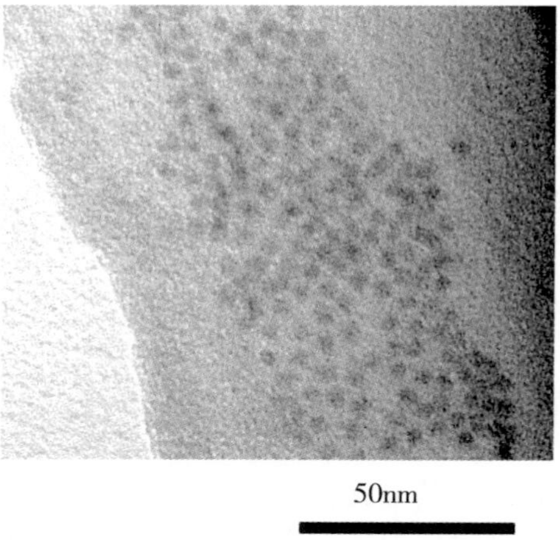

图 4-1　CdSe 量子点的透射电子显微图像

（Liang et al.，2006）

透射电子显微镜与电子能量损失谱相结合，还可对纳米粒子中不同的元素进行成像分析。Na 等（2014）采用电子能量损失谱与能量过滤透射电子显微镜对镱、铒掺杂的 $LiGdF_4$ 上转换荧光材料的 Li、Gd、Yb、Er 等元素含量分布进行了分析，结果表明，所有的元素都均匀分布在单一的上转换荧光纳米颗粒中。

4.2　扫描电子显微镜法

扫描电子显微镜由电子光学系统、真空系统、成像系统及电源系统等组成。当电子与样品发生相互作用时，扫描电镜可收集二次电子、背散射电子、吸收电子、俄歇电子、特征 X-射线以及阴极发光等多种信号，从而对样品的成分、结构及形貌进行分析（张慧等，2003）。图 4-2 是作者课题组合成 Te 线的扫描电子显微图像（Xue et al.，2012），可看出当乙二胺四乙酸二钠的浓度为 0.10g/L 时，所合成的 Te 线尺寸均一，其平均直径为 30nm。当 EDTA 的浓度 1.0g/L 时纳米线逐渐变短，甚至出现团聚现象。由于扫描电子显微镜分辨率比透射电子显微镜低，难以观测到纳米荧光探针的晶格结构，因此在纳米荧光探针表征中没有透射电子显微镜使用广泛。

4.3　扫描探针显微镜法

扫描探针显微镜包括扫描隧道显微镜和原子力显微镜等，这些显微镜不仅可用于纳米材料表面的成像分析，还可实现对纳米材料表面的操纵和修饰（Kurra et al.，2014）。扫描隧道显微镜主要依据隧道电流的变化来计算针尖和样品之间的距离；原子力显微镜主要基于针尖和样品之间的短程作用力如范德华力、静电作用和共价键的作用等来计算针尖与样品之间的距离（Barth et al.，2011）。针尖是扫描隧道显微镜及原子力显微镜最重要的部件，针尖的质量直接影响成像的分辨率，高质量的针尖是高分辨成像的关键

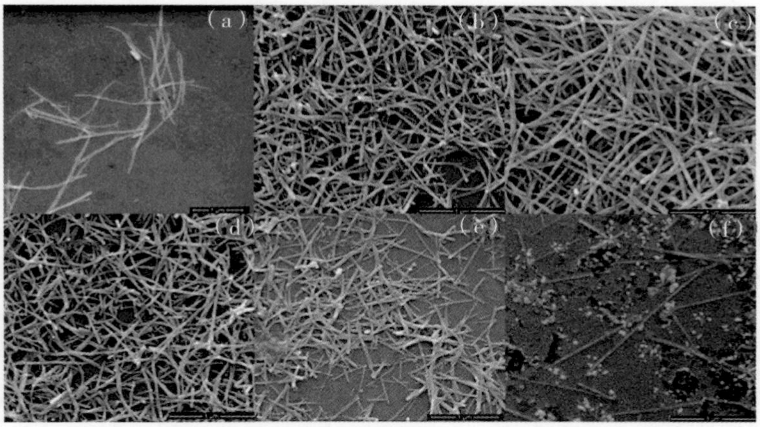

合成过程中加入（a）0g/L、（b）0.050g/L、（c）0.10g/L、(d)0.50g/L、(e) 1.0g/L 及（f）6.0g/L 的乙二胺四乙酸二钠

图 4-2　Te 线的扫描电子显微图像

(Xue et al., 2012)

所在。由于扫描隧道显微镜要求样品和基体必须导电，这在很大程度限制了该技术的应用。原子力显微镜分辨率高，对样品的要求低，在荧光金属纳米团簇、量子点和石墨烯等的成像中都得到了广泛的应用（Barth et al., 2011）。图 4-3 是作者博士期间制备的牛血清白蛋白修饰 CdSe/ZnS 量子点的原子力显微图像，可看出量子点被牛血清白蛋白修饰后，粒径仍然比较均匀。

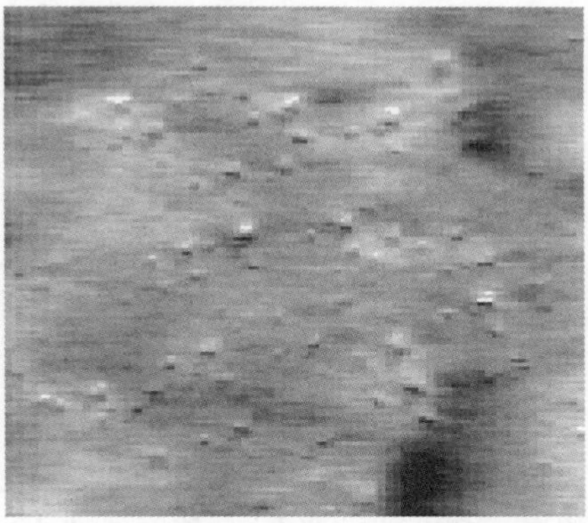

图 4-3　牛血清白蛋白修饰 CdSe/ZnS 量子点的原子力显微图像

(梁建功，2006)

Stengl 等（2013）将其所制备的还原型氧化石墨烯分散在乙二醇、二甲亚砜、二甲基甲酰胺中，采用原子力显微镜对不同溶液分散的还原型氧化石墨烯进行了表征，发现分散在二甲亚砜和二甲基甲酰胺中的石墨烯尺寸为 20nm 左右，而分散在乙二醇中的石墨烯尺寸为 40nm，样品的平均高度为 1nm，在某些高的区域可达 4nm，低的区域可

达 0.5nm。

4.4 紫外—可见吸收光谱法

紫外—可见吸收光谱是基于物质对光的吸收而建立起来的分析方法。很多纳米荧光探针在紫外光区、可见光区或近红外光区具有特征吸收峰，可依据这些特征吸收峰来计算纳米荧光探针的尺寸及浓度。如 Yu 等（2003）研究了 CdTe、CdSe、CdS 量子点的尺寸与激子吸收峰的关系，获得了激子吸收峰与尺寸之间的计算公式（公式 4-1 至公式 4-6）。

对 CdTe 量子点：

$$D=(9.8127\times10^{-7})\lambda^3-(1.7147\times10^{-3})\lambda^2+1.0064\lambda-194.84 \tag{4-1}$$

对 CdSe 量子点：

$$D=(1.6122\times10^{-9})\lambda^4-(2.6575\times10^{-6})\lambda^3+(1.6242\times10^{-3})\lambda^2-(0.4277)\lambda+41.57 \tag{4-2}$$

对 CdS 量子点：

$$D=(-6.6521\times10^{-8})\lambda^3+(1.9557\times10^{-4})\lambda^2-(9.2352\times10^{-2})\lambda-(0.4277)\lambda+13.29 \tag{4-3}$$

上式中，D 为量子点的直径，λ（nm）为量子点激子吸收峰的位置。

他们还总结了 CdTe、CdSe、CdS 量子点的尺寸与摩尔吸光系数之间的关系。

对 CdTe 量子点：

$$\varepsilon=3450\Delta E(D)^{2.4} \tag{4-4}$$

对 CdSe 量子点：

$$\varepsilon=1600\Delta E(D)^{3} \tag{4-5}$$

对 CdS 量子点：

$$\varepsilon=5500\Delta E(D)^{2.5} \tag{4-6}$$

上式中，ε 为量子点的摩尔吸光系数，ΔE 为第一激子吸收峰的跃迁能，D 为 CdTe、CdSe 或 CdS 量子点的直径。采用上述公式，通过量子点的紫外—可见吸收光谱，就可以很方便地计算出量子点的尺寸及浓度。截至 2020 年 8 月，该论文已被引用超过 4 300次。

作者在博士期间（梁建功，2006），采用 CdO、十八碳烯、硒粉为原料，建立了 CdSe 量子点合成新方法。图 4-4 是 Cd：Se＝1：1 时，在不同反应时间下，CdSe 量子点的紫外—可见吸收光谱，可看出随着反应时间的延长，量子点的第一激子吸收峰向长波长方向移动，表明所合成 CdSe 量子点的尺寸在逐渐增大。

紫外—可见吸收光谱还可用来判断纳米粒子之间的相互作用情况。华中农业大学韩鹤友教授课题组采用紫外可见吸收光谱研究了 CdSe 量子点与 16nm、25nm 金纳米粒子之间的相互作用（Han et al.，2007）。发现 CdSe 量子点能够诱导金纳米粒子产生团聚，小粒径的金纳米粒子比大粒径的金纳米粒子更容易发生团聚。

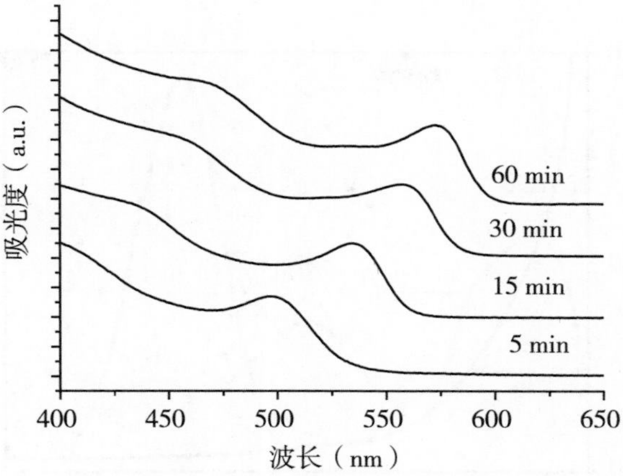

图 4-4　不同反应时间 CdSe 量子点的紫外—可见吸收光谱
（梁建功，2006）

4.5　荧光光谱法

荧光光谱法是表征纳米荧光探针的核心手段。很多纳米荧光探针检测方法的建立，都是基于探针荧光光谱的增强或猝灭来实现的。通过测定纳米荧光探针及标准荧光物质的紫外—可见吸收光谱及荧光发射光谱，可以计算纳米荧光探针的量子产率。通过荧光光谱位置，也可判断纳米荧光探针的尺寸。例如，金簇的荧光发射光谱会随着尺寸的变化发生红移（Lu et al.，2012），Au_{31}、Au_{23}、Au_{13}、Au_8和 Au_5 的荧光发射分别为近红外光（866nm）、红光（760nm）、绿光（510nm）、蓝光（455nm）和紫外光（385nm）。图4-5 是 BSA 修饰金簇的吸收光谱、荧光激发光谱及发射光谱图（Wang H et al.，2013a）。可看出金簇的紫外—可见吸收光谱没有明显的吸收峰，但在 504nm 有一荧光激发光谱峰。当采用 500nm 光激发金簇时，金簇的最大荧光发射光谱在 610nm。

Diez 等（2009）研究发现，银纳米团簇的荧光发射光谱不仅与团簇的尺寸有关，还与团簇所处的化学环境有关。当把银团簇分散在纯水及不同比例的水甲醇混合溶液中时，团簇的最大荧光发射波长会发生红移。

量子点的荧光发射光谱也随尺寸的变化而发生变化。图 4-6 为不同尺寸量子点的荧光发射光谱。3 种量子点的尺寸分别为 1.04nm、1.61nm、2.11nm，采用 380nm 光进行激发时，CdTe 量子点的发射光谱分别为 497nm、515nm、527nm，体现了一元激发和多元发射的发光特征。

荧光光谱的半峰宽度是衡量量子点尺寸分布大小的一个重要指标，尺寸均匀的量子点，其半峰宽一般只有 20~30nm，半峰宽越宽，说明量子点的尺寸分布越宽。

将荧光光谱法与紫外可见吸收光谱法相结合，可以计算不同荧光探针或荧光探针与猝灭剂之间的光谱重叠面积。作者课题组利用光谱技术研究了不同 pH 值条件下荧光素

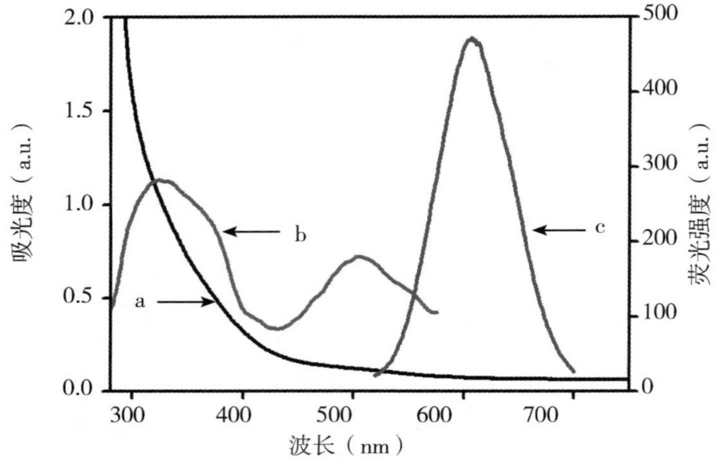

图 4-5 BSA 修饰金纳米团簇的紫外—可见吸收光谱（a）荧光激发光谱（b）和发射光谱（c）

（Wang et al.，2013a）

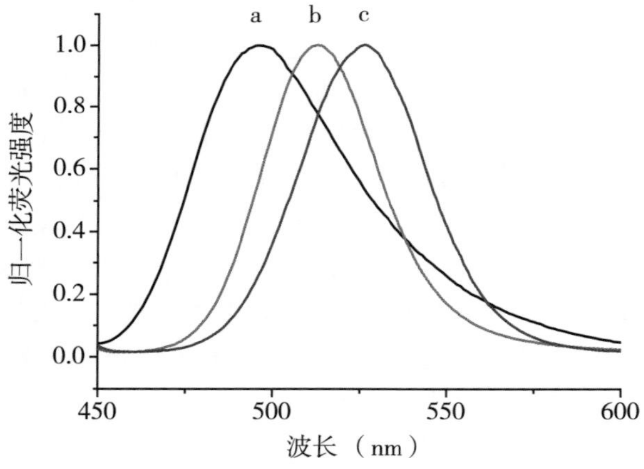

a. 1. 04nm；b. 1. 61nm；c. 2. 11nm。荧光激发光波长为 380nm

图 4-6 不同尺寸 CdTe 量子点的荧光发射光谱

（Wang et al.，2013a）

异硫氰酸酯（FITC）对碳点的影响。发现当碳点与不同浓度的 FITC 直接混合后，其荧光强度逐渐猝灭，但荧光寿命保持不变（Liu et al.，2017a），说明 FITC 对碳点的荧光猝灭以内滤效应为主。如图 4-7 所示，是标准化的碳点发射光谱和 FITC 吸收光谱的光谱重叠，可看出碳点和 FITC 之间的光谱重叠面积随着 pH 值的增大而减小。而当碳点与 FITC 偶联后，FITC 对碳点存在内滤效应及荧光共振能量转移两种猝灭方式。该研究结果对于构建基于碳点的比率型荧光探针具有一定的参考价值。

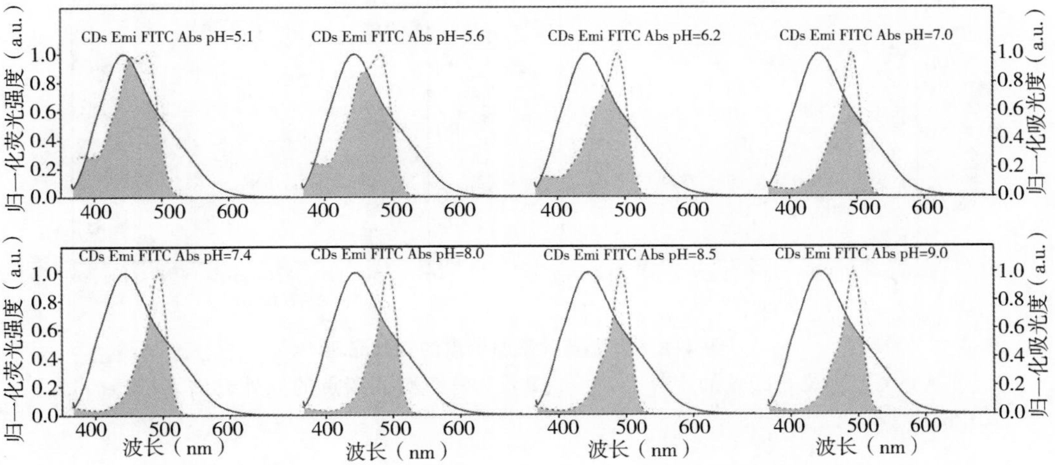

图 4-7　pH 值在 5.1~9.0 之间标准化的碳点发射光谱和 FITC 吸收光谱的光谱重叠（Liu et al.，2017）

CDs Emi：碳点的发射光谱；FITC Abs：荧光素异硫氰酸酯的吸收光谱

4.6　红外光谱法

红外光谱是分子在吸收红外光后，内部振动转动能级跃迁所产生的。只有引起分子内偶极矩变化的振动才能产生红外吸收。根据红外光谱谱线强度、吸收峰的位置等参数可以对分子进行定性、定量分析（王兆民等，1995）。Dasog 等（Dasog and Veinot，2014）采用红外光谱对不同表面修饰的硅量子点进行了表征。发现当硅量子点表面为氢原子时，在傅里叶变换红外光谱（FT-IR）会出现 Si—H 键的伸缩振动峰，当氢末端的硅量子点表面被十二烷基取代后，在红外光谱中 Si—H 键的伸缩振动峰就会消失，同时会出现 C—H 伸缩振动峰。当氢末端的硅量子点与氧化三辛基膦或丁胺作用后，在红外光谱中会出现 Si-O 伸缩振动峰。Chen 等（2012）采用傅里叶变换红外光谱对金簇、偶联不同修饰试剂的金簇进行了表征。发现当金簇与叶酸偶联后，在 1 500 cm^{-1}、1 600cm^{-1}会出现苯环的特征吸收峰，证明叶酸成功偶联到金簇表面。

作者课题组以大麦若叶为原料，合成了蓝色荧光碳点及青色荧光碳点（Liu et al.，2017b）。图 4-8 为大麦若叶来源碳点的红外光谱图，从 4-8A 可以看出，蓝色荧光碳点 s 在 1 200、1 400、1 707、2 929、3 203和 3 433cm^{-1}处存在 6 个明显的吸收峰，分别对应为 C—O、C—N、C ═ O、C—H、N—H 和 O—H 健的伸缩振动。青色荧光碳点在 1 400、1 635、3 213、3 446cm^{-1}处存在 4 个明显的吸收峰（图 4-8B），对应为 C—N、C ═ O、N—H 和 O—H 的伸缩振动。

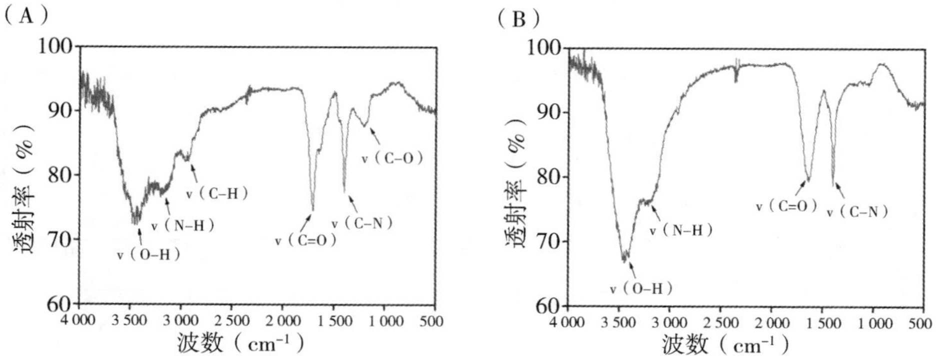

图 4-8　大麦若叶来源碳点的红外光谱

（A）为蓝色荧光碳点的红外光谱；（B）为青色荧光碳点的红外光谱（Liu et al., 2017b）

4.7　拉曼光谱法

光与分子发生相互作用时，一部分光会与分子的能量发生交换，导致光子的频率发生改变，同时分子的极化率也发生变化，这种光子频率发生改变的散射过程就称为拉曼散射（许以明，2005）。由于拉曼光谱可以提供丰富的分子结构信息和物质表面信息，已经成为研究纳米粒子表面和界面的有力工具。但对于纳米荧光探针来说，荧光信号对拉曼信号会有严重的干扰。采用拉曼光谱技术检测纳米荧光探针时，避免这种干扰十分必要。拉曼光谱一般使用 514nm、633nm 和 785nm 等波长的激光器，在测定纳米荧光探针拉曼信号时，可依据探针荧光发射波长而选择适当的激光器。图 4-9 为 CdSe 量子点

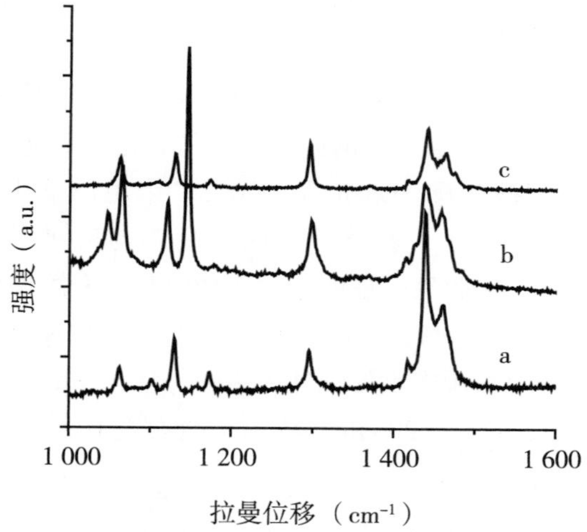

图 4-9　CdSe 量子点（a）、氧化三正辛基膦（b）及十六胺（c）的拉曼光谱

（梁建功等，2008）

(a)、氧化三正辛基膦（b）及十六胺（c）的拉曼光谱（梁建功等，2008），采用633nm 的光激发，可避免量子点自身荧光的干扰。从该图可看出量子点的拉曼光谱与十六胺接近，而与氧化三正辛基膦差别较大，结合量子点合成时所用的试剂，可推测量子点表面主要与十六胺和二辛胺结合，而与氧化三辛基膦则结合较少。

拉曼光谱也是表征石墨烯的重要手段之一。单层石墨烯在 1 582cm^{-1}附近有一典型的 G 峰，在 2 700cm^{-1}附近有一典型的 G′峰；如果石墨烯表面有缺陷存在，其拉曼光谱在 1 350cm^{-1}附近会出现一缺陷 D 峰，在 1 620cm^{-1}附近会出现 D′峰；当石墨烯的层数不同时，其 G 峰的强度、G 峰与 G′峰的强度比都会发生变化，可依据这些特征峰对石墨烯进行表征（吴娟霞等，2014）。

4.8　激光粒度分析法

当光与物质发生相互作用时，会产生透射、吸收、折射、衍射等光学现象。不同尺寸的物质与光作用所产生的信号具有一定的差异。激光粒度分析仪主要依据这种差异，结合 Fraunhofer 衍射和 Mie 散射光学理论，计算出微、纳米尺度物质的粒径及粒径分布（梁国标等，2006）。图 4-10 为牛血清白蛋白修饰金簇、二氧化硅微球及金簇与二氧化硅复合材料的激光粒度分析结果。可看出牛血清白蛋白修饰金簇的水合粒径在 10nm 左右，二氧化硅微球的粒径在 250nm 左右，而金簇与二氧化硅结合后，由于二氧化硅的团聚，导致微球发生团聚，尺寸大大增加。激光粒度分析仪还可以测定纳米粒子的表面电荷，如 pH 值为 5.0 时，牛血清白蛋白修饰金簇的 ζ 电势为-13.7mV，氨基化二氧化硅微球的 ζ 电势为 47.2 mV，表明牛血清白蛋白修饰的金簇带负电荷，而氨基化的二氧化硅微球带正电荷（Wang H et al.，2013b）。

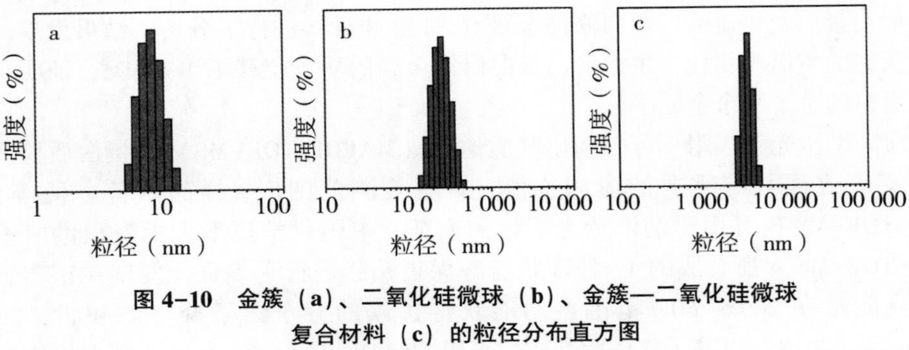

图 4-10　金簇（a）、二氧化硅微球（b）、金簇—二氧化硅微球复合材料（c）的粒径分布直方图

（Wang et al.，2013b）

4.9　核磁共振法

核磁共振（NMR）技术是研究纳米晶体的表面修饰试剂状态的一种重要手段，通过检测核磁共振光谱的变化，可以动态监测纳米粒子与其表面修饰试剂相互作用过程。

Turo 等（Turo and Macdonald，2014）采用[1]HNMR 技术研究了不同硫源制备的 Cu_2S 纳米粒子的表面状态，发现巯基与 Cu_2S 纳米粒子之间存在晶体键合（crystal-bound）和表面键合（surface-bound）2 种方式，晶体键合的巯基非常稳定，而表面键合的巯基倾向于二硫键的形成。

核磁共振技术也可以研究荧光金属纳米团簇、碳点等纳米荧光探针的表面修饰试剂状态。Antonello 等（2014）采用[1]HNMR 技术研究了 Au_{25}表面单层修饰试剂的电子传递过程，发现当不同长度的巯基修饰试剂与金簇结合时，硫原子附近甲基的[1]HNMR 会发生不同程度的化学位移，修饰试剂越短，位移越大。Philippidis 等（2013）研究了 3 种不同碳点的一维及二维核磁共振光谱，发现不同类型碳点的核磁共振光谱与合成碳点所用原料有关，在钝化过程中光谱的化学位移变化不大。Liu 等（2014）采用核磁共振光谱研究了聚乙烯亚胺修饰石墨烯量子点、异丁酰胺—聚乙烯亚胺修饰石墨烯量子点氢原子的化学位移。结果表明，当聚乙烯亚胺结合到石墨烯量子点上后，在核磁共振光谱的化学位移中会出现酰胺基团上亚甲基质子的核磁共振峰。通过核磁共振光谱可计算出在聚乙烯亚胺中大概有 10%的氨基与石墨烯量子点发生了酰胺化反应。

4.10 质谱法

质谱是带电原子、分子或分子碎片按照质荷比（m/z）的大小排列的谱（周华，1986），是分析荧光金属纳米团簇的重要工具之一。Chen 等（2014）采用电喷雾质谱法（ESI-MS）表征了所合成的 Au_{20}团簇，该团簇表面修饰试剂为三[2-二苯基膦基）乙基]膦（PP_3），发现在 m/z=1 655的位置有一个强的质谱峰，对应 $[Au_{20}(PP_3)_4]^{4+}$的信号。Fernandez-Iglesias 等（Fernandez-Iglesias and Bettmer，2014）采用电喷雾质谱对牛血清白蛋白及牛血清白蛋白修饰金簇（Au_x@BSA）进行了分析，结果发现，与牛血清白蛋白的质谱峰相比，牛血清白蛋白修饰金簇的质量位移了 1 763Da，证明每个牛血清白蛋白结合了 9 个金原子。

基质辅助激光解吸附飞行时间串联质谱仪（MALDI-TOF-MS）在蛋白质检测、微生物鉴定等方面具有重要的应用价值，具有检测范围广、样品制备方便等优点。MALDI-TOF-MS 也可用于纳米荧光探针的表征。中国科学技术大学陈积世博士采用 MALDI-TOF-MS 对所合成的 17 种环状硫醇保护铂簇进行了表征。发现在正离子模式下，激光能量在 20%～60%范围内均能获得铂簇的分子离子峰（陈积世，2016）。Goswami 等（2018）以芥子酸作为基质，采用 MALDI-TOF-MS 对转铁蛋白修饰的铜簇进行了表征，结果表明，转铁蛋白的分子离子峰在 80 027，转铁蛋白修饰的铜簇在 80 312及 80 496除出现了两个强峰，在 80 207处存在一个弱峰，表明所合成的铜簇以 Cu_3、Cu_5及 Cu_7三种形态存在。

吉林大学徐蔚青教授课题组采用基质辅助电离飞行时间质谱（LDI-TOF-MS）对所合成的银簇进行了分析，发现在银簇中除了存在 Ag_2 以外，还存在 Ag_3、Ag_4、Ag_5 及 Ag_6（Wang et al.，2011）。

电感耦合等离子体质谱法（ICP-MS）是分析无机离子的重要工具。武汉大学胡斌教授课题组采用电感耦合等离子体质谱法系统研究了 CdSe/ZnS 量子点对细胞的毒性，发现细胞直接吸收量子点的能力比吸收 Cd（Ⅱ）和 Se（Ⅳ）的能力更低，当量子点在 10~100nm 范围内时，对细胞没有明显的毒性（Peng et al.，2013）。

4.11　X-射线衍射分析法

X-射线衍射分析是获取晶体信息的一种重要工具，可用于晶体结构分析、晶体取向分析和点阵参数测定。对于纳米粒子，采用 X-射线衍射分析可测定纳米晶体的形状、尺寸及晶胞参数等特征（姜传海等，2010）。作者课题组合成了未掺杂的 ZnO_xS_{1-x} 量子点，Mn 掺杂浓度为 1.0% 的 ZnO_xS_{1-x} 量子点，Mn 掺杂浓度为 20% 的 ZnO_xS_{1-x} 量子点（Xue et al.，2011）。图 4-11 是合成量子点的 X-射线衍射光谱。图 4-11a 中未掺杂的 ZnO_xS_{1-x} 量子点在 31.9°、34.5°、36.4°、47.5°、56.7°、62.8°和 68.1°有很明显的衍射峰，分别对应纤维锌矿 ZnO（JCPDS No. 01-089-1397）的（100）、（002）、（101）、（102）、（110）、（103）和（112）晶面。Mn 掺杂浓度 1.0% 的 ZnO_xS_{1-x} 量子点在 18.2°、29.6°、33.1°、36.4°、56.7°、69.1°的衍射峰是中间态 $ZnMn_2O_4$ 的峰（JCPDS No. 00-024-1 133）（图 4-11b）。Mn 掺杂浓度为 20%的 ZnO_xS_{1-x} 量子点出现了 β-MnO（OH），$ZnMn_2O_4$ 和 ZnS 的峰（图 4-11c）。表明在不同浓度 Mn 掺杂量子点中，Mn 的存在形式也不相同。

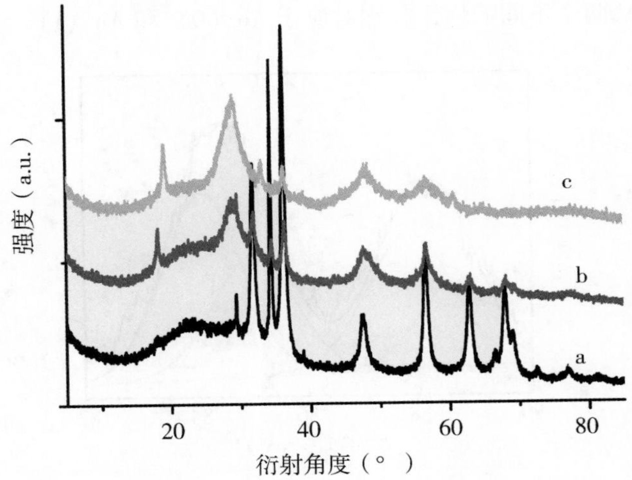

（a）未掺杂的 ZnO_xS_{1-x} 量子点；（b）Mn 掺杂浓度为 1.0% 的 ZnO_xS_{1-x} 量子点；（c）Mn 掺杂浓度为 20%的 ZnO_xS_{1-x} 量子点

图 4-11　不同量子点的粉末 XRD 光谱

（Xue et al.，2011）

X-射线衍射光谱与纳米粒子的尺寸之间的关系可用Scherrer公式（4-7）来表示（Kumar et al.，2014）。

$$D=k\lambda/(\beta\cos\theta) \tag{4-7}$$

该公式中，D为纳米粒子的直径，k为Scherrer常数，λ为使用X-射线的波长，β为100%X-射线半峰宽度，θ为布拉格衍射角。Kumar等（2014）研究了CdS、ZnS和CdS/ZnS核壳结构量子点的X-射线衍射光谱。他们依据CdS、ZnS和CdS/ZnS的X-射线衍射光谱并采用Scherrer公式计算获得CdS纳米粒子的尺寸为4.2nm，ZnS量子点的尺寸为5.2nm，CdS/ZnS核—壳型量子点的尺寸为5.8nm。

4.12 X-射线光电子能谱法

当具有特征波长的X-射线照射到样品表面时，就会与样品表面的表层原子发生相互作用，如果X-射线的能量大于样品中某元素核外电子的结合能时，该元素的内层电子就会被激发出来，这种激发出来的电子就称为光电子；通过分析光电子的数量和能量，就可获取样品表面元素的化学状态及含量等信息（余锦涛等，2014）。X-射线光电子能谱可获取材料的化学组成、元素的价态及化学键等信息。Linehan等（Linehan and Doyle，2014）采用高分辨的X-射线光电子能谱对所合成碳点的表面化学进行了研究。从C_{1s}的光谱来看，在284.8 eV的峰对应C—C/C—H键，在286.2及287.8 eV对应C—N键及C—O键。从O_{1s}的光谱可证明有C—O键存在，N_{1s}的光谱证明在碳点中有C—N键及N—H键存在。作者课题组采用X-射线光电子能谱研究了金簇—二氧化硅复合微球的Au_{4f}轨道的XPS光谱（图4-12）（Wang H et al.，2013b），该光谱可拆分为84.1 eV和85.0 eV两个不同的峰，分别对应于Au（0）和Au（I）。

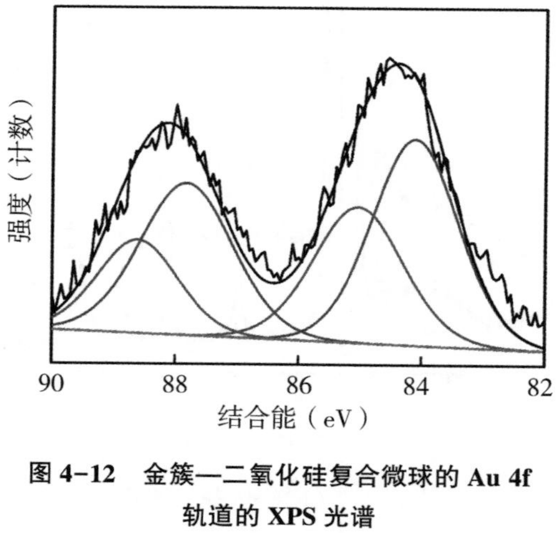

图4-12 金簇—二氧化硅复合微球的Au 4f轨道的XPS光谱

（Wang H et al.，2013b）

4.13　凝胶过滤色谱法

色谱法既是分离物质的重要手段，也是表征纳米粒子的重要工具之一。Choi 等（2009）采用凝胶过滤色谱技术（Gel-Filtration Chromatography）测定了不同修饰量子点的水合粒径。他们采用甲状腺球蛋白（分子量为 669kDa，水合粒径 18.8nm）、γ-球蛋白（分子量为 158kDa，水合粒径 11.9nm）、卵清白蛋白（分子量为 44kDa，水合粒径 6.13nm）和肌红蛋白（分子量为 17kDa，水合粒径 3.83nm）为标准物质，通过比较标准物质与样品的保留时间，获得了不同聚乙二醇修饰量子点的水合粒径。Huang 等人（Huang et al.，2013）采用甲状腺球蛋白（分子量为 669kDa，水合粒径 18.8nm）、γ-球蛋白（分子量为 158kDa，水合粒径 11.9nm）、卵清白蛋白（分子量为 44kDa，水合粒径 6.13nm）、肌红蛋白（分子量为 17kDa，水合粒径 3.83nm）及维生素 B_{12}（分子量为 1.35kDa，水合粒径为 1.48nm）为标准物质，利用凝胶过滤色谱技术，对碳点的水合粒径进行了检测，依据保留时间获得所合成碳点的水合粒径为 4.1nm。由于凝胶过滤色谱法依据保留时间来测定纳米粒子的水合粒径，当纳米粒子的水合粒径小于 10nm 时，其准确度比激光粒度分析仪要高，在碳点、石墨烯量子点及金簇等的水合粒径表征中具有很好的应用前景。

4.14　基于智能手机的检测及成像处理平台

智能手机体积小，价格低，其摄像头可实现颜色及光强的测定，其外界端口可以与多种检测方法联用，从而实现荧光光谱检测及荧光成像分析（王洪海，2018）。利用智能手机获取纳米荧光探针的荧光信号，可大大降低分析成本，具有重要的实际应用价值。山东师范大学申大忠教授课题组研制了一款基于智能手机的双通道荧光检测装置，建立了癌胚抗原快速检测新方法，对癌胚抗原的检出限达 0.05pg/mL（王洪海，2018）。Tran 等（2019）将葡聚糖包覆磁性氧化铁纳米粒子与量子点进行自组装，进一步偶联抗人表皮生长因子受体 2（HER2）抗体，制备出可识别乳腺癌细胞的磁性荧光多功能纳米粒子。通过基于智能手机的成像平台，实现了乳腺癌细胞的分离和计数。

4.15　小结与展望

本章介绍了纳米荧光探针常用的一些表征方法，这些方法可归纳为三大类。

第一类是基于光子与物质之间相互作用所建立的表征方法，如紫外—可见吸收光谱、荧光光谱、红外光谱、拉曼光谱等。

第二类是基于电子与物质相互作用所建立的表征方法，如透射电子显微镜、扫描电子显微镜。

第三类是基于物质与物质的相互作用所建立的表征方法，如扫描探针显微镜、凝胶过滤色谱法。

除上述方法外，还有一些方法如流式细胞仪、全内反射荧光显微镜、电化学方法、热重分析、微量热分析、近场光学显微镜等都可用于纳米荧光探针的表征，由于篇幅关系，在此就不再介绍。随着科学技术不断发展，新的纳米荧光探针的表征技术将不断涌现，这些技术的出现，必将从更深层次获取纳米荧光探针的信息，从而推动纳米荧光探针表征技术的进一步发展。

参考文献

陈积世，2016. 硫醇保护的双皇冠状 Pd 纳米团簇的制备、性能与金掺杂研究［D］. 合肥：中国科学技术大学.

姜传海，杨传铮，2010. X-射线衍射技术及其应用［M］. 上海：华东理工大学出版社.

梁国标，李新衡，王燕民，2006. 激光粒度测量的应用与前景［J］. 材料导报，20（6）：90-93.

梁建功，韩鹤友，2008. 硒化镉量子点的拉曼光谱及拉曼成像分析［J］. 分析化学，36（12）：1 699-1 701.

梁建功，2006. 量子点合成及分析应用研究［D］. 武汉：武汉大学.

林志东，杨汉民，石和斌，2010. 纳米材料基础与应用［M］. 北京：北京大学出版社.

刘冰川，曲利娟，刘庆宏，2007. 透射电子显微镜成像方式综述［J］. 医疗设备信息，22（9）：43-46.

欧阳健明，夏志月，鲁鹏，2012. 透射电子显微镜与选区电子衍射对纳米材料的联合分析［J］. 暨南大学学报（自然科学版），33（1）：87-93.

王洪海，2018. 基于智能手机的简易型荧光检测装置的研制及其应用［D］. 济南：山东师范大学.

王兆民，王奎雄，吴宗凡，1995. 红外光谱学——理论与实践［M］. 兵器工业出版社.

吴娟霞，徐华，张锦，2014. 拉曼光谱在石墨烯结构表征中的应用［J］. 化学学报，72（3）：301-308.

许以明，2005. 拉曼光谱及其在结构生物学中的应用［M］. 北京：化学工业出版社.

余锦涛，郭占成，冯婷，等，2014. X 射线光电子能谱在材料表面研究中的应用［J］. 表面技术，43（1）：119-124.

张慧，李小彦，郝琦，等，2003. 中国煤的扫描电子显微镜研究［M］. 地质出版社.

周华，1986. 质谱学及其在无机分析中的应用［M］. 科学出版社.

Antonello S，Arrigoni G，Dainese T，et al，2014. Electron transfer through 3D mono layers on Au-25 clusters［J］. *ACS Nano*，8（3）：2 788-2 795.

Barth C，Foster A S，Henry C R，et al，2011. Recent trends in surface characterization and chemistry with high-resolution scanning force methods［J］. *Advanced Materials*，23（4）：477-501.

Chen J，Zhang Q F，Williard P G，et al，2014. Synthesis and structure determination of a new Au-20 nanocluster protected by tripodal tetraphosphine ligands［J］. *Inorganic Chemistry*，53（8）：3 932-3 934.

Chen T，Xu S，Zhao T，et al，2012. Gold nanocluster-conjugated amphiphilic block copolymer for tumor-targeted drug delivery［J］. *ACS Applied Materials & Interfaces*，4（11）：5 766-5 774.

Choi H S，Ipe B I，Misra P，et al，2009. Tissue- and organ-selective biodistribution of NIR fluorescent quantum dots［J］. *Nano Letters*，9（6）：2 354-2 359.

Dasog M，Veinot J G C，2014. Tuning silicon quantum dot luminescence via surface groups［J］.

Physica Status Solidi B-Basic Solid State Physics, 251 (11): 2 216-2 220.

Diez I, Pusa M, Kulmala S, et al, 2009. Color tunability and electrochemiluminescence of silver nanoclusters [J]. *Angewandte Chemie International Edition*, 48 (12): 2 122-2 125.

Fernandez-Iglesias N, Bettmer J, 2014. Synthesis, purification and mass spectrometric characterisation of a fluorescent Au-9@BSA nanocluster and its enzymatic digestion by trypsin [J]. *Nanoscale*, 6 (2): 716-721.

Goswami U, Dutta A, Raza A, et al, 2018. Transferrin-copper nanocluster-doxorubicin nanoparticles as targeted theranostic cancer nanodrug [J]. *ACS Applied Materials & Interfaces*, 10 (4): 3 282-3 294.

Han H, Cai Y, Liang J, et al, 2007. Interactions between water-soluble CdSe quantum dots and gold nanoparticles studied by UV-visible absorption spectroscopy [J]. *Analytical Sciences*, 23 (6): 651-654.

Huang X, Zhang F, Zhu L, et al, 2013. Effect of injection routes on the biodistribution, clearance, and tumor uptake of carbon dots [J]. *ACS Nano*, 7 (7): 5 684-5 693.

Kumar H, Kumar M, Barman P B, et al, 2014. Stable and luminescent wurtzite CdS, ZnS and CdS/ZnS core/shell quantum dots [J]. *Applied Physics A-Materials Science & Processing*, 117 (3): 1 249-1 258.

Kurra N, Reifenberger R G, Kulkarni G U, 2014. Nanocarbon-scanning probe microscopy synergy: Fundamental aspects to nanoscale devices [J]. *ACS Applied Materials & Interfaces*, 6 (9): 6 147-6 163.

Liang J G, Huang S, Zeng D Y, et al, 2006. CdSe quantum dots as luminescent probes for spironolactone determination [J]. *Talanta*, 69 (1): 126-130.

Linehan K, Doyle H, 2014. Size controlled synthesis of carbon quantum dots using hydride reducing agents [J]. *Journal of Materials Chemistry C*, 2 (30): 6 025-6 031.

Liu H B, Bai Y L, Zhou Y R, et al, 2017b. Blue and cyan fluorescent carbon dots: one-pot synthesis, selective cell imaging and their antiviral activity [J]. *RSC Advances*, 7 (45): 28 016-28 023.

Liu H B, Xu C Y, Bai Y L, et al, 2017a. Interaction between fluorescein isothiocyanate and carbon dots: Inner filter effect and fluorescence resonance energy transfer [J]. *Spectrochimica Acta Part A: Molecular and Biomolecular Spectroscopy*, 171: 311-316.

Liu X, Liu H J, Cheng F, et al, 2014. Preparation and characterization of multi stimuli-responsive photoluminescent nanocomposites of graphene quantum dots with hyperbranched polyethylenimine derivatives [J]. *Nanoscale*, 6 (13): 7 453-7 460.

Lu Y, Chen W, 2012. Sub-nanometre sized metal clusters: from synthetic challenges to the unique property discoveries [J]. *Chemical Society Reviews*, 41 (9): 3 594-3 623.

Na H, Jeong J S, Chang H J, et al, 2014. Facile synthesis of intense green light emitting $LiGdF_4$: Yb, Er-based upconversion bipyramidal nanocrystals and their polymer composites [J]. *Nanoscale*, 6 (13): 7 461-7 468.

Peng L, He M, Chen B, et al, 2013. Cellular uptake, elimination and toxicity of CdSe/ZnS quantum dots in HepG2 cells [J]. *Biomaterials*, 34 (37): 9 545-9 558.

Philippidis A, Spyros A, Anglos D, et al, 2013. Carbon-dot organic surface modifier analysis by solution-state NMR spectroscopy [J]. *Journal of Nanoparticle Research*, 15 (7): UNSP 1 777.

Richards C I, Choi S, Hsiang J C, et al, 2008. Oligonucleotide-stabilized Ag nanocluster fluorophores

[J]. *Journal of the American Chemical Society*, 130 (15): 5 038-5 039.

Stengl V, Bakardjieva S, Henych J, et al, 2013. Blue and green luminescence of reduced graphene oxide quantum dots [J]. *Carbon*, 63: 537-546.

Tran M V, Susumu K, Medintz I L, et al, 2019. Supraparticle assemblies magnetic nanoparticles and quantum dots for selective cell isolation and counting on a smartphone-based imaging platform [J]. *Analytical Chemistry*, 91 (18): 11 963-11 971.

Turo M J, Macdonald J E, 2014. Crystal-bound vs surface-bound thiols on nano crystals [J]. *ACS Nano*, 8 (10): 1 0205-10 213.

Wang H, Xu C, Zheng C, et al, 2013b. Facile synthesis and characterization of Au nanoclusters-silica fluorescent composite nanospheres [J]. *Journal of Nanomaterials*, 972 834.

Wang H, Zheng C, Dong T, et al, 2013a. Wavelength dependence of fluorescence quenching of CdTe quantum dots by gold nanoclusters [J]. *Journal of Physical Chemistry C*, 117 (6): 3 011-3 018.

Wang X, Xu S, Xu W, 2011. Synthesis of highly stable fluorescent Ag nanocluster@ polymer nanoparticles in aqueous solution [J]. *Nanoscale*, 3 (11): 4 670-4 675.

Wu X, Tian F, Wang W, et al, 2013. Fabrication of highly fluorescent graphene quantum dots using L-glutamic acid for in vitro/in vivo imaging and sensing [J]. *Journal of Materials Chemistry C*, 1 (31): 4 676-4 684.

Xue F, Bi N, Liang J, et al, 2012. A simple and efficient method for synthesizing Te nanowires from CdTe nanoparticles with EDTA as shape controller under hydrothermal condition [J]. *Journal of Nanomaterials*, 751 519.

Xue F, Liang J, Han H, 2011. Synthesis and spectroscopic characterization of water-soluble Mn-doped ZnO_xS_{1-x} quantum dots [J]. *Spectrochimica Acta Part A-Molecular and Biomolecular Spectroscopy*, 83 (1): 348-352.

Yu W W, Qu L H, Guo W Z, et al, 2003. Experimental determination of the extinction coefficient of CdTe, CdSe, and CdS nanocrystals [J]. *Chemistry of Materials*, 15 (14): 2 854-2 860.

第5章　纳米荧光探针在化学检测中的应用

很多化学物质如金属离子、阴离子、有机小分子及药物分子对纳米荧光探针的荧光具有增强或猝灭作用，基于这种作用，可建立金属离子及有机小分子检测方法。当纳米荧光探针表面包覆不同修饰试剂时，对不同种类的物质会有不同的反应，这样就可以提高测定方法的选择性。本章将对几类纳米荧光探针在金属离子、阴离子、有机小分子及药物分子检测中的应用做简要介绍。

5.1　纳米荧光探针在金属离子检测中的应用

很多金属离子如 Cu^{2+}、Ag^{+}、Hg^{2+}、Pb^{2+}、Fe^{3+} 等，对纳米荧光探针的荧光都有增强或猝灭作用，当纳米荧光探针的种类不同或表面修饰试剂不同时，这种增强或猝灭作用也表现出一定的差异。基于这种增强或猝灭作用，可建立金属离子检测新方法。

5.1.1　半导体量子点在金属离子检测中的应用

当适当能量的光激发半导体量子点时，量子点价带的电子就会吸收光子，从价带跃迁到导带，电子空穴对辐射重组时，就会产生荧光。当体系中有金属离子存在时，如果导带的电子转移给金属离子受体，或金属离子提供电子转移给价带的空穴，就会导致量子点的荧光发生猝灭，这个过程称为光诱导电子转移（PET）；当金属离子结合到量子点表面时，可能导致量子点表面缺陷减少，促使量子点荧光增强；如果金属离子与表面修饰试剂发生强烈的相互作用，也会导致表面修饰试剂脱离量子点表面，从而使量子点发生团聚，进而荧光被猝灭；另外，金属离子也可能与量子点核内的成分发生反应，导致量子点发光发生改变（Lou et al.，2014）。基于这些增强或猝灭过程，都可用来建立金属离子检测方法。

（1）半导体量子点用于 Cu^{2+} 的检测

Chen 等（2002）以聚磷酸盐、L-半胱氨酸、硫代甘油为修饰试剂，合成了不同发射波长的 CdS 量子点，并研究了常见金属离子对 CdS 量子点荧光的影响。结果发现，对聚磷酸盐修饰的 CdS 量子点，Cu^{2+} 及 Zn^{2+} 对其荧光具有强烈的猝灭作用；对 L-半胱氨酸修饰的量子点，Zn^{2+} 对其荧光具有明显的增强作用，而 Cu^{2+} 对其荧光具有明显的猝灭作用，对硫代甘油修饰的量子点，Cu^{2+} 对其荧光具有明显的猝灭作用，Zn^{2+} 对其荧光几乎没有影响。在此基础上，他们采用硫代甘油修饰的量子点建立了 Cu^{2+} 快速检测新方法，这是量子点探针首次用于金属离子的检测。作者与武汉大学庞代文教授课题组谢海燕博士等人合作，研究了不同金属离子与 BSA 修饰的 CdSe/ZnS 量子点的影响，发现 Cu^{2+} 对 CdSe/ZnS 量子点的荧光具有强烈的猝灭作用（Xie et al.，2004）。图 5-1 是加入不同浓度 Cu^{2+} 后 CdSe/ZnS 量子点的荧光光谱图，可看出随着 Cu^{2+} 浓度的增大，量子点的荧光强度逐渐下降。基于这种猝灭作用，建立了 Cu^{2+} 检测新方法，同时探讨了量子点与 Cu^{2+} 的作用机理。当把 Cu^{2+} 加入溶液中以后，Cu^{2+} 可与 CdSe 量子点发生作用，生成超小尺寸的 CuSe 纳米颗粒，这些超小尺寸的 CuSe 纳米颗粒会对量子点的荧光造成严重的猝灭作用。在 Cu^{2+} 的测定过程中，Ag^+ 及 Hg^{2+} 会造成严重的干扰。为了解决这一问题，Jin 等（2014）研究发现，当硫代硫酸根存在时，就会消除 Ag^+ 及 Hg^{2+} 对 CdSe/ZnS 量子点的猝灭作用，在最佳条件下，该方法的检出限可达 0.15nmol/L。

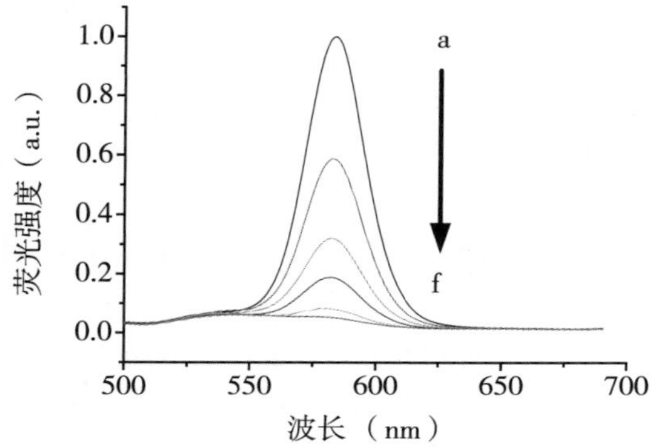

Cu^{2+} 浓度分别为：（a）0nmol/L、（b）100nmol/L、（c）200nmol/L、（d）400nmol/L、（e）800nmol/L 及（f）1 600nmol/L

图 5-1　不同浓度 Cu^{2+} 对 BSA 修饰 CdSe/ZnS 荧光强度的影响

（Xie et al.，2004）

Xiong 等（2013）采用微波辅助合成法合成了量子产率为 40%，荧光寿命为 424.5ns的 $AgInS_2$/ZnS 量子点，采用倒置荧光显微镜（Leica TCS SP5）对 Cu^{2+} 环境中培养的 HeLa 细胞进行了成像分析。他们首先采用 $AgInS_2$/ZnS 量子点与 HeLa 细胞培养 2h，通过缓冲溶液洗涤 3 次，去除溶液中多余的量子点，再向细胞培养液中加入 10μmol/L 的 Cu^{2+}，检测不同时间后细胞中的荧光变化，建立了细胞内 Cu^{2+} 的动态检测新方法。

（2）半导体量子点用于 Ag^+ 的检测

作者在博士期间曾研究了巯基乙酸修饰 CdSe 量子点与 Ag^+ 的相互作用（Liang et al.，2004），发现不同浓度的 Ag^+ 对 CdSe 量子点的荧光具有强烈的猝灭作用，同时在 570~700nm 波长范围内出现新的荧光峰（图 5-2），在一定浓度范围内，该荧光峰的强度会随着 Ag^+ 浓度的增大而增强，为了研究 Ag^+ 对 CdSe 量子点的增强及猝灭机理，观察了加入 Ag^+ 前后 CdSe 量子点的透射电子显微图像（图 5-3），结果表明，加入 Ag^+ 前后量子点的尺寸并没有发生明显的变化，表明量子点荧光的猝灭不是由其团聚所引起的。

当 Ag^+加入到 CdSe 量子点中后，会在 CdSe 量子点表面形成很多小粒径的 Ag_2Se 纳米颗粒，增加了 CdSe 量子点的表面缺陷，从而导致 CdSe 量子点的荧光产生猝灭。与此同时，这些小尺寸的 Ag_2Se 微粒会在量子点表面形成新的能级，导致新的荧光峰的出现。

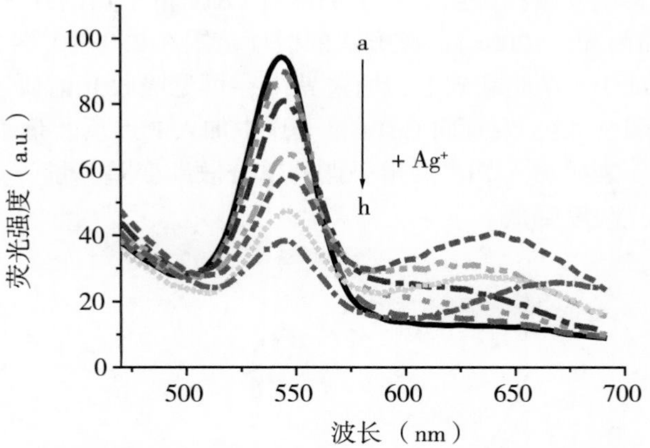

Ag^+的浓度分别为：0×10^{-6}mol/L、0.4×10^{-6}mol/L、1.0×10^{-6}、2.0×10^{-6}mol/L、4.0×10^{-6}mol/L、6.0×10^{-6}mol/L、10.0×10^{-6}mol/L 及 15.0×10^{-6}mol/L（a-h）；$\lambda_{ex}=388$nm

图 5-2　加入不同浓度 Ag^+的 CdSe 量子点的荧光光谱

（Liang et al.，2004）

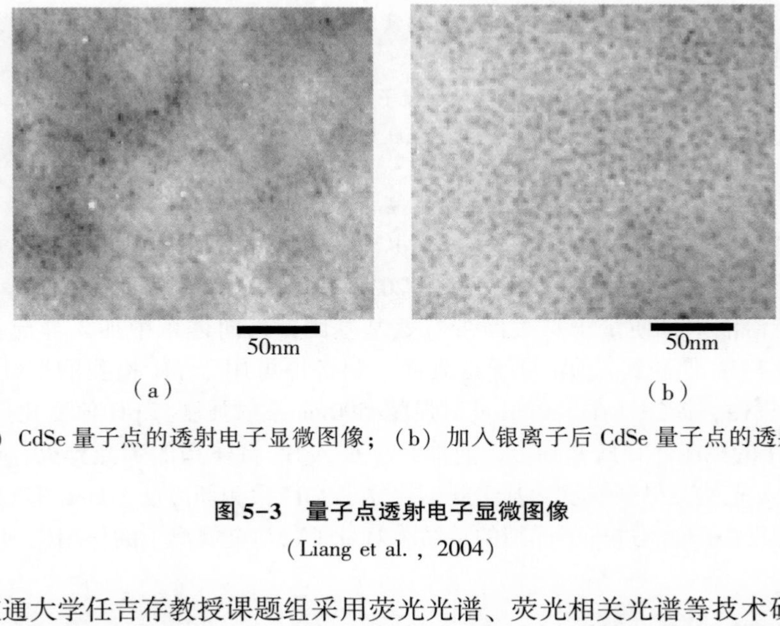

（a）　　　　（b）

（a）CdSe 量子点的透射电子显微图像；（b）加入银离子后 CdSe 量子点的透射电子显微图像

图 5-3　量子点透射电子显微图像

（Liang et al.，2004）

上海交通大学任吉存教授课题组采用荧光光谱、荧光相关光谱等技术研究了 CdTe 量子点与 Ag^+的相互作用（Dong et al.，2006），发现 Ag^+对 CdTe 量子点的荧光会产生强烈的猝灭作用，这种猝灭主要是由于溶液中发光量子点总数目的减少所引起的，而不是由于单个量子点荧光强度减弱所引起的。当把 Ag^+ 加入到 CdTe 量子点的溶液中后，在体系中会有 Ag_2Te 生成。

（3）半导体量子点荧光探针用于 Pb^{2+} 的检测

华中农业大学韩鹤友教授课题组基于 Pb^{2+} 对 CdTe 量子点的猝灭作用，建立了 Pb^{2+} 的检测新方法（Wu et al.，2008）。该方法的线性范围在 $2.0\times10^{-6}\sim1.0\times10^{-4}$ mol/L，检出限为 2.7×10^{-7} mol/L。在此基础上，通过紫外—可见吸收光谱研究了 CdTe 量子点与 Pb^{2+} 的作用机理（图 5-4），发现向 CdTe 量子点中加入 Pb^{2+} 后，量子点在激子吸收峰处的吸光度略有下降，表明加入 Pb^{2+} 后量子点的单分散性变差，量子点表面的缺陷增多，从而导致量子点荧光强度降低。

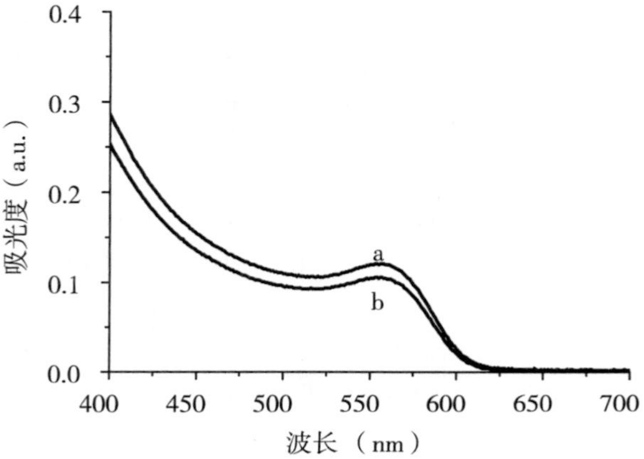

（a）加入 Pb^{2+} 前 CdTe 量子点的紫外—可见吸收光谱；（b）加入 Pb^{2+} 后 CdTe 量子点的紫外—可见吸收光谱

图 5-4 加入 Pb^{2+} 前后量子点的紫外—可见吸收光谱

（Wu et al.，2008）

（4）半导体量子点荧光探针用于其他金属离子的检测

除上述离子外，Co^{2+}、Ni^{2+}、Mn^{2+}、Cd^{2+}、Zn^{2+} 等都可采用量子点探针检测。华东理工大学安学勤教授课题组（Gui et al.，2013）将聚乙烯亚胺加入到巯基乙酸修饰的 CdTe 量子点溶液中，使量子点表面带有氨基基团，再向体系中加入异硫氰酸荧光素（FITC），将 FITC 偶联到 CdTe 量子点表面，制备出可用于 pH 检测的探针，在 pH 值 5.3~8.7 范围内，该探针在 520nm 发射强度/590nm 发射强度与 pH 值变化呈线性关系，可望用于 pH 的检测。在此基础上，向体系中加入 S^{2-} 将体系的荧光猝灭，再加入 Cd^{2+} 后，体系的荧光就会得到恢复，基于此，建立了 Cd^{2+} 检测新方法。Lou 等（2014）对量子点用于金属离子检测进行了详细的总结，对量子点与金属离子的作用机理也进行了深入探讨。

5.1.2 荧光金属纳米团簇在金属离子检测中的应用

在一定条件下，金属纳米团簇的荧光也可以被 Cu^{2+}、Hg^{2+}、Pb^{2+}、Fe^{3+} 等金属离子增强或猝灭，基于这种增强或猝灭作用，可建立金属离子快速检测新方法（晏菲等，2013）。本部分主要介绍基于金簇及银簇的金属离子检测方法。

（1）金簇在金属离子检测中的应用

Huang 等（2007）采用 2-巯基乙醇、6-巯基己醇、11-巯基十一醇、11-巯基十一烷酸等为修饰试剂，合成了不同表面修饰的荧光金纳米团簇，其中 11-巯基十一烷酸修饰的金簇荧光量子产率可达 3.1%。他们还研究了不同金属离子对 11-巯基十一烷酸修饰金簇荧光的影响，发现 Pb^{2+}、Hg^{2+} 和 Cd^{2+} 对 11-巯基十一烷酸修饰金簇的荧光都有猝灭作用，其中，Hg^{2+} 的猝灭作用最大。在此基础上，他们建立了基于 11-巯基十一烷酸修饰金簇的 Hg^{2+} 检测新方法，方法对 Hg^{2+} 的线性范围为 10nmol/L～10μmol/L，对 Hg^{2+} 的检出限为 5nmol/L（1.0μg/kg）。

Durgadas 等（2011）将叶酸偶联到 BSA 修饰的金簇表面，研究了 Cu^{2+}、Hg^{2+} 对金簇的猝灭作用，发现 Cu^{2+} 可结合到牛血清白蛋白表面导致金簇荧光的猝灭，基于这一原理，他们建立了 Cu^{2+} 检测新方法，该方法线性范围为100μmol/L～5mmol/L，检出限为 50μmol/L。在此基础上，他们还成功将 BSA 修饰的金簇用于 HeLa 细胞内 Cu^{2+} 的检测。

Yang 等（2018）研究发现，Hg^{2+} 可猝灭叶酸修饰金簇的荧光，而甲基汞则可增强金簇的荧光，基于 Hg^{2+} 及 CH_3Hg^+ 对叶酸修饰金簇荧光的影响，他们建立了汞的形态分析新方法，该方法对 Hg^{2+} 及 CH_3Hg^+ 分别为 28nmol/L 及 25nmol/L。Kuppan 等（2017）研究发现，当向 3-巯基丙酸修饰的金簇溶液中加入 Zn^{2+} 后，金簇的荧光会出现百万倍的增强，他们认为这是由于 Zn^{2+} 导致金簇产生自助装聚集诱导发光增强所引起的。基于此，他们建立了 Zn^{2+} 快速检测新方法，该方法对 Zn^{2+} 的检出限为 9nmol/L。

（2）银簇在金属离子检测中的应用

Yuan 等（2014）采用超枝状聚乙烯亚胺修饰的银纳米团簇为探针，基于 Cu^{2+} 对该探针的猝灭作用，建立的 Cu^{2+} 检测新方法，该方法线性范围为10nmol/L～7.7μmol/L，检出限为 10nmol/L。Li 等（2014a）以 5′-ACCCGAACCTGGGCTACCACCCTTAATCCC-C-3′、硝酸银、硼氢化钠等为原料，合成了 DNA 修饰的银纳米团簇，该团簇最大荧光发射波长在 615nm。当向该团簇的溶液中加入 Hg^{2+} 或 Cu^{2+} 时，该团簇的荧光会产生猝灭，基于这种猝灭作用，可建立 Hg^{2+} 或 Cu^{2+} 检测新方法，该方法对 Hg^{2+} 及 Cu^{2+} 检测限分别可达 5nmol/L 和 10nmol/L。他们还对 Hg^{2+} 及 Cu^{2+} 对 DNA 修饰银纳米团簇的猝灭机理进行了探讨，发现 Hg^{2+} 对 DNA 修饰银纳米团簇的猝灭主要是由于 Hg^{2+} 诱导团簇团聚所引起的；而 Cu^{2+} 对 DNA 修饰银纳米团簇的猝灭主要是由于铜与银之间金属—金属相互作用所引起的。

Lin 等（2014）采用发夹型 DNA 为模板合成了最大荧光激发波长 587nm，最大荧光发射波长 656nm 的银纳米团簇荧光探针。当溶液中有 Pb^{2+} 存在时，该荧光探针的荧光会产生猝灭。加入 Pb^{2+} 后，银纳米团簇的富 G 结构在 Pb^{2+} 诱导下形成 G-四链体结构，导致团簇的荧光被猝灭。该探针对 Pb^{2+} 的检出限可达 10nmol/L。

5.1.3　碳点在金属离子检测中的应用

当在碳点表面偶联不同的修饰基团后，会对不同金属离子产生特异的识别作用，基于此，可建立金属离子快速特异性检测新方法。Xu 等（2014）以苹果汁为原料，采用水热合成法合成了蓝色发光的碳点，基于 Hg^{2+} 对该碳点的猝灭作用，建立了 Hg^{2+} 快速检测新方法。该方法的线性范围为 5.0～100.0nmol/L，1.0～50μmol/L，检出限为 2.3nmol/L。

中山大学尹常青教授课题组采用喹啉功能化的碳点为探针，建立了 Zn^{2+} 快速检测新方法，并将所建立的方法用于细胞中 Zn^{2+} 的测定（Zhang et al.，2014）。当向体系中加入 Zn^{2+} 后，探针会在 510nm 产生绿色的荧光发射峰，该方法的线性范围为 0.1～2.0μmol/L，检出限为 6.4nmol/L。该探针响应速度快，在 1min 内就可达到稳定，可用于细胞内 Zn^{2+} 浓度的实时动态检测。

Hu 等（2014）将罗丹明 B 加入到碳点溶液中，发现碳点与罗丹明 B 之间存在荧光共振能量转移，在 pH 值 6.2 的缓冲溶液中，常见的金属离子中，只有 Fe^{3+} 抑制碳点与罗丹明 B 之间的荧光共振能量转移，据此建立了 Fe^{3+} 快速检测新方法，该方法对 Fe^{3+} 的检出限可达 30nmol/L。

5.1.4 石墨烯及类石墨烯量子点在金属离子检测中的应用

Ju 等（2014）采用 N-掺杂石墨烯量子点为探针，建立了 Fe^{3+} 快速检测新方法。他们发现将石墨烯量子点与水合肼混合后进行水热处理，可提高石墨烯量子点的荧光量子产率到 23.3%。在此基础上，向高量子产率的石墨烯量子点中加入 Fe^{3+} 后，石墨烯量子点的荧光就会被猝灭，据此建立了 Fe^{3+} 快速检测新方法，方法的线性范围为 1～1 945 μmol/L，检出限为 90nmol/L。

Li 等（2014b）以硫掺杂石墨烯量子点为探针，建立了 Fe^{3+} 快速检测新方法。该方法的线性范围在 0～0.7μmol/L，检出限可达 4.2nmol/L，研究发现，当石墨烯量子点掺杂了硫以后，常见的金属离子如 Cu^{2+}、Hg^{2+}、Ag^{+}、Pb^{2+} 对 Fe^{3+} 的测定都没有干扰，说明该方法具有很好的选择性。他们还将该方法用于血清中 Fe^{3+} 的测定，获得了满意的结果。

Liu 等（2014）研究发现大多数金属离子都可以猝灭纯的石墨烯量子点的荧光，当石墨烯量子点的荧光猝灭后，如果向体系中加入半胱氨酸，只有被 Cu^{2+} 猝灭的石墨烯荧光恢复最大，据此建立了 Cu^{2+} 检测新方法，该方法的线性范围为 0～100μmol/L。

Sheng 等（2020）研究发现，由于内滤效应的存在，Cr（Ⅵ）离子可有效猝灭石墨烯量子点的荧光信号，基于此，建立了 Cr（Ⅵ）离子检测新方法，该方法对 Cr（Ⅵ）离子检出限可达 91nmol/L。

一些类石墨烯量子点如氮化硼量子点、二硫化钼量子点及黑磷量子点均可用于金属离子的检测。基于 Fe^{3+} 对氮化硼量子点的荧光猝灭作用，Huo 等（2017）建立了 Fe^{3+} 的快速检测新方法，该方法对 Fe^{3+} 的检出限为 0.3μmol/L。Guo 等（2020）基于 Hg^{2+} 对 3-氨基苯硼酸修饰的二硫化钼量子点的荧光猝灭作用，建立了 Hg^{2+} 快速检测新方法，该方法线性范围为 0.005～41μmol/L，检出限为 1.8nmol/L。武汉理工大学余海湖教授课题组基于 Fe^{3+} 对二硫化钼量子点的荧光猝灭作用，建立了 Fe^{3+} 的检测新方法，该方法对 Fe^{3+} 的检出限为 1μmol/L（Ma et al.，2019）。Gu 等（2017）研究发现，四苯基卟啉四磺酸与通过内滤作用猝灭黑磷量子点的荧光，当 Mn^{2+} 及 Hg^{2+} 同时存在时，Hg^{2+} 可以催化 Mn^{2+} 与四苯基卟啉四磺酸之间的配位反应，降低四苯基卟啉四磺酸的内滤作用，从而恢复黑磷量子点的荧光。基于这一原理，他们建立了 Hg^{2+} 快速检测新方法，该方法对 Hg^{2+} 的检出限为 0.39nmol/L。

5.1.5　稀土掺杂上转换纳米荧光探针在金属离子检测中的应用

复旦大学李富友教授课题组发展了一种基于上转换荧光材料的高选择性 Hg^{2+} 检测探针，他们将钌的配合物 N719 组装到绿色上转换荧光纳米粒子表面，在上转换荧光纳米与 N719 之间就产生荧光共振能量转移（Liu Q et al.，2011）。当体系中有 Hg^{2+} 存在时，Hg^{2+} 就会与 N719 产生特异性结合，导致 N719 的吸收光谱发生变化，此时上转换荧光纳米材料在 541nm 波长的荧光得到恢复。该方法对 Hg^{2+} 的检出限可达 1.95μg/kg（ppb）。

上转换纳米荧光探针也可直接采取紫外光激发的方式产生荧光。北京化工大学汪乐余教授课题组基于 Fe^{3+} 对天冬氨酸包覆的 LaF_3：Ce^{3+}/Tb^{3+} 纳米粒子荧光的猝灭作用，建立了 Fe^{3+} 快速检测新方法（Li et al.，2013）。该探针在 254nm 紫外光激发下，会产生最大发射波长 545nm 的绿光，当体系中有 Fe^{3+} 存在时，LaF_3：Ce^{3+}/Tb^{3+} 纳米粒子的荧光会被猝灭。该方法对 Fe^{3+} 的线性范围为 $5.0\times10^{-7}\sim1.0\times10^{-4}$mol/L。

5.1.6　多功能纳米荧光探针在金属离子检测中的应用

Song 等（2009）将 CdTe 量子点 ZnO 纳米棒共同包埋在 SiO_2 中，制备出双发射纳米材料。在紫外光的激发下，该复合材料可同时发射出 ZnO 纳米棒及 CdTe 量子点的荧光。当溶液中有 Hg^{2+}（$\leq10^{-7}$ mol/L）、Pb^{2+}（$\leq10^{-5}$mol/L）及 Cu^{2+}（$\leq10^{-7}$mol/L）存在时，CdTe 量子点的荧光会产生增强，而 ZnO 纳米棒的荧光基本保持不变，该材料可望用于基于比率荧光的金属离子检测。

南开大学李文友教授课题组采用 CdTe 量子点/二氧化硅/金簇复合微球为探针，建立了 Cu^{2+} 检测新方法（Wang et al.，2014）。当采用 388nm 的光激发微球时，在 545nm 波长会产生 CdTe 量子点的荧光，在 655nm 波长处会产生金簇的荧光。如果向体系中加入一定浓度的 Cu^{2+}，金纳米团簇的荧光就会被猝灭，而 CdTe 量子点的荧光则基本保持不变，该方法用于 Cu^{2+} 检测时，检出限可达 4.1×10^{-7} mol/L。

染料包埋探针也可用于金属离子的检测。Liu 等（2011）将硝基苯并恶唑衍生物（NBD）偶联在二氧化硅微球表面作为供体，将内酰胺罗丹明衍生物进一步偶联在表面作为 Hg^{2+} 探针。当溶液中没有 Hg^{2+} 存在时，由于内酰胺罗丹明不发光，NBD 与内酰胺罗丹明之间没有荧光共振能量转移，当采用 460nm 波长的光激发时，在 528nm 处会出现 NBD 的荧光峰。当向体系中加入 Hg^{2+} 后，在 590nm 会出现一个新的荧光峰，这是由于 NBD 与内酰胺罗丹明之间荧光共振能量转移所引起的，该体系对 Hg^{2+} 离子的检出限可达 500nmol/L。

Cui 等（2015）以柠檬酸及乙二胺为原料，采用水热合成法合成了荧光量子产率

75%的碳点，他们采用偶联剂将寡聚核苷酸片段 5′-NH_2-（CH_2）$_6$-TTCTTTCTTCGCGT-TGTTTGTT-3′修饰到碳点表面，再向体系中加入氧化石墨烯，碳点的荧光就会被猝灭。当进一步向体系中加入 Hg^{2+}后，由于 Hg^{2+}与寡聚核苷酸片段特异的相互作用，使碳点远离石墨烯，而使体系的荧光得到恢复，据此建立了 Hg^{2+}快速检测新方法。该方法线性范围为 5~200nmol/L，检出限为 2.6nmol/L（0.52μg/kg）。

作者课题组将罗丹明异硫氰酸酯与表面氨基化碳点偶联，构建了双发射的纳米荧光探针（图 5-5），当向探针溶液中加入 Fe^{3+}后，碳点的光散射信号会出现明显的增强，而罗丹明的荧光强度保持不变（Liu et al.，2016）。基于此，建立了 Fe^{3+}比率荧光探针检测新方法，该方法线性范围为 0.01~1.2μmol/L，检出限为 6nmol/L。当在磷酸盐缓冲溶液中加入 Fe^{3+}后，会形成 $FePO_4$颗粒，然后 $FePO_4$会沉积在碳点表面，使碳点的表面缺陷被填补，从而导致碳点的荧光强度增加，同时随着碳点的粒径增大，碳点的散射光强度逐渐增加。该方法用于自来水及湖水中 Fe^{3+}的检测，得到了较好的实验结果。

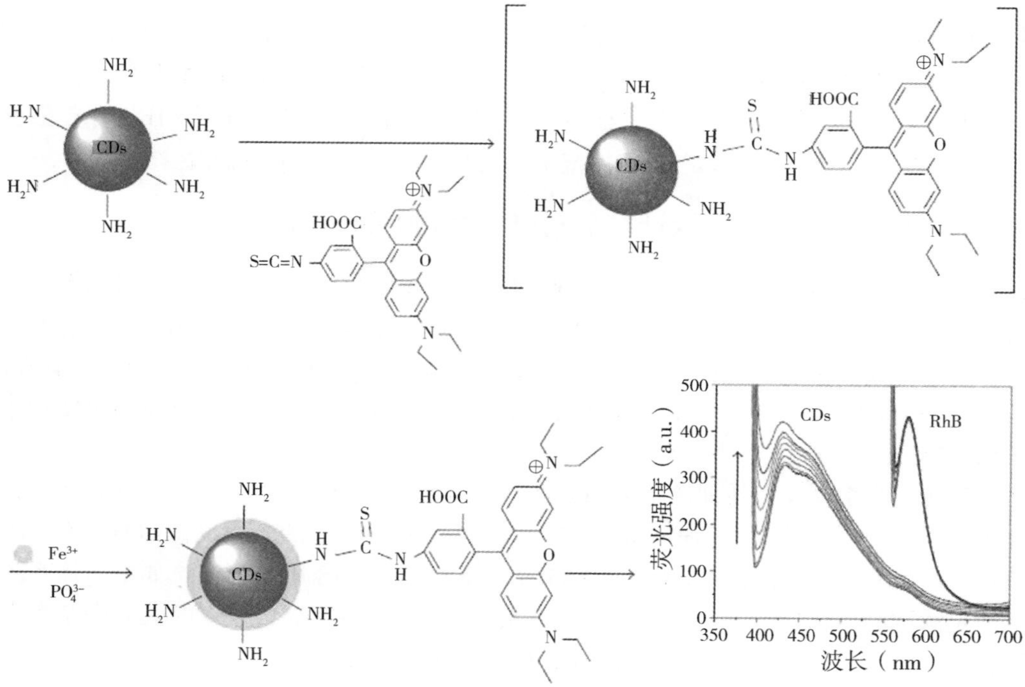

图 5-5　基于碳点及罗丹明 B 的双信号比率型探针检测 Fe^{3+}的示意（Liu et al.，2016）

金属有机框架材料与量子点、碳点复合，也可用于金属离子的检测。Fu 等（2018）将 Mn^{2+}掺杂 ZnS 量子点与硝酸锌及 2-甲基咪唑混合，成功合成了量子点/ZIF8 复合纳米材料。基于 Co^{2+}对复合纳米材料的荧光猝灭作用，建立了 Co^{2+}快速检测新方法，对 Co^{2+}的检出限达 0.27μmol/L。Fan 等（2020）以葡聚糖为原料，采用水热法合成了蓝色发光的碳点，进一步向体系中加入硝酸锌及 2-氨基对苯二甲酸，在 110℃反应 24h，便获得了碳点/MOF 复合材料。当向体系中加入 Cu^{2+}及 Fe^{3+}后，MOF 中碳点的荧光会产生猝灭作用，基于这一原理，他们建立了 Cu^{2+} 及 Fe^{3+} 的检测新方法，对 Cu^{2+} 及 Fe^{3+} 的检出限分别为 1.3μg/L 及 2.3μg/L。

Wu 等（2014）利用两种不同上转换荧光材料作为供体，金纳米粒子作为受体，构建了可同时检测 Pb^{2+} 和 Hg^{2+} 的荧光共振能量转移体系。一种是 $NaYF_4$：Yb、Ho 上转换荧光纳米粒子，其上转换荧光发射波长为 542nm，另一种是 Mn^{2+} 掺杂 $NaYF_4$：Yb、Er 上转换荧光纳米粒子，其上转换荧光发射波长在 660nm。采用核酸适配体将两种上转换荧光纳米粒子与金纳米粒子偶联，使上转换荧光纳米粒子与金纳米粒子之间发生荧光共振能量转移。当体系中有 Pb^{2+} 或 Hg^{2+} 存在时，Pb^{2+} 或 Hg^{2+} 就会与相应的核酸适配体结合，增大上转换荧光纳米粒子与金纳米粒子之间的距离，从而使上转换荧光纳米粒子的荧光信号恢复。基于这一原理，他们建立了 Pb^{2+} 及 Hg^{2+} 同时检测新方法。该方法对 Pb^{2+} 及 Hg^{2+} 线性范围分别为 0.1～100nmol/L 和 0.5～500nmol/L；检出限分别为 50pmol/L和 150pmol/L。

5.2　纳米荧光探针在阴离子检测中的应用

发展高灵敏高选择性阴离子传感器非常重要，很多有机荧光染料或纳米荧光探针与金属离子作用后，其荧光会被猝灭，再向体系中加入阴离子后，纳米荧光探针的荧光可得到恢复，基于这一原理，可建立阴离子快速、高灵敏、特异性检测方法（Lou et al.，2012）。本部分主要介绍纳米荧光探针在阴离子检测中的应用。

5.2.1　半导体量子点在阴离子检测中的应用

Jin 等（2005）采用 2-巯基乙烷磺酸盐（2-mercaptoethane sulfonate）为表面修饰试剂，将 CdSe 量子点由有机溶剂中转移到水溶液中，再向体系中加入 CN^-，结果发现，CN^- 对 CdSe 量子点的荧光具有强烈的猝灭作用，据此建立了 CN^- 的快速检测新方法，该方法的检出限可达 1.1×10^{-6}mol/L（29μg/L），这是量子点探针首次用于阴离子的检测。华中师范大学李海兵教授课题组采用含有硫脲基团的4-取代吡啶类试剂修饰在 CdSe 量子点表面，研究发现，I^- 对这种量子点具有特异性的猝灭作用，而常见的一些阴离子如 Cl^-、Br^-、SCN^-、$HCOO^-$ 等则对量子点的荧光影响较小，基于此，他们建立了 I^- 离子检测新方法，该方法的线性范围为 0～50μmol/L，检出限为 1.5×10^{-9} mol/L（0.19μg/L）（Li et al.，2008）。Gore 等（2013）基于水溶液中 S^{2-} 对 CdS 量子点的猝灭作用，建立了 S^{2-} 检测新方法。该方法对 S^{2-} 的检出限为 0.21μg/mL，低于世界卫生组织所允许的饮用水中 S^{2-} 的最高含量 0.5μg/mL（15μmol/L）。Sui 等（2013）研究发现，在 pH 值 3.5 时，L-半胱氨酸修饰的 CdSe/ZnS 量子点的荧光可被 IO_4^- 猝灭，基于这一现象，建立了 IO_4^- 快速检测新方法，该方法线性范围为 5.0×10^{-8}～2.7×10^{-6}mol/L，检出限为 3.6×10^{-9}mol/L。

5.2.2　荧光金属纳米团簇在阴离子检测中的应用

Cui 等（2013）研究发现，在 60℃ 条件下，向牛血清白蛋白修饰的金簇中加入

S^{2-}后，金簇的荧光就会被猝灭，据此建立了 S^{2-}检测新方法，方法的线性范围为 0.1～30μmol/L，检出限为 0.096μmol/L。他们还对 S^{2-}猝灭牛血清白蛋白修饰金簇的机理进行了探讨，认为体系中形成了 Au_2S 而导致荧光猝灭。

中国科学院长春应用化学研究所逯乐慧研究员课题组基于 CN^-对金簇荧光的猝灭作用，建立了 CN^-快速检测新方法（Liu et al.，2010）。该方法的线性范围为 2.0×10^{-7}～9.5×10^{-6}mol/L，检出限为 2.0×10^{-7}mol/L，这一浓度比世界卫生组织所允许的饮用水中 CN^-的最大允许浓度（2.7×10^{-6}mol/L）低 14 倍。当 CN^-加入金簇溶液中后，会发生下列反应（5-1）：

$$4Au + 8CN^- + 2H_2O + O_2 = 4Au(CN)_2^- + 4OH^- \qquad (5-1)$$

这一反应导致金簇被 CN^-刻蚀，从而使金簇荧光发生猝灭。

Xia 等（2011）以蛋清、硝酸银等为原料，在 pH 值 9.0 的条件下合成了最大发射波长 527nm 的银纳米团簇，当把 CN^-加入到银纳米团簇中后，银簇的荧光会产生明显的猝灭作用，基于此，建立了 CN^-的快速检测新方法，该方法的线性范围为 5.0～80μmol/L，检出限为 1.2μmol/L。银簇与 CN^-的反应与金簇类似，具体如下（5-2）：

$$4Ag + 8CN^- + 2H_2O + O_2 = 4Ag(CN)_2^- + 4OH^- \qquad (5-2)$$

5.2.3 碳点在阴离子检测中的应用

福州大学池毓务教授课题组以聚乙二胺修饰的碳点为探针，建立了 CN^-的快速检测新方法（Dong et al.，2014）。当向聚乙二胺修饰的碳点溶液中加入 Cu^{2+}后，Cu^{2+}可将聚乙二胺修饰的碳点的荧光猝灭，如果向体系中进一步加入 CN^-，CN^-与 Cu^{2+}产生配位作用，导致 Cu^{2+}脱离碳点表面，从而使碳点的荧光重新恢复。该方法线性范围为 2～200μmol/L，检出限为 6.5×10^{-7}mol/L。该方法具有很好的选择性，常见的阴离子如 SCN^-、NO_3^-、PO_4^{3-}、CO_3^{2-}、等都不干扰测定，$C_2O_4^{2-}$ 和 Cu^{2+}对碳点的荧光产生微弱的猝灭，有一定的干扰。Hou 等（2013）将与 Cu^{2+}配位的试剂修饰到碳点表面，当向该体系中加入 Cu^{2+}时，碳点的荧光被猝灭，在此基础上，向体系中加入 S^{2-}，碳点的荧光得到恢复，基于这一原理，建立了 S^{2-}快速检测新方法，检出限达 0.78μmol/L。Baruah 等（2015）研究发现，当把环糊精（β-Cyclodextrin）和杯芳烃（calix［4］arene-25，26，27，28-tetrol）修饰到碳点表面后，碳点的荧光被猝灭，向体系中加入氟离子后，碳点的荧光会增强，基于这一原理建立了氟离子快速检测新方法，该方法对氟离子的检出限可达 6.6μmol/L，氯离子、溴离子和碘离子则使碳点的荧光强度降低，表明该探针对氟离子具有较好的选择性。

活性氧检测对于疾病诊断及化疗药物筛选都具有重要的意义。Bhattacharya 等（2017）研究发现，将两亲性碳点包裹在基于抗坏血酸的水凝胶中，成功制备出活性氧传感器。当体系中存在活性氧时，由于活性氧可氧化抗环血酸，导致水凝胶分解，从而是碳点荧光猝灭。该传感器对活性氧的检出限小于 10nmol/L。

5.2.4 石墨烯及类石墨烯量子点在阴离子检测中的应用

氯气、次氯酸和次氯酸根具有很强的氧化能力，经常用作水的消毒剂。一般把自来水中氯气、次氯酸和次氯酸根的总浓度称为游离余氯。福州大学化学华中学院池毓务教授课题组研究发现，游离余氯可有效猝灭石墨烯量子点的荧光，据此建立了游离余氯的快速检测新方法（Dong et al.，2012）。该方法快速、简便，在加入试样 1min 内，体系的荧光即可达到稳定，该方法的线性范围为 0.05～10μmol/L，检出限为 0.05μmol/L。

Wang 等（2018）基于次氯酸根对二硫化钼量子点的荧光猝灭作用，建立了次氯酸根快速检测新方法，该方法线性范围为 5～500μmol/L，对次氯酸根的检出限为 0.5μmol/L。

5.2.5　稀土掺杂上转换纳米荧光探针在阴离子检测中的应用

Han 等（2014）发现聚丙烯酸修饰的 $NaYF_4$：Yb^{3+}，Er^{3+} 上转换荧光纳米粒子 539nm 波长的荧光可被中性红猝灭，而 654nm 波长的荧光则不被猝灭。当体系中有亚硝酸根粒子存在时，亚硝酸根可与中性红反应，改变中性红的吸收光谱，从而使上转换荧光材料 539nm 波长处的荧光得到恢复，基于这一原理，他们建立了亚硝酸根快速检测新方法，该方法对亚硝酸根的检出限可达 4.67μmol/L。

5.2.6　多功能纳米荧光探针在阴离子检测中的应用

上海同济大学田阳教授课题组将羟苯基荧光素（2-［6-（4′-hydroxy）phenoxy-3H-xanthen-3-on-9-yl］benzoic acid）偶联到牛血清白蛋白修饰的金簇表面，构建出比率型·OH 检测探针（Zhuang et al.，2014）。当体系中没有·OH 存在时，在 488nm 波长光的激发下，体系只发射出最大发射 637nm 的金簇的荧光；体系中有·OH 存在时，·OH 就会与羟苯基荧光素发生反应，在 515nm 波长产生一个新的荧光峰，依据 515nm 波长荧光强度与 637nm 波长荧光强度的比值，就可以测定体系中·OH 的浓度。该方法对·OH 的测定具有良好的选择性，很多其他的活性氧自由基如超氧阴离子自由基、次氯酸跟等都不干扰·OH 的测定。

上海同济大学田阳教授课题组还将二氢乙锭（hydroethidine）修饰到碳点表面，构建可特异性检测超氧阴离子自由基（$\cdot O_2^-$）的比率型荧光探针（Gao et al.，2014）。当体系中没有超氧阴离子自由基存在时，在 488nm 光的激发下，体系只发出 525nm 碳点的荧光；当体系中有超氧阴离子存在时，体系可发出 525nm 及 610nm 两个波长的荧光。该方法的线性范围为 5×10^{-7}～1.4×10^{-4}mol/L，检出限为 100nmol/L。该方法已成功用于 HeLa 细胞中超氧阴离子的检测。在细胞成像分析时，将探针与细胞孵育 30min 后，探针就可以穿过细胞膜进入细胞，此时细胞中红色与绿色荧光强度比为 0.78±0.07，表明超氧阴离子自由基浓度处于较低水平；当向体系中加入活性氧刺激剂（LPS，lipopolysaccharides）40min 后，细胞中红色与绿色荧光强度比为上升到 1.24±0.10，60min 后上升到 1.53±0.13。他们还先在体系中加入谷胱甘肽，再加入活性氧刺激剂，发现细胞中红色与绿色荧光强度比为 0.74±0.08，进一步证明了细胞荧光提高是由探针与超氧自由基反应所引起的。

5.3 纳米荧光探针在有机小分子及药物分子检测中的应用

与无机离子类似，当向含纳米荧光探针的体系中加入特定类型的有机小分子及药物分子后，纳米荧光探针的表面状态往往会发生改变，其荧光会出现增强、猝灭、红移、紫移等现象，基于这一原理，可建立有机小分子及药物分子检测新方法。本节将举例介绍常见的一些纳米荧光探针在有机小分子及药物分子检测中的应用。

5.3.1 半导体量子点在有机小分子及药物分子检测中的应用

螺内酯是一种利尿剂，对治疗重度心力衰竭具有显著的疗效；由于螺内酯可用来快速减轻体重、稀释尿液以及改变尿液 pH 值，已被国际奥林匹克运动委员会列为兴奋剂而禁止运动员在赛前使用（Sanz-Nebot et al.，2001）。作者在博士期间曾采用正己烷分散的 CdSe 量子点为探针，建立了螺内酯快速检测新方法（Liang et al.，2006）。研究发现，当向正己烷分散 CdSe 量子点中加入螺内酯后，CdSe 量子点的荧光会被猝灭（图 5-6），螺内酯的浓度在 2.5～700μg/mL（$6.0\times10^{-6}\sim1.68\times10^{-3}$mol/L）时，量子点荧光强度的变化（$F_0/F$）与螺内酯的浓度之间符合 Stern-Volmer 方程（公式 5-3）。

$$F_0/F=1+K_{sv}[C] \tag{5-3}$$

式中，F_0 及 F 分别为加螺内酯前后量子点在 587nm 波长处的荧光强度；[C] 为螺内酯的浓度；经计算 $K_{sv}=6.0\times10^3\ M^{-1}$。该方法测定螺内酯的检出限为 0.2μg/mL（0.48μmol/L）。

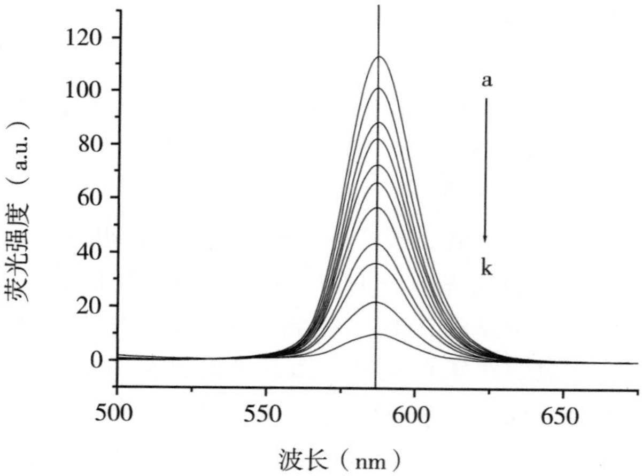

（a）0μg/mL、（b）2.5μg/mL、（c）7.5μg/mL、（d）12.5μg/mL、（e）20μg/mL、（f）30μg/mL、（g）50μg/mL、（h）100μg/mL、（i）150μg/mL、（j）300μg/mL 及（k）700μg/mL；$\lambda_{ex}=388$nm；CdSe 量子点的浓度为 1.5×10^{-7}mol/L

图 5-6 加入不同浓度螺内酯后，正己烷分散 CdSe 量子点的荧光光谱

（Liang et al.，2006）

槲皮素是一种多羟基黄酮类化合物，广泛存在于很多植物的花、叶、果实中，具有抗菌、抗病毒、免疫调节及心血管保护作用等作用（孙涓等，2011）。Wu 等（2014）发现槲皮素可有效猝灭 ZnS 量子点的荧光，据此建立了槲皮素快速测定新方法，该方法对槲皮素的检出限为 5.71×10^{-7}mol/L。

三硝基甲苯是一种无色或淡黄色的晶体，是常用炸药的主要成分之一。Carrillo-Carrion 等（2013）采用肌酐修饰的 CdSe/ZnS 量子点为探针，建立了三硝基甲苯（TNT）的快速检测新方法。当体系中没有三硝基甲苯存在时，在 370nm 波长光的激发下，CdSe/ZnS 量子点的荧光最大发射波长在 583nm，当体系中有三硝基甲苯存在时，三硝基甲苯会与肌酐结合，导致 CdSe/ZnS 量子点的荧光被猝灭。该方法对三硝基甲苯的线性范围为 10~300μg/L，检出限为 3.37μg/L。

Taranova 等（2015）将最大发射波长在 525nm、585nm 及 625nm 3 种颜色的量子点分别偶联氧氟沙星、氯霉素及链霉素抗体，结合免疫层析试纸条技术，建立了氧氟沙星、氯霉素及链霉素同时快速检测新技术，该方法对氧氟沙星、氯霉素及链霉素检出限分别为 0.3ng/mL、0.12ng/mL、0.2ng/mL。该方法成功用于牛奶中抗生素的快速检测，在 10min 内就可获得检测结果。

马拉硫磷是一种有机磷杀虫剂，已被世界卫生组织国际癌症研究机构列到 2A 类致癌物清单中。Bala 等（2018）采用 CdSe/CdS 核壳量子点、聚［N-（3-胍丙基）甲基丙烯酰胺］均聚物（PGPMA）及马拉硫磷核酸适体，构建了农药马拉硫磷高灵敏检测探针。在核酸适体存在下，量子点的荧光可被 PGPMA 猝灭，当体系中存在马拉硫磷时，马拉硫磷可与核酸适体特异性结合，导致量子点的荧光得到恢复。该探针对马拉硫磷的检出限可达 4 pmol/L。作者课题组研究发现二氧化硅修饰 CdSe/ZnS 量子点的荧光信号可被二氧化锰纳米片猝灭，当体系中存在谷胱甘肽时，谷胱甘肽可将二氧化锰纳米片还原为 Mn^{2+}，从而使得 CdSe/ZnS 量子点的荧光信号得到恢复，基于这一原理，建立了谷胱甘肽检测新方法（芈越瑶，2018）。该方法检测原理如图 5-7 所示，其对谷胱甘肽检测检出限为 0.61μmol/L。

5.3.2　荧光金属纳米团簇在有机小分子及药物分子检测中的应用

当牛血清白蛋白修饰金簇的荧光被金属阳离子猝灭后，如果向体系中加入特定的有机小分子或药物分子，体系的荧光就会得到恢复，据此可建立有机小分子及药物分子检测新方法。Wang 等（2015）研究发现，当牛血清白蛋白修饰的金簇荧光被 Cu^{2+} 猝灭后，如果向体系中加入 D-青霉胺，金簇的荧光就会得到恢复。基于这一原理，他们建立了 D-青霉胺快速检测新方法，该方法线性范围为 2.0×10^{-5} ~ 2.39×10^{-4}mol/L，检出限为 5.4×10^{-6}mol/L，他们还将所建立的方法用于血液样品中 D-青霉胺的检测，回收率在 100.8% ~ 107.5%，3 次测定的相对标准偏差在 1.5% ~ 4.6%。Aswathy 等（2014）发现当牛血清白蛋白修饰金簇的荧光被 Cu^{2+} 猝灭后，向体系中加入多巴胺可使体系的荧光得到恢复，据此建立了多巴胺检测新方法。该方法对多巴胺的线性范围为 0~3.5μmol/L，检出限为 0.1μmol/L。Chen 等（2013）利用 6-巯基嘌呤对牛血清白蛋白修饰金簇-Cu^{2+} 体系荧光的恢复作用，建立了 6-巯基嘌呤检测新方法，该方法线性范

CDs：碳点；RhB罗丹明B

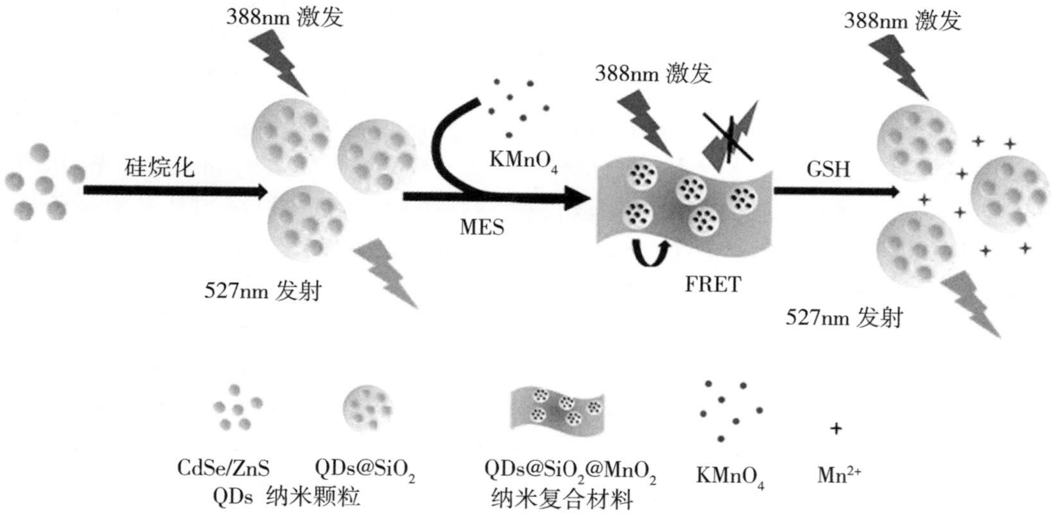

图 5-7 CdSe/ZnS 量子点@SiO_2@MnO_2复合纳米材料检测谷胱甘肽原理示意（芈越瑶，2018）

MES：2-（N-吗啉）乙磺酸；FRET：荧光共振能量转移；GSH：谷胱甘肽；QDs：量子点。

围 $1.0\times10^{-7}\sim1.2\times10^{-4}$mol/L，检出限为 1.98×10^{-8}mol/L。

2-巯基乙烷磺酸是硫酸肝素的类似物，可修饰到纳米粒子表面抑制多种病毒增殖。作者课题组基于2-巯基乙烷磺酸钠对组氨酸修饰荧光金纳米团簇的荧光增强作用，建立了2-巯基乙烷磺酸钠的检测新方法（Su et al.，2019），图5-8是2-巯基乙烷磺酸钠（MES）通过表面配体交换诱导金簇荧光增强示意图。

作者课题组基于谷胱甘肽对聚乙烯吡咯烷酮（PVP）修饰铜簇的荧光增强作用，建立了谷胱甘肽快速检测新方法。该方法检测如图5-9所示，其对谷胱甘肽的检测限可达1.2μmol/L（芈越瑶，2018）。Zhao 等（2020）基于2，4，6-三硝基甲苯对金簇—有机框架化合物复合材料的荧光猝灭作用，建立了2，4，6-三硝基甲苯快速检测新方法，对2，4，6-三硝基甲苯的检出限可达5nmol/L。

基于金簇的聚集诱导荧光增强效应特点，也可建立有机小分子及药物分子的快速检测新方法。Xue 等（2020）研究发现，1-羟基芘可诱导鱼精蛋白修饰金簇产生聚集诱导发光效应，基于这一原理，他们建立了1-羟基芘快速检测新方法，该方法检出限为0.277nmol/L。Sha 等（2019）基于5-羟色胺可导致转铁蛋白修饰金簇产生聚集诱导荧光增强效应，基于这一原理，他们建立了5-羟色胺快速检测新方法，该方法线性范围为0.2~50μmol/L，检出限为0.049μmol/L。

5.3.3 碳点在有机小分子及药物分子检测中的应用

单宁酸又称鞣酸，是一种天然的多酚化合物，具有很强的生物和药理活性，在医药、食品等方面具有广泛的应用（马志红等，2003）。Ahmed 等（2015a）发现单宁酸

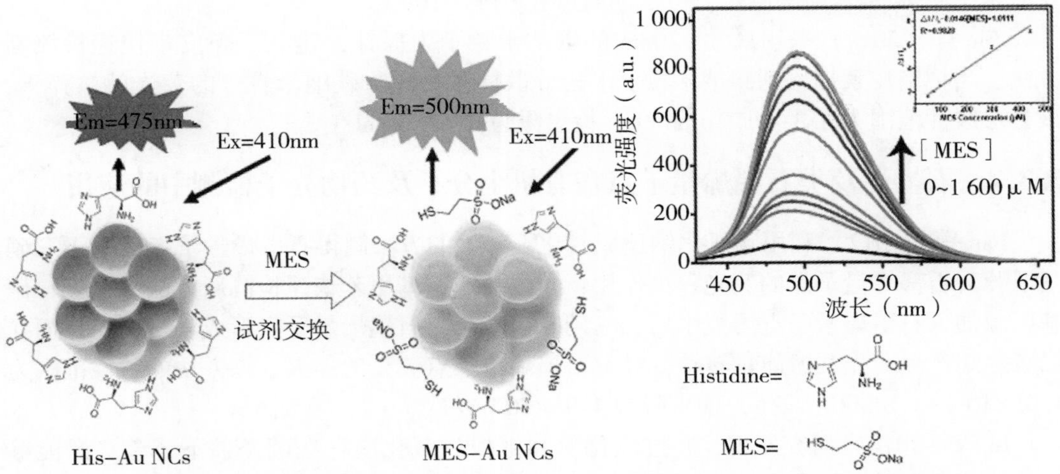

图 5-8　组氨酸修饰金簇检测 2-巯基乙烷磺酸钠原理示意（Su et al.，2019）

Em：激发波长；Ex：发射波长；His-Au NCs：组氨酸修饰的金簇；MES：巯基乙烷磺酸；MES-Au NCs：巯基乙烷磺酸修饰的金簇。

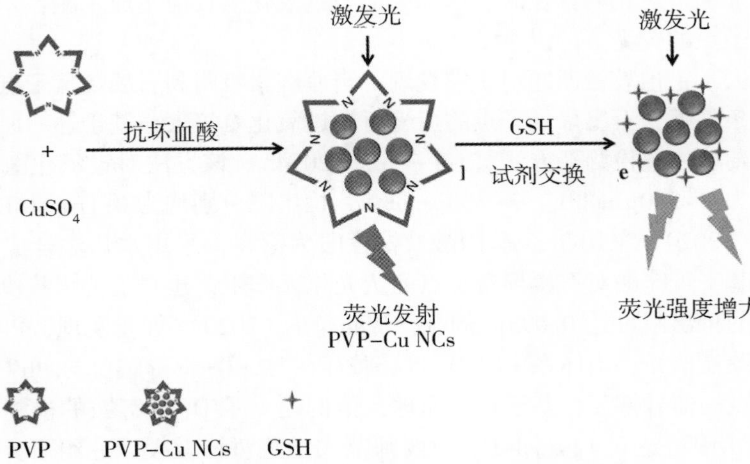

图 5-9　基于配体交换原理的聚乙烯吡咯烷酮（PVP）修饰的铜簇探针用于 GSH 检测的示意（芈越瑶，2018）

GSH：谷胱甘肽；PVP-Cu NCs：聚乙烯吡咯烷酮修饰的铜簇；PVP：聚乙烯吡咯烷酮。

在碱性条件下可有效猝灭碳点的荧光，基于这一原理建立了丹宁酸的快速检测新方法，该方法线性范围为 0.1~10 mg/L，检出限为 0.018 mg/L。该方法成功用于红酒及白酒中丹宁酸的检测，标准样品加入回收率在 90%~112.5%。同一课题组基于 4-硝基苯酚对碳点荧光的猝灭作用，建立了4-硝基苯酚快速检测新方法，方法线性范围 0.1~50μmol/L，检出限为 28nmol/L（Ahmed et al.，2015b）。他们将所建立的方法用于河水及海水中 4-硝基苯酚的测定，方法回收率在 91%～109%。

Zuo 等（2014）采用尺寸 120nm 的碳纳米粒子为探针，建立了槲皮素快速检测新方法。当把槲皮素加入到碳纳米粒子水相分散体系中后，碳纳米粒子的荧光就被猝灭，该方法线性范围为 3.3～41.2μmol/L，检出限为 0.175μmol/L。

5.3.4 石墨烯及类石墨烯量子点在有机小分子及药物分子检测中的应用

Fan 等（2012）利用硼氢化钠还原氧化石墨烯的方法制得石墨烯量子点，基于三硝基甲苯对石墨烯量子点的荧光猝灭作用，建立的三硝基甲苯快速检测新方法。当把三硝基甲苯加入石墨烯量子点溶液中后，三硝基甲苯会与石墨烯量子点形成复合物，从而在二者之间产生荧光共振能量转移，导致石墨烯量子点荧光的猝灭。该方法的线性范围为 4.95×10^{-4}～1.82×10^{-1} g/L，检出限为 4.95×10^{-4} g/L。

Li 等（2014）研究发现，在过氧化氢和辣根过氧化酶存在的条件下，苯二酚能够有效地猝灭石墨烯量子点的荧光，而单独的过氧化氢或苯二酚对石墨烯量子点的荧光几乎没有猝灭作用。基于这一原理，他们建立了邻苯二酚、间苯二酚及对苯二酚的检测新方法。该方法检测邻苯二酚、间苯二酚及对苯二酚的线性范围分别为 0.5～250nmol/L、1～120nmol/L、0.5～90nmol/L，检出限分别为 0.2nmol/L、0.8nmol/L 及 0.3nmol/L。当过氧化氢和辣根过氧化酶存在时，苯二酚能与过氧化氢反应生成苯醌，苯醌可以有效猝灭石墨烯量子点的荧光。

安徽师范大学王伦教授课题组研究发现，当血红素吸附到石墨烯量子点表面后，在过氧化氢存在条件下，石墨烯量子点的荧光可被过氧化氢猝灭，基于这一原理，建立了过氧化氢及葡萄糖快速检测新方法（He et al.，2014）。该方法对过氧化氢及葡萄糖的线性范围分别为 1～300μmol/L、9～300μmol/L，检出限分别均为 0.1μmol/L。

Kadian 等（2020）采用 3-巯基丙酸及柠檬酸为原料，采用水热法合成了硫掺杂石墨烯量子点，基于苦味酸对石墨烯量子点的荧光猝灭作用，建立了苦味酸快速检测新方法，对苦味酸的检出限可达 0.093μmol/L。Wang 等（2020）研究发现，Pb^{2+} 可猝灭石墨烯量子点的荧光信号，当体系中有 D-青霉胺存在时，D-青霉胺可与 Pb^{2+} 结合，从而使石墨烯量子点的信号恢复，基于这一原理，他们建立了 D-青霉胺的检测新方法，对 D-青霉胺的检出限可达 0.47μmol/L。山西师范大学范哲锋教授课题组研究发现，Hg^{2+} 可有效猝灭石墨烯量子点的荧光，当向体系中加入硫脲后，由于硫脲与 Hg^{2+} 之间的配位作用，石墨烯量子点的荧光得到恢复，基于这一原理，他们建立了硫脲的快速检测新方法（Fan et al.，2019），该方法线性范围为 0.5～14μmol/L，对硫脲的检出限为 41.7nmol/L。

南昌大学邱建丁教授课题组基于 2，4，6-三硝基苯酚对氮化硼量子点的荧光猝灭特性，建立了 2，4，6-三硝基苯酚快速检测新方法，该方法线性范围为 0.25～200μmol/L，检出限为 0.14μmol/L（Peng et al.，2018）。吉林大学苏星光教授课题组基于二硫化钼量子点及 2，3-二氨基吩嗪，建立了尿素快速、高灵敏检测新方法（Zhang et al.，2019）。研究发现，2，3-二氨基吩嗪的荧光会随着溶液 pH 值的变化而变化，而二硫化钼量子点的荧光信号基本不受溶液 pH 值的影响。当体系中同时存在尿素和尿素酶，尿素酶就会催化尿素水解，导致溶液 pH 值升高。该方法线性范围为 5~700μmol/L，检出限为 1.8μmol/L。西南大学胡小莉教授课题组将二硫化钼量子点的荧光信号与 CoOOH 纳米片二级散射光信号相结合，建立了抗坏血酸快速检测新方法（Wu et al.，2019a）。研究发现，CoOOH 纳米片可猝灭二硫化钼量子点的荧光信号，当体系中存在抗坏血酸时，抗坏血酸可将 CoOOH 还原为 Co^{2+}，从而使得二硫化钼量子点的荧光信号恢复，同时降低 CoOOH 纳米片的二级散射光信号。该方法的线性范围为 0.80~32μmol/L，检出限为 0.21μmol/L。

5.3.5　稀土掺杂上转换纳米荧光探针在有机小分子及药物分子检测中的应用

多巴胺又称 4-（2-氨基乙基）-1，2-苯二酚，是一种神经递质，控制着运动、认知、情感、摄食、内分泌调节等许多功能（李凡等，2003）。湖南师范大学张友玉教授课题组（唐基冬，2013）采用 $NaYF_4$：Yb，Er 上转换荧光材料为探针，建立了多巴胺快速检测新方法。他们首先在 $NaYF_4$：Yb，Er 上转换荧光材料表面修饰一层 SiO_2，再进一步偶联巯基。当体系中有氯金酸存在时，多巴胺可以与氯金酸反应生成金纳米粒子，金纳米粒子结合到巯基修饰的上转换荧光材料表面后，上转换荧光材料的荧光就被猝灭。基于这一原理，建立了多巴胺快速检测新方法。该方法线性范围为 5.0×10^{-7}~1.0×10^{-5}mol/L，检出限为 2.5×10^{-7}mol/L。

黄曲霉毒素具有强毒性和强致癌性，是由黄曲霉菌、特曲霉菌等真菌产生的一类具有生物活性的次生代谢产物（李培武等，2013）。赭曲霉毒素是曲霉菌属和青霉菌属产生的二级代谢产物，具有较强的肝毒性和肾毒性，并有致畸、致突变和致癌作用（高翔等，2005）。江南大学王洪新教授及王周平教授课题组采用上转换纳米荧光探针，建立了黄曲霉毒素 B_1 和赭曲霉毒素 A 的同时检测新技术（吴世嘉，2013）。他采用 $NaY_{0.7}F_4$：$Yb_{0.28}$，$Tm_{0.02}$上转换荧光纳米材料和 $NaY_{0.28}F_4$：$Yb_{0.7}$、$Er_{0.02}$上转换荧光纳米材料分别于黄曲霉毒素 B_1 和赭曲霉毒素 A 单克隆抗体偶联。再采用磁性纳米粒子与黄曲霉毒素 B_1 人工抗原和赭曲霉毒素 A 人工抗原分别偶联，磁性纳米颗粒分离富集，竞争免疫法同时检测黄曲霉毒素 B_1 和赭曲霉毒素 A 的方法。该方法对黄曲霉毒素 B_1 和赭曲霉毒素 A 的线性范围均为 0.01~10ng/mL，检出限均为 0.01ng/mL。

基于上转换荧光纳米材料的发光共振能量转移体系可用于有机小分子的高灵敏检测。Liu 等（2014）利用三硝基苯胺及三硝基苯酚与三明治型上转换荧光纳米材料之间发光共振能量转移特性，建立了三硝基甲苯及三硝基苯酚高灵敏检测新方法。当采用 980nm 激光激发时，由于发光共振能量转移的存在，上转换荧光纳米材料在 407nm 及 540nm 的荧光可被三硝基甲苯及三硝基苯酚猝灭。该方法对三硝基甲苯及三硝基苯酚的检出限分别为 0.77ng/mL 及 0.78ng/mL。

5.3.6　多功能纳米荧光探针在有机小分子及药物分子检测中的应用

三磷酸腺苷是生物体内组织、细胞等一切生命活动所需能量的直接来源，参与体内脂肪、蛋白质、核酸等的代谢过程。Liu 等（2014）将核酸适配体修饰到羧基功能化的碳纳米粒子表面，当三磷酸腺苷结合到核酸适配体表面后，碳纳米粒子的荧光就被猝灭，基于这一原理，建立了三磷酸腺苷（ATP）的快速检测新方法。该方法线性范围在0.1~300μmol/L，检出限为0.1μmol/L。

Dinda等（2014）将2，6-二氨基吡啶修饰到氧化石墨烯表面，使氧化石墨烯的荧光强度提高了900%，当三硝基苯酚加入2，6-二氨基吡啶修饰的氧化石墨烯表面后，氧化石墨烯与三硝基苯酚之间会产生荧光共振能量转移，导致氧化石墨烯的荧光被猝灭，基于这一原理，建立了三硝基苯酚快速检测新方法。该方法对三硝基苯酚的检出限可达125μg/kg（ppb）。

Cai等（2012）发现罗丹明B与金纳米粒子混合后，罗丹明B会吸附到金纳米粒子表面，在罗丹明B分子与金纳米粒子之间产生荧光共振能量转移，导致罗丹明B的荧光产生猝灭。当体系中有谷胱甘肽存在时，谷胱甘肽会结合到金纳米粒子表面，阻碍了罗丹明B与金纳米粒子之间的荧光共振能量转移，使罗丹明B的荧光恢复，基于这一原理，建立了谷胱甘肽的快速检测新方法。该方法线性范围为12~1 384μmol/L，检出限为1.0μmol/L。该方法被用于细胞中谷胱甘肽的检测，获得了较好的效果。

Wu等（2019b）采用表面带有正电荷的$NaYF_4$纳米粒子作为供体，以表面带有负电荷的金纳米粒子作为受体，当把$NaYF_4$纳米粒子与金纳米粒子混合后，二者之间会产生上转换荧光共振能量转移，使得$NaYF_4$纳米粒子的上转换荧光猝灭。当体系中由精氨酸存在时，精氨酸可以与金纳米粒子结合，阻止$NaYF_4$纳米粒子与金纳米粒子之间的荧光共振能量转移，从而使得$NaYF_4$纳米粒子的上转换荧光恢复。基于这一原理，建立了精氨酸快速检测新方法，该方法对精氨酸的检出限可达2.9μmol/L。Ouyang等（2017）将偶联四环素核酸适体的磁性纳米粒子与偶联互补DNA的上转换荧光纳米材料混合，上转换荧光纳米材料就会结合到磁性纳米粒子表面。当溶液中存在四环素时，四环素就会与核酸适体结合，导致上转换荧光纳米材料脱离磁性纳米粒子。根据这一原理，他们建立了四环素高灵敏检测新方法，该方法线性范围为0.01~100ng/mL，检出限为0.0062ng/mL。

5.4 小结与展望

本章主要介绍了纳米荧光探针在化学检测中的应用，尽管目前已经建立了多种化学物质的检测方法，但大多数的检测方法都是基于检测物对纳米荧光探针的荧光增强或猝灭作用建立的，这些方法普遍存在选择性不高的缺点，如何提高方法的选择性是未来研究需要解决的一个关键问题。

在纳米荧光合成过程中，由于受到温度、反应物浓度、反应时间等多种因素的影响，即使严格控制实验条件，每次合成的纳米荧光探针的粒径都有一定差别。当采用纳米荧光探针作为探针检测无机离子、有机小分子及药物分子等物质时，只有整个实验过程使用同一批次的探针，才能得到比较好的实验结果。

另外，很多检测方法还仅限于在实验室中使用，如何将检测方法进一步推广到实际应用中，是未来该领域的一个发展方向。

参考文献

高翔，李梅，张立实，2005. 赭曲霉毒素 A 的毒性研究进展［J］. 国外医学卫生学分册，32（1）：51-55.

李凡，舒斯云，包新民，2003. 多巴胺受体的结构和功能［J］. 中国神经科学杂志，19（6）：405-410.

李培武，丁小霞，白艺珍，等，2013. 农产品黄曲霉毒素风险评估研究进展［J］. 中国农业科学，46（12）：2 534-2 542.

马志红，陆忠兵，石碧，2003. 单宁酸的化学性质及应用［J.］天然产物研究与开发，15（1）：87-91.

芈越瑶，2018. 基于量子点和铜纳米团簇的非标记荧光探针及在谷胱甘肽检测中的应用［D］. 武汉：华中农业大学.

孙涓，余世春，2011. 槲皮素的研究进展［J］. 现代中药研究与实践，25（3）：85-88.

唐基冬，2013. 几种稀土上转换纳米粒子的合成及在多巴胺检测中的应用［D］. 长沙：湖南师范大学.

吴世嘉，2013. 基于上转换荧光纳米探针的高灵敏微生物毒素检测方法研究［D］. 无锡：江南大学.

晏菲，刘向洋，赵冬娇，等，2013. 荧光金纳米团簇在小分子化合物检测中的应用［J］. 化学进展，25（5）.

Ahmed G H G, Badia Laino R, Garcia Calzon J A, et al, 2015b. Highly fluorescent carbon dots as nanoprobes for sensitive and selective determination of 4-nitrophenol in surface waters [J]. *Microchimica Acta*, 182 (1-2): 51-59.

Ahmed G H G, Laino R B, Calzon J A G, et al, 2015a. Fluorescent carbon nanodots for sensitive and selective detection of tannic acid in wines [J]. *Talanta*, 132: 252-257.

Aswathy B, Sony G, 2014. Cu^{2+} modulated BSA-Au nanoclusters: A versatile fluorescence turn-on sensor for dopamine [J]. *Microchemical Journal*, 116: 151-156.

Bala R, Swami A, Tabujew I, et al, 2018. Ultra-sensitive detection of malathion using quantum dots-polymer based fluorescence aptasensor [J]. *Biosensors & Bioelectronics*, 104: 45-49.

Baruah U, Gogoi N, Majumdar G, et al, 2015. beta-Cyclodextrin and calix 4 arene-25, 26, 27, 28-tetrol capped carbon dots for selective and sensitive detection of fluoride [J]. *Carbohydrate Polymers*, 117: 377-383.

Bhattacharya S, Sarkar R, Nandi S, et al, 2017. Detection of reactive oxygen species by a carbon-dot-ascorbic acid hydrogel [J]. *Analytical Chemistry*, 89 (1): 830-836.

Cai H H, Wang H, Wang J, et al, 2012. Naked eye detection of glutathione in living cells using rhodamine B-functionalized gold nanoparticles coupled with FRET [J]. *Dyes and Pigments*, 92 (1): 778-782.

Carrillo-Carrion C, Simonet B M, Valcarcel M, 2013. Determination of TNT explosive based on its selectively interaction with creatinine-capped CdSe/ZnS quantum dots [J]. *Analytica Chimica Acta*, 792: 93-100.

Chen Y F, Rosenzweig Z, 2002. Luminescent CdS quantum dots as selective ion probes [J]. *Analytical*

Chemistry, 74 (19): 5 132–5 138.

Chen Z, Zhang G, Chen X, et al, 2013. A fluorescence switch sensor for 6-mercaptopurine detection based on gold nanoparticles stabilized by biomacromolecule [J]. *Biosensors & Bioelectronics*, 41: 844–847.

Cui M L, Liu J M, Wang X X, et al, 2013. A promising gold nanocluster fluorescent sensor for the highly sensitive and selective detection of S^{2-} [J]. *Sensors and Actuators B-Chemical*, 188: 53–58.

Cui X, Zhu L, Wu J, et al, 2015. A fluorescent biosensor based on carbon dots-labeled oligodeoxyribonucleotide and graphene oxide for mercury (II) detection [J]. *Biosensors & Bioelectronics*, 63: 506–512.

Dinda D, Gupta A, Shaw B K, et al, 2014. Highly selective detection of trinitrophenol by luminescent functionalized reduced graphene oxide through FRET mechanism [J]. *ACS Applied Materials & Interfaces*, 6 (13): 10 722–10 728.

Dong C, Qian H, Fang N, et al, 2006. Study of fluorescence quenching and dialysis process of CdTe quantum dots, using ensemble techniques and fluorescence correlation spectroscopy [J]. *Journal of Physical Chemistry B*, 110 (23): 11 069–11 075.

Dong Y, Li G, Zhou N, et al, 2012. Graphene quantum dot as a green and facile sensor for free chlorine in drinking water [J]. *Analytical Chemistry*, 84 (19): 8 378–8 382.

Dong Y, Wang R, Tian W, et al, 2014. "Turn-on" fluorescent detection of cyanide based on polyamine-functionalized carbon quantum dots [J]. *RSC Advances*, 4 (8): 3 701–3 705.

Durgadas C V, Sharma C P, Sreenivasan K, 2011. Fluorescent gold clusters as nanosensors for copper ions in live cells [J]. *Analyst*, 136 (5): 933–940.

Fan L, Hu Y, Wang X, et al, 2012. Fluorescence resonance energy transfer quenching at the surface of graphene quantum dots for ultrasensitive detection of TNT [J]. *Talanta*, 101: 192–197.

Fan L, Wang Y, Li L, et al, 2020. Carbon quantum dots activated metal organic frameworks for selective detection of Cu (II) and Fe (III) [J]. *Colloids and Surfaces A-Physicochemical and Engineering Aspects*, 588: 124 378.

Fan X, Fan Z, 2019. Determination of thiourea by on-off fluorescence using nitrogen-doped graphene quantum dots [J]. *Analytical Letters*, 52 (13): 2028–2040.

Fu X, Li H, Lv R, et al, 2018. Synthesis of Mn^{2+} doped ZnS quantum dots/ZIF-8 composite and its applications as a fluorescent probe for sensing Co^{2+} and dichromate [J]. *Journal of Solid State Chemistry*, 264: 35–41.

Gao X, Ding C, Zhu A, et al, 2014. Carbon-dot-based ratiometric fluorescent probe for imaging and biosensing of superoxide anion in live cells [J]. *Analytical Chemistry*, 86 (14): 7 071–7 078.

Gore A H, Vatre S B, Anbhule P V, et al, 2013. Direct detection of sulfide ions S^{2-} in aqueous media based on fluorescence quenching of functionalized CdS QDs at trace levels: analytical applications to environmental analysis [J]. *Analyst*, 138 (5): 1 329–1 333.

Gu W, Pei X, Cheng Y, et al, 2017. Black phosphorus quantum dots as the ratiometric fluorescence probe for trace mercury ion detection based on inner filter effect [J]. *ACS Sensors*, 2 (4): 576–582.

Gui R, An X, Huang W, 2013. An improved method for ratiometric fluorescence detection of pH and Cd^{2+} using fluorescein isothiocyanate-quantum dots conjugates [J]. *Analytica Chimica Acta*, 767: 134–140.

Guo X, Huang J, Wei Y, et al, 2020. Fast and selective detection of mercury ions in environmental water by paper－based fluorescent sensor using boronic acid functionalized MoS_2 quantum dots [J]. *Journal of Hazardous Materials*, 381: 120 969.

Han J, Zhang C, Liu F, et al, 2014. Upconversion nanoparticles for ratiometric fluorescence detection of nitrite [J]. *Analyst*, 139 (12): 3 032－3 038.

He Y, Wang X, Sun J, et al, 2014. Fluorescent blood glucose monitor by hemin－functionalized graphene quantum dots based sensing system [J]. *Analytica Chimica Acta*, 810: 71－78.

Hou X F, Zeng F, Du F K, et al, 2013. Carbon－dot－based fluorescent turn－on sensor for selectively detecting sulfide anions in totally aqueous media and imaging inside live cells [J]. *Nanotechnology*, 24 (33): 335 502.

Hu S, Zhao Q, Chang, et al, 2014. Enhanced performance of Fe^{3+} detection via fluorescence resonance energy transfer between carbon quantum dots and Rhodamine B [J]. *RSC Advances*, 4 (77): 41 069－41 075.

Huang C C, Yang Z, Lee K H, et al, 2007. Synthesis of highly fluorescent gold nanoparticles for sensing Mercury (Ⅱ) [J]. *Angewandte Chemie International Edition*, 46 (36): 6 824－6 828.

Huo B, Liu B, Chen T, et al, 2017. One－step synthesis of fluorescent boron nitride quantum dots*via* a hydrothermal strategy using melamine as nitrogen source for the detection of ferric ions [J]. *Langmuir*, 33 (40): 10 673－10 678.

Jin L H, Han C S, 2014. Ultrasensitive and selective fluorimetric detection of copper ions using thiosulfate－involved quantum dots [J]. *Analytical Chemistry*, 86 (15): 7 209－7 213.

Jin W J, Fernandez－Arguelles M T, Costa－Fernandez J M, et al, 2005. Photoactivated luminescent CdSe quantum dots as sensitive cyanide probes in aqueous solutions [J]. *Chemical Communications* (7): 883－885.

Ju J, Chen W, 2014. Synthesis of highly fluorescent nitrogen－doped graphene quantum dots for sensitive, label－free detection of Fe (Ⅲ) in aqueous media [J]. *Biosensors & Bioelectronics*, 58: 219－225.

Kadian S, Manik G, 2020. A highly sensitive and selective detection of picric acid using fluorescent sulfur－doped graphene quantum dots [J]. *Luminescence*, 35 (5): 763－772.

Kuppan B, Maitra U, 2017. Instant room temperature synthesis of self-assembled emission－tunable gold nanoclusters: million－fold emission enhancement and fluorimetric detection of Zn^{2+} [J]. *Nanoscale*, 9 (40): 15 494－15 504.

Li H, Han C, Zhang L, 2008. Synthesis of cadmium selenide quantum dots modified with thiourea type ligands as fluorescent probes for iodide ions [J]. *Journal of Materials Chemistry*, 18 (38): 4 543－4 548.

Li H, Wang H, Wang L, 2013. Synthesis and sensing application of highly luminescent and water stable polyaspartate functionalized LaF_3 nanocrystals [J]. *Journal of Materials Chemistry C*, 1 (6): 1 105－1 110.

Li S, Cao W, Kumar A, et al, 2014a. Highly sensitive simultaneous detection of mercury and copper ions by ultrasmall fluorescent DNA－Ag nanoclusters [J]. *New Journal of Chemistry*, 38 (4): 1 546－1 550.

Li S, Li Y, Cao J, et al, 2014b. Sulfur－doped graphene quantum dots as a novel fluorescent probe for highly selective and sensitive detection of Fe^{3+} [J]. *Analytical Chemistry*, 86 (20): 10 201－10 207.

Li Y, Huang H, Ma Y, et al, 2014. Highly sensitive fluorescent detection of dihydroxybenzene based on graphene quantum dots [J]. *Sensors and Actuators B－Chemical*, 205: 227－233.

Liang J G, Ai X P, He Z K, 2004. Functionalized CdSe quantum dots as selective silver ion chemodosimeter [J]. *Analyst*, 129 (7): 619-622.

Liang J G, Huang S, Zeng D Y, et al, 2006. CdSe quantum dots as luminescent probes for spironolactone determination [J]. *Talanta*, 69 (1): 126-130.

Lin C, Gong H, Fan L, et al, 2014. Application of DNA/Ag nanocluster fluorescent probe for the detection of Pb^{2+} [J]. *Acta Chimica Sinica*, 72 (6): 704-708.

Liu B, Zeng F, Wu G, et al, 2011. A FRET-based ratiometric sensor for mercury ions in water with multi-layered silica nanoparticles as the scaffold [J]. *Chemical Communications*, 47 (31): 8 913-8 915.

Liu J, Yu J, Chen J, et al, 2014. Noncovalent assembly of carbon nanoparticles and aptamer for sensitive detection of ATP [J]. *RSC Advances*, 4 (72): 38 199-38 205.

Liu L, Chen L, Liang J G, et al, 2016. A novel ratiometric probe based on nitrogen-doped carbon dots and rhodamine B isothiocyanate for detection of Fe^{3+} in aqueous solution [J]. *Journal of Analytical Methods in Chemistry*, 4 939 582.

Liu L, Hua R, Chen B et al, 2019. Detection of nitroaromatics in aqueous media based on luminescence resonance energy transfer using upconversion nanoparticles as energy donors [J]. *Nanotechnology*, 30 (37): 375 703.

Liu Q, Peng J, Sun L, et al, 2011. High-Efficiency Upconversion Luminescent Sensing and Bioimaging of Hg (Ⅱ) by Chromophoric Ruthenium Complex-Assembled Nanophosphors [J]. *ACS Nano*, 5 (10): 8 040-8 048.

Liu X, Gao W, Zhou X, et al, 2014. Pristine graphene quantum dots for detection of copper ions [J]. *Journal of Materials Research*, 29 (13): 1 401-1 407.

Liu Y, Ai K, Cheng X, et al, 2010. Gold-Nanocluster-Based Fluorescent Sensors for Highly Sensitive and Selective Detection of Cyanide in Water [J]. *Advanced Functional Materials*, 20 (6): 951-956.

Lou X, Ou D, Li Q, et al, 2012. An indirect approach for anion detection: the displacement strategy and its application [J]. *Chemical Communications*, 48 (68): 8 462-8 477.

Lou Y, Zhao Y, Chen J, et al, 2014. Metal ions optical sensing by semiconductor quantum dots [J]. *Journal of Materials Chemistry C*, 2 (4): 595-613.

Ma J, Yu H, Jiang X, et al, 2019. High sensitivity label-free detection of Fe^{3+} ion in aqueous solution using fluorescent MoS_2 quantum dots [J]. *Sensors and Actuators B-Chemical*, 281: 989-997.

Ouyang Q, Liu Y, Chen Q, et al, 2017. Rapid and specific sensing of tetracycline in food using a novel upconversion aptasensor [J]. *Food Control*, 81: 156-163.

Peng D, Zhang L, Li F F, et al, 2018. Facile and green approach to the synthesis of boron nitride quantum dots for 2, 4, 6-trinitrophenol sensing [J]. *ACS Applied Materials & Interfaces*, 10 (8): 7 315-7 323.

Sanz-Nebot V, Toro I, Berges R, et al, 2001. Determination and characterization of diuretics in human urine by liquid chromatography coupled to pneumatically assisted electrospray ionization mass spectrometry [J]. *Journal of Mass Spectrometry*, 36 (6): 652-657.

Sha Q Y, Sun B Y, Yi C, et al, 2019. A fluorescence turn-on biosensor based on transferrin encapsulated gold nanoclusters for 5-hydroxytryptamine detection [J]. *Sensors and Actuators B-Chemical*, 294: 177-184.

Sheng L, Huangfu B, Xu Q, et al, 2020. A highly selective and sensitive fluorescent probe for detecting

Cr (Ⅵ) and cell imaging based on nitrogen-doped graphene quantum dots [J]. *Journal of Alloys and Compounds*, 820: 153 191.

Song Y, Cao X, Guo Y, et al, 2009. Fabrication of Mesoporous CdTe/ZnO@ SiO_2 Core/Shell Nanostructures with Tunable Dual Emission and Ultrasensitive Fluorescence Response to Metal Ions [J]. *Chemistry of Materials*, 21 (1): 68-77.

Su J X, Feng C C, Wu Y, et al, 2019. A novel gold-nanocluster-based fluorescent sensor for detection of sodium 2-mercaptoethanesulfonate [J]. *RSC Advances*, 9 (33): 18 949-18 953.

Sui C X, Liu Y F, Li P A, et al, 2013. Determination of IO_4^- and Ni^{2+} ions using L-cysteine-CdTe/ZnS quantum dots as pH - dependent fluorescent probes [J]. *Analytical Methods*, 5 (7): 1 695-1 701.

Taranova N A, Berlina A N, Zherdev A V, et al, 2015. 'Traffic light' immunochromatographic test based on multicolor quantum dots for the simultaneous detection of several antibiotics in milk [J]. *Biosensors & Bioelectronics*, 63: 255-261.

Wang P, Li B L, Li N B, et al, 2015. A fluorescence detection of D-penicillamine based on Cu^{2+}-induced fluorescence quenching system of protein-stabilized gold nanoclusters [J]. *Spectrochimica Acta Part A-Molecular and Biomolecular Spectroscopy*, 135: 198-202.

Wang Q, Li L, Wu T, et al, 2020. A graphene quantum dots-Pb^{2+} based fluorescent switch for selective and sensitive determination of D-penicillamine [J]. *Spectrochimica Acta. Part A, Molecular and Biomolecular Spectroscopy*, 229: 117 924.

Wang Y Q, Zhao T, He X W, et al, 2014. A novel core-satellite CdTe/Silica/Au NCs hybrid sphere as dual-emission ratiometric fluorescent probe for Cu^{2+} [J]. *Biosensors & Bioelectronics*, 51: 40-46.

Wang Y, Zhang P, Lu Q, et al, 2018. Water-soluble MoS_2 quantum dots are a viable fluorescent probe for hypochlorite [J]. *Microchimica Acta*, 185 (4): 233.

Wu D, Chen Z, 2014. ZnS quantum dots-based fluorescence spectroscopic technique for the detection of quercetin [J]. *Luminescence*, 29 (4): 307-313.

Wu H, Liang J, Han H, 2008. A novel method for the determination of Pb^{2+} based on the quenching of the fluorescence of CdTe quantum dots [J]. *Microchimica Acta*, 161 (1-2): 81-86.

Wu J S, Wang H, Yang H, et al, 2019b. A novel arginine bioprobe based on up-conversion fluorescence resonance energy transfer [J]. *Analytica Chimica Acta*, 1079: 200-206.

Wu S, Duan N, Shi Z, et al, 2014. Dual fluorescence resonance energy transfer assay between tunable upconversion nanoparticles and controlled gold nanoparticles for the simultaneous detection of Pb^{2+} and Hg^{2+} [J]. *Talanta*, 128: 327-336.

Wu Z, Nan D, Yang H, et al, 2019a. A ratiometric fluorescence-scattered light strategy based on MoS_2 quantum dots/CoOOH nanoflakes system for ascorbic acid detection [J]. *Analytica Chimica Acta*, 1091: 59-68.

Xia X D, Huang H W, 2011. Synthesis of eggwhite protein-based fluorescent silver nanoclusters by biomimetic mineralization for probing cyanide [J]. *Chinese Journal of Inorganic Chemistry*, 27 (12): 2 367-2 371.

Xie H Y, Liang J G, Zhang Z L, et al, 2004. Luminescent CdSe-ZnS quantum dots as selective Cu^{2+} probe [J]. *Spectrochimica Acta Part A - Molecular and Biomolecular Spectroscopy*, 60 (11): 2 527-2 530.

Xiong W W, Yang G H, Wu X C, et al, 2013. Microwave-assisted synthesis of highly luminescent

$AgInS_2/ZnS$ nanocrystals for dynamic intracellular Cu（Ⅱ）detection［J］. *Journal of Materials Chemistry B*, 1（33）: 4 160–4 165.

Xu Y, Tang C J, Huang H, et al, 2014. Green synthesis of fluorescent carbon quantum dots for detection of Hg^{2+}［J］. *Chinese Journal of Analytical Chemistry*, 42（9）: 1 252–1 258.

Xue J H, Xiao K P, Wang Y S, et al, 2020. Aggregation-induced photoluminescence enhancement of protamine-templated gold nanoclusters for 1-hydroxypyrene detection using 9-hydroxyphenanthrene as a sensitizer［J］. *Colloids and Surfaces B: Biointerfaces*, 189: 110 873.

Yang J Y, Yang T, Wang X Y, et al, 2018. Mercury speciation with fluorescent gold nanocluster as a probe［J］. *Analytical Chemistry*, 90（11）: 6 945–6 951.

Yu J, Chen J, Shih K, 2014. Noncovalent assembly of carbon nanoparticles and aptamer for sensitive detection of ATP［J］. *RSC Advances*, 4（72）: 38 199–38 205.

Yuan Z, Cai N, Du Y, et al, 2014. Sensitive and selective detection of copper ions with highly stable polyethyleneimine-protected silver nanoclusters［J］. *Analytical Chemistry*, 86（1）: 419–426.

Zhang F, Wang M, Zhang L, et al, 2019. Ratiometric fluorescence system for pH sensing and urea detection based on MoS_2 quantum dots and 2, 3-diaminophenazine［J］. *Analytica Chimica Acta*, 1077: 200–207.

Zhang Z, Shi Y, Pan Y, et al, 2014. Quinoline derivative-functionalized carbon dots as a fluorescent nanosensor for sensing and intracellular imaging of Zn^{2+}［J］. *Journal of Materials Chemistry B*, 2（31）: 5 020–5 027.

Zhao Y, Pan M, Liu F, et al, 2020. Highly selective and sensitive detection of trinitrotoluene by framework-enhanced fluorescence of gold nanoclusters［J］. *Anal. Chim. Acta*, 1106: 133–138.

Zhuang M, Ding C, Zhu A, et al, 2014. Ratiometric fluorescence probe for monitoring hydroxyl radical in live cells based on gold nanoclusters［J］. *Analytical Chemistry*, 86（3）: 1 829–1 836.

Zuo P, Xiao D, Gao M, et al, 2014. Single-step preparation of fluorescent carbon nanoparticles, and their application as a fluorometric probe for quercetin［J］. *Microchimica Acta*, 181（11–12）: 1 309–1 316.

第 6 章　纳米荧光探针在生物检测中的应用

纳米荧光探针已经成为生物体系检测的重要工具，对解决很多生物问题起着至关重要的作用。很多分子生物学的检测方法如酶联免疫分析法、聚合酶链式反应（PCR）技术、基因芯片技术等都已经与纳米荧光探针有机结合，大大提高了原有方法的灵敏度及选择性。本章将重点介绍纳米荧光探针在蛋白质、核酸、细菌、病毒检测中的应用研究新进展。

6.1　纳米荧光探针在蛋白质检测中的应用

蛋白质在生命活动中起着重要的作用，建立蛋白质高灵敏检测方法，对一些重要生理过程的监控具有重要的意义。在蛋白质检测过程中，引入纳米荧光探针可提高检测的灵敏度及选择性。本部分主要介绍常见纳米荧光探针在蛋白质检测中的应用。

6.1.1　半导体量子点在蛋白质检测中的应用

表面脂蛋白 83（MPB83）是牛分枝杆菌的免疫主导蛋白，能诱导迟发型变态反应，刺激 T 淋巴细胞增殖和抗体产生。华中农业大学食品科学技术学院蔡朝霞教授课题组（阮晓娟等，2014）将牛分枝杆菌表面的 MPB83 蛋白抗体偶联到 ZnSe 量子点表面，当体系中有 MPB83 蛋白存在时，ZnSe 量子点的荧光就产生猝灭，基于这一原理，建立了 MPB83 蛋白快速检测新方法。该方法线性范围为 44～528mg/L，检出限为 4.4mg/L。

C-反应蛋白是一种血清 β 球蛋白，作为非特异性炎症标志物，C-反应蛋白能与肺炎链球菌 C 多糖体反应形成复合物。该蛋白对细菌感染、炎症过程及组织损伤等病情评估与疗效判断都有重要的参考价值（王淑杰，2013）。Gasparyan（2014）采用 CdTe 量子点为探针，将 C-反应蛋白加入最大荧光发射波长为 563nm 及 598nm 的 CdTe 量子点混合溶液中，当体系中存在 C-反应蛋白时，体系的荧光就会产生下降，基于这一原理，建立了 C-反应蛋白的检测新方法，该方法线性范围为4～100ng。

酪蛋白激酶 2（CK2）是一种在各种真核生物中都广泛存在，具有多种生理功能的磷酸化丝氨酸/苏氨酸的激酶（段艳芳等，2009）。Freeman 等（2010）以 CdSe/ZnS 核—壳型量子点为探针，基于荧光共振能量转移技术，建立了酪蛋白激酶 2（CK2）的快速检测新方法。他们将含有丝氨酸的多肽修饰到量子点表面，当向体系中加入酪蛋白激酶 2 及荧光染料修饰的三磷酸腺苷（γ-ATPAtto-590）后，染料修饰的磷酸就与丝氨酸结合，导致量子点与荧光染料之间发生荧光共振能量转移。该方法对酪蛋白激酶 2 的检出限可达 0.1U/mL。

溶菌酶释放蛋白是猪链球菌 2 型的胞壁大分子糖蛋白，是猪链球菌重要的毒力因子之一（曾巧英等，2003）。华中农业大学韩鹤友教授课题组将溶菌酶释放蛋白（MRP）抗体偶联到 CdSe/ZnS 核—壳型量子点表面，当体系中有溶菌酶释放蛋白存在时，抗原与抗体的作用会使量子点荧光增强，基于这一原理，建立了溶菌酶释放蛋白检测新方法（武红敏等，2009），该方法的线性范围为 $5.0\times10^{-8}\sim1.5\times10^{-5}$mol/L，检出限为 1.9×10^{-8}mol/L。

溶菌酶又称胞壁质酶，是一种碱性蛋白质，具有溶解细菌细胞壁的作用（陈艳等，2009）。Li 等（2014）将溶菌酶结合 DNA（5′-ATCTACGAATTCATCAGGGCTAAAGAGTGCAGAGTTACTTAG-3′）与半胱氨酸修饰的 CdTe 量子点混合，使溶菌酶结合 DNA（LBD）吸附到量子点表面，当体系中有溶菌酶存在时，溶菌酶就会与 CdTe 量子点表面的 LBD 结合，对量子点表面缺陷产生钝化作用，使量子点荧光增强。基于这一原理，他们建立了溶菌酶检测新方法，该方法线性范围为 8.9～71.2nmol/L，检出限为 4.3nmol/L。

武汉大学何治柯教授课题组采用偶联 Rox 荧光染料的 DNA 修饰到 CdZnTeS 量子点表面，构建了可同时检测鱼精蛋白及胰蛋白酶的量子点探针（Mao et al.，2019a）。当向溶液中加入鱼精蛋白后，鱼精蛋白可导致探针团聚，从而猝灭量子点的荧光信号，进一步向体系中加入胰蛋白酶后，可将鱼精蛋白水解，从而恢复量子点的荧光信号。该方法对鱼精蛋白的检出限可达 4.73ng/mL，对胰蛋白酶的检出限可达 0.87ng/mL。碱性磷酸酶是一种重要的水解酶，已被证明与糖尿病、前列腺癌等多种疾病密切相关。何治柯教授课题组研究发现（Mao et al.，2019b），碱性磷酸酶可水解对硝基苯酚磷酸二钠盐形成对硝基苯酚，基于对硝基苯酚对 CdTe/CdS 的荧光猝灭作用，建立了碱性磷酸酶快速、高灵敏检测新方法，该方法对碱性磷酸酶的检出限可达 0.34U/mL。

6.1.2 荧光金属纳米团簇探针在蛋白质检测中的应用

南昌大学邱建丁教授课题组以氯金酸及多肽（$CCYRRRADDSD_5$）等为原料，合成了多肽修饰的荧光金纳米团簇（Song et al.，2015），在 Zr^{4+}存在的条件下，当向体系中加入酪蛋白激酶 2 及三磷酸腺苷后，荧光金纳米团簇的荧光就会被猝灭，基于这一原理，建立了酪蛋白激酶 2 的快速检测新方法，该方法线性范围为 0.08～2.0unit/mL，检出限为 0.027U/mL。当向体系中加入酪蛋白激酶 2 及三磷酸腺苷后，多肽分子中的丝氨酸/苏氨酸就会被磷酸化，Zr^{4+}就会使团簇发生团聚，从而使团簇的荧光强度降低。

东北大学王建华教授课题组将叶酸修饰的金簇及氢氧化铁纳米粒子相结合，建立了丁酰胆碱酯酶快速检测新方法（Zhang et al.，2019）。他们研究发现，氢氧化铁纳米粒子可有效猝灭金簇的荧光，而丁酰胆碱酯酶水解乙酰胆碱产生的硫代胆碱可导致氢氧化铁纳米粒子分解，从而使金簇的荧光得到恢复。该方法对丁酰胆碱酯酶的检测限可达

4ng/mL。青岛科技大学罗细亮教授课题组研究发现，不同特定序列多肽修饰的金簇其光稳定性存在明显差异（Xu et al.，2019）。CMMMMM 多肽修饰的金簇，其光稳定性明显优于 CYYYYY 多肽修饰的金簇，采用 CMMMMM 多肽修饰的金簇所构建的传感器可有效识别乳腺癌、严重骨关节炎和直肠癌患者及健康人的血清，该传感器未来在疾病快速诊断中具有潜在的应用价值。

6.1.3　碳点在蛋白质检测中的应用

凝血酶是一种专一性很强的丝氨酸蛋白类水解酶，由凝血酶原活化而成，凝血酶的形成在凝血过程中起到了中心作用（赖翼等，2009）。Xu 等（2012）将核酸适配体（TBA15：5′-NH_2-TTTTTGGTTGGTGTGGTTGG-3′）偶联到氨基修饰的二氧化硅微球表面，该段核酸适配体可与凝血酶发生特异性作用，可通过离心的方法将凝血酶分离。在此基础上，将另一核酸适配体（TBA29：5′-NH_2-TTTTTAGTCCGTGGTAGGGCAGGT-TGGGGTGACT-3′）偶联到荧光碳点表面，当凝血酶与二氧化硅微球表面的 TBA15 结合后，可与 TBA29 偶联的碳点形成三明治型的结构，通过检测碳点的荧光信号，可得到体系中凝血酶的浓度，该方法对凝血酶的检出限可达 1nmol/L。

免疫球蛋白 G（IgG）占血清中免疫球蛋白的 70%～80%，是人体血清中含量最高的抗体，具有抗菌、抗病毒、抗毒素等特性（徐欢等，2010）。Zhu 等（2014）将羊抗人免疫球蛋白抗体偶联到碳点表面，当体系中有免疫球蛋白抗原存在时，由于抗原—抗体之间的相互作用，导致碳点荧光强度的升高，基于这一原理，建立了免疫球蛋白快速检测新方法，该方法线性范围为 0.05～2.0μg/mL，检出限为 0.01μg/mL。

6.1.4　石墨烯及类石墨烯量子点在蛋白质检测中的应用

南昌大学邱建丁教授课题组将 $RRRADDSD_5$ 多肽与石墨烯量子点偶联，向体系中依次加入酪蛋白激酶 2、三磷酸腺苷及 Zr^{4+} 后，由于酪蛋白激酶 2 可导致丝氨酸/苏氨酸磷酸化，进而被 Zr^{4+} 诱导团聚，使体系的荧光强度降低，共振瑞利散射强度升高，基于这一原理，建立了酪蛋白激酶 2 检测新方法，该方法检测范围为 0.1～1.0U/mL，检出限为 0.03U/mL（Wang et al.，2013）。

一些类石墨烯量子点如氮化硼量子点及二硫化钼量子点均可用于蛋白质的检测。Zhan 等（2019）研究发现，乙酰胆碱酯酶可水解乙酰胆碱并产生硫代胆碱，所产生的硫代胆碱可将氯金酸还原为金纳米粒子并猝灭氮化硼量子点的荧光信号，基于这一原理，他们建立了乙酰胆碱酯酶快速检测新方法。该方法线性范围为 0.05～6.0mU/mL。Gu 等（2016）研究发现，当把二硫化钼量子点与透明质酸修饰的金簇混合后，由于两者之间存在电子转移过程，导致二硫化钼量子点的荧光被金纳米粒子猝灭；当体系中存在透明质酸酶时，透明质酸酶可将透明质酸水解并导致金纳米粒子团聚，从而阻止金纳米粒子与二硫化钼量子点之间的电子转移，使得二硫化钼量子点的荧光得到恢复。基于这一原理，他们建立了透明质酸酶的快速检测新方法，方法的线性范围为 1～50U/mL，检出限为 0.7U/mL。

6.1.5 稀土掺杂上转换纳米荧光探针在蛋白质检测中的应用

Liu 等（2014）以聚乙烯亚胺修饰的 $NaYF_4$：Yb，Er 上转换材料及荧光染料标记多肽（TAMRA-LRRASLG）为探针，建立了蛋白激酶 A 快速检测新方法。当体系中没有蛋白激酶 A 存在时，上转换材料与染料标记多肽距离较远，两者之间没有荧光共振能量转移；当体系中有蛋白激酶 A 存在时，蛋白激酶催化丝氨酸磷酸化，使多肽链上负电荷数目增加，并结合到上转换荧光材料表面，导致上转换荧光材料与有机染料之间发生荧光共振能量转移。该方法线性范围为 0.000 1～0.1U/μL；检出限为 0.000 05U/μL。

6.1.6 多功能纳米荧光探针在蛋白质检测中的应用

蛋白激酶 Cα 参与癌细胞增殖的信号转导过程，被认为是抗癌药物的重要靶点。Shiosaki 等（2013）采用四甲基罗丹明修饰的多肽（TAMRA - miniPEG - FKKQGSFAKKK - NH_2）为探针，以磷酸化的多肽（TAMRA - miniPEG - FKKQGpSFAKKK-NH_2）作为控制实验探针，当多肽探针与量子点溶液混合后，就会发生荧光共振能量转移，而磷酸化多肽与量子点之间的荧光共振能量转移效率显著降低，基于这一原理，建立了蛋白激酶 Cα 定量分析新方法，该方法检出限为 0.08U/mL。

江南大学食品科学与技术国家重点实验室王周平教授课题组以钌联吡啶［Ru$(bpy)_3Cl_2$］掺杂 SiO_2 纳米粒子为探针，基于“三明治”夹心免疫分析原理，建立了免疫球蛋白荧光免疫分析新方法（徐欢等，2010）。他们将羊抗人免疫球蛋白抗体包被在 96 孔板上，当体系中有免疫球蛋白存在时，就会被抗体捕获，再向体系中加入偶联羊抗人免疫球蛋白抗体的钌联吡啶掺杂 SiO_2 纳米粒子，纳米粒子就会与免疫球蛋白进一步作用，形成“三明治”型结构，通过检测纳米粒子的荧光，就可获得免疫球蛋白的含量。该方法线性范围为 1～100ng/mL，检出限为 0.3ng/mL。

6.2 纳米荧光探针在核酸检测中的应用

核酸是生物遗传信息的承担者，在生物个体生长、发育、遗传变异等生命过程中起着重要的作用（郭蔼光，2001）。建立高灵敏、高特异性的核酸检测新技术、新方法，对于了解生命过程的基本规律至关重要。本节将介绍基于几类纳米荧光探针的核酸检测新技术新方法。

6.2.1 半导体量子点在核酸检测中的应用

Shen 等（2014a）首先将尼罗蓝（Nile blue）加入到谷胱甘肽修饰的 CdTe 量子点溶液中，由于尼罗蓝与 CdTe 量子点之间的电子转移，会导致 CdTe 量子点的荧光被猝灭。当体系中有双链 DNA 存在时，尼罗蓝会与双链 DNA 结合，阻碍了尼罗蓝与 CdTe 量子点之间的电子转移，使 CdTe 量子点的荧光得到恢复。基于这一原理，建立了双链 DNA 检测新方法。该方法对双链 DNA 检测线性范围为 0.0092～25.0μg/mL，检出限为 2.78ng/mL。Shen 等（2014b）研究发现，Sm^{3+} 可有效猝灭谷胱甘肽修饰 CdTe 量子点的荧光，当体系中有鲱鱼精DNA存在时，鲱鱼精DNA可与Sm^{3+}结合，导致CdTe量子点的荧光得到恢复，基于这一原理，他们建立了鲱鱼精DNA检测新方法，该方法线性范围为0.012~14.0μg/mL，检出限为3.61ng/mL。

6.2.2　荧光金属纳米团簇探针在核酸检测中的应用

*Foxp*3基因属Fox转录调节因子家族，是Treg细胞发育的一个关键转录因子，具有免疫调节功能，并与多种免疫疾病密切相关（马铮，2008）。Lee等（2014）采用寡聚核苷酸（序列为：CCCTTAATCCCCATACAGCTGCAGCTGCGA）、硝酸银、硼氢化钠等为原料，合成了寡聚核苷酸修饰的银纳米团簇，该序列中CAGCTGCAGCTGCGA是检测*Foxp*3基因的靶序列，当体系中有单链或双链*Foxp*3靶基因存在时，（序列为：TCGCAGCTGCAGCTGCCCACACTGCCCCTAGTC），团簇的荧光就会发生不同的变化，其中加入单链DNA后，团簇的荧光在577nm增强，加入双链DNA后，团簇的荧光在654nm增强，基于这一原理，建立了*Foxp*3基因快速检测新方法。

microRNA是长度为22个核苷酸的非编码单链RNA分子，可调控细胞中基因表达，与动植物的生长、发育及代谢等过程密切相关（付汉江等，2003）。Yang等（2011）采用DNA-12nt-RED-160（DNA-12nt-RED：5′-CCTCCTTCCTCCTGGCATACAGGGAGCCAGGCA-3′）序列合成了红色发射的银纳米团簇，该片段中CCTCCTTCCTCC为修饰银纳米的片段，TGGCATACAGGGAGCCAGGCA为miR160的检测片段，当体系中有miR160存在时，银纳米团簇的荧光就会被猝灭，基于这一原理，建立了miR160快速检测新方法。

6.2.3　碳点在核酸检测中的应用

Noh等（2013）发展了一种基于碳点的microRNA124a分子信标，他们将氨基化寡聚核苷酸片段（5′-NH_2-TTCGCTGTTGGCATTCACCGCGTGCCTTAA-3′）与碳点偶联，再向体系中加入猝灭片段（5′-TGCCAACAGCG-BHQ1-3′），碳点的荧光就被猝灭剂（BHQ1）猝灭，当体系中有microRNA124a（5′-TTAAGGCACGCGGTGAATGCCA-3′）存在时，microRNA124a就会与分子信标杂交，使猝灭剂远离碳点，导致碳点的荧光得到恢复。该方法还可用于细胞中microRNA124a的检测，获得了满意的结果。

6.2.4　石墨烯及类石墨烯量子点在核酸检测中的应用

Qian等（2014a）将单链DNA片段（5′-NH_2-TTGGTGAAGCTAACGTTGAGG-3′）与石墨烯量子点偶联，当向体系中加入碳纳米管后，碳纳米管会猝灭石墨烯量子点的荧光，如果向体系中加入互补的DNA序列（5′-CCTCAACGTTAGCTTCACCAA-3′），由于单链DNA之间的相互作用，会导致碳纳米管远离石墨烯量子点，使石墨烯量子点的荧光恢复，基于这一原理，建立了单链DNA快速检测新方法。该方法线性范围为1.5~130nmol/L，检出限为0.4nmol/L。同一课题组基于石墨烯对石墨烯量子点的猝灭作用，采用类似的方法建立了单链DNA快速检测新方法（Qian et al.，2014b）。方法的线性范围为6.7~46.0nmol/L，检出限为75pmol/L。

一些类石墨烯量子点也可用于建立核酸检测新方法。Ge 等通过 microRNA 杂交的方法获得血红素/G-四链体 DNA 酶，再采用血红素/G-四链体 DNA 酶催化氧化邻苯二胺为2，3-二氨基吩嗪，由于2，3-二氨基吩嗪可通过内滤作用猝灭二硫化钼量子点的荧光信号，基于这一原理，他们建立了 microRNA let-7a 的高灵敏检测新方法，该方法的检出限可达 42 fmol/L。

6.2.5 稀土掺杂上转换纳米荧光探针在核酸检测中的应用

Ju 等（2014）将捕获的 DNA（5′-AACTGATGCTGAC-C_3-NH_2-3′）修饰在纸上，当体系中有目标 DNA（5′-CAGCATCAGTTTCTGAAACCC T- 3′）存在时，目标 DNA 就会与捕获 DNA 相结合，再采用探针 DNA（5′-NH_2-C_6-ACA GGGTTTCAGA-3′）修饰的上转换荧光材料（$LiYF_4$：0.5 at%Er、18 at%Yb）对目标 DNA 进行检测，建立了单链 DNA 快速检测新方法。该方法对单链 DNA 的检出限可达 3.6 fmol。

6.2.6 多功能纳米荧光探针在核酸检测中的应用

近年来，多功能纳米荧光探针在 DNA 及 RNA 的检测方面取得了较大的进展，很多课题组基于金纳米粒子、氧化石墨烯、碳纳米管等材料设计了多种多功能纳米荧光探针，可用于细胞内及细胞外的核酸检测，山东师范大学李娜教授、唐波教授课题组对这一领域进行了详细的总结（杨立敏等，2017）。Wang 等（2020）采用特定序列的单链 DNA 将两种不同颜色的量子点偶联到磁珠表面，当体系中存在与单链 DNA 互补 microRNA 序列时，就会使单链 DNA 结合形成双链结构，进一步向体系中加入双链 DNA 酶，就会把形成双联结构的量子点从磁珠上释放出来，利用量子点的荧光信号，建立了与 EV71 病毒复制相关的两种 microRNA（microRNA16 及 microRNA296）的检测方法，检出限可达 0.5 pmol/L。

Degliangeli 等（2014）将聚乙二醇功能化金纳米粒子与荧光素修饰的 DNA 偶联（FAM - CTAGTGGTCCTAAACATTTCACTTT - SH），当体系有与 DNA 特异结合的 microRNA 存在时（GUGAAAUGUUUAGGACCACUAG），microRNA 就会与 DNA 杂交，在双链特异性内切酶作用下，RNA-DNA 杂交片段就会被切断，荧光素就会远离金纳米粒子，导致荧光染料的荧光恢复。他们将该方法用于 microRNA-203 的检测，检出限为 0.2 fmol。

Cannon 等（2012）将生物素化的 DNA 片段与亲和素修饰的 Fe_3O_4 磁性纳米粒子偶联，当体系中存在染料修饰的互补 DNA 序列时，磁性纳米粒子就可以将互补 DNA 序列捕获，利用染料的荧光信号可对 DNA 的含量进行检测。该方法对单链 DNA 的检出限可达 2.5 zmol。

6.3 纳米荧光探针在细菌检测中的应用

细菌是自然界分布最广、个数最多的有机体，对人类活动具有重要的影响，建立高灵敏的细菌检测方法对于食品安全、环境检测、疾病诊断等方面均具有重要的意义

（王丽江，2007）。本节将介绍基于几类纳米荧光探针的细菌检测新技术、新方法。

6.3.1　半导体量子点在细菌检测中的应用

大肠杆菌 O157：H7 属于肠杆菌科埃希氏菌属，其显著特征是产生大量的类志贺氏毒素，并引起人的出血性肠炎、腹泻、溶血性尿毒症等症状，建立大肠杆菌 O157：H7 的快速检测方法对控制该菌具有重要的意义（葛萃萃等，2007）。Su 等（Su and Li, 2004）采用表面修饰多克隆抗体（Polyclonal anti-*E. coli O*157 antibodies）的聚苯乙烯免疫磁珠对大肠杆菌 O157：H7 进行分离，再向体系中加入生物素化的抗体（Biotin-conjugated anti-*E. coli* antibodies）及亲和素修饰的 CdSe/ZnS 量子点，利用生物素—亲和素之间特异相互作用，建立了大肠杆菌 O157：H7 快速检测新方法。该方法检测范围为 $10^3 \sim 10^7$ cfu/mL，检出限为 10^3 cfu/mL。Abdelhamid 等（2013）采用壳聚糖修饰的 CdS 量子点为探针，建立了铜绿假单胞菌（*Pseudomonas aeruginosa*）及金黄色葡萄球菌（*Staphylococcus aureus*）的快速检测新方法。当向量子点中加入细菌后，壳聚糖修饰的量子点就会吸附在细菌表面，导致量子点的荧光升高。该方法检测铜绿假单胞菌的线性范围为 $2.0\times10^2 \sim 8.0\times10^2$ cfu/mL，检测金黄色葡萄球菌的线性范围为 $1.5\times10^2 \sim 1.1\times10^3$ cfu/mL；对铜绿假单胞菌的检出限为 2.0×10^2 cfu/mL，对金黄色葡萄球菌的检出限为 1.5×10^2 cfu/mL。他们还计算了 CdS 量子点与细菌相互作用的焓变、熵变及自由能变化，表明量子点与细菌之间的作用主要是疏水相互作用。华中农业大学蔡朝霞教授课题组利用谷胱甘肽修饰的 CdSe 量子点为探针，基于大肠杆菌对量子点荧光的增强作用，建立了大肠杆菌快速检测新方法（蔡朝霞等，2011）。该方法线性范围为 $1.0\times10^3 \sim 1.0\times10^9$ cfu /mL，检出限为 1.0×10^2 cfu /mL。

6.3.2　荧光金属纳米团簇探针在细菌检测中的应用

Tseng 等（2011）利用甘露糖修饰的荧光金纳米团簇为探针，建立了大肠杆菌快速检测新方法。由于大肠杆菌表面存在甘露糖结合凝集素，当把甘露糖修饰荧光金纳米团簇加入大肠杆菌中后，基于甘露糖与凝集素之间的特异相互作用，荧光金纳米团簇就会结合在大肠杆菌表面，通过离心分离及荧光分析，就可检测体系中大肠杆菌的含量。该方法检测大肠杆菌线性范围为 $1.0\times10^3 \sim 1.0\times10^6$ cfu /mL，检出限为 150 cfu /mL。Chan 等（Chan and Chen, 2012）采用人血清白蛋白修饰的荧光金纳米团簇为探针，建立了金黄色葡萄球菌和耐甲氧西林金黄色葡萄球菌的快速检测新方法。研究发现，当荧光金纳米团簇表面修饰人血清白蛋白后，人血清白蛋白的构象发生改变，导致其与金黄色葡萄球菌产生特异性结合。质谱分析表明，RHPDYSVVLLLR 多肽及 DVFLGMFEYAR 多肽是与人血清白蛋白与金黄色葡萄球菌特异性结合的多肽片段。他们还研究了牛血清白蛋白修饰的荧光金纳米团簇与金黄色葡萄球菌的结合能力，发现两者之间结合不明显。当体系中细菌浓度高于 4.2×10^6 cells/mL 时，在 365nm 波长紫外灯照射下，可通过肉眼观测的方法对细菌进行检测。同一课题组以氯金酸、巯基甘露糖（6- mercaptohexy-α-mannopyranoside）等为原料，合成了甘露糖修饰的荧光金纳米团簇，利用甘露糖与大肠杆菌（*E. coli* JM109）表面凝集素之间的特异相互作用，建立了大肠杆菌肉眼快速检测新方法，检出限可达 2.58×10^6cells/mL（Chan et al.，2013）。

6.3.3 碳点在细菌检测中的应用

基于细菌 DNA 或细菌表面蛋白对碳点荧光信号的影响，可建立基于碳点的细菌检测新方法。Lee 等（2017）利用聚乙烯亚胺为原料，合成了表面带有正电荷蓝色发射的碳点。基于 DNA 链诱导碳点产生沉淀的作用，建立了肺炎克雷伯菌的抗药性基因 KPC-2的快速检测新方法，该方法检出限为 100pmol。由于其他序列的 DNA 也可能诱导碳点产生团聚作用，该方法的选择性有待进一步提高。江南大学孙秀兰教授课题组基于核酸适体修饰的四氧化三铁纳米粒子与互补 DNA 修饰碳点之间的荧光共振能量转移，建立了金黄色葡萄球菌检测新方法（Cui et al.，2019）。由于氢键的作用，碳点的荧光被四氧化三铁通过荧光共振能量转移猝灭，当体系中存在金黄色葡萄球菌时，金黄色葡萄球菌就会与核酸适体结合，使碳点的荧光恢复。该方法检测速度快，30min 之内就可完成整个检测过程；检测灵敏度高，对金黄色葡萄球菌的检出限可达 8 CFU/mL。

Mehta 等（2014）以甘蔗汁为原料，采用水热法合成了最大发射波长为 474nm 的荧光碳点。他们将所合成的碳点与大肠杆菌共同培养后，在激光共聚焦荧光显微镜下可观察到大肠杆菌的荧光信号。表明碳点在大肠杆菌的检测及成像分析中具有潜在的应用价值。夏圣等（2013）将偶联抗体的磁珠粒对样品中乙型副伤寒沙门菌进行富集后，加入偶联抗沙门菌 Ha 因子抗体的碳点，利用碳点的荧光信号对样品中乙型副伤寒沙门菌进行检测，该方法检测灵敏度为 10^3cfu/mL，检测时间大约需要 2h。

6.3.4 石墨烯及类石墨烯量子点在细菌检测中的应用

耶尔森菌是一种革兰氏阴性细菌，人感染后会导致发烧、腹泻及关节疼痛等症状。Savas 等（2019）发展了一种以石墨烯量子点为模拟酶的新型生物传感器，用于牛奶及血清中耶尔森菌的检测。该方法对牛奶中细菌的检出限为 5cfu/mL，血清中细菌的检出限为 30cfu/mL。类石墨烯量子点用于细菌检测的报到还很少，然而，由于类石墨烯量子点荧光性质与石墨烯量子点相似，未来在细菌的检测中同样具有潜在的应用前景。

6.3.5 稀土掺杂上转换纳米荧光探针在细菌检测中的应用

上转换纳米荧光探针斯托克斯位移大，荧光发射光谱半峰宽窄，可用于多种细菌的同时检测。Wu 等（2014b）采用多色上转换纳米粒子标记技术，建立了金黄色葡萄球菌（*Staphylococcus aureus*）和沙门氏菌（*Vibrio parahemolyticus*）和副溶血性弧菌（*Salmonella typhimurium*）同时检测新方法。他们将 3 种核酸适配体分别偶联到 3 种不同的上转换纳米荧光材料（$NaYF_4$: Yb，Tm、$NaYF_4$: Yb，Ho、$NaYF_4$: Yb，Er/Mn）表面，与磁性纳米粒子分离技术结合，利用 477nm、542nm 及 660nm 波长处荧光强度变化，可同时检测金黄色葡萄球菌、沙门氏菌和副溶血性弧菌的含量。该方法对金黄色葡萄球菌、沙门氏菌和副溶血性弧菌的检出限分别为 25cfu/mL、10cfu/mL、15cfu/mL。

6.3.6 多功能纳米荧光探针在细菌检测中的应用

Martynenko 等（2019）在合成碳酸钙纳米微球的基础上，将四氧化三铁磁性纳米粒子及 AgInS /ZnS 三元量子点修饰到微珠表面，再进一步偶联嗜肺军团菌抗体，形成可识别嗜肺军团菌的磁性荧光多功能纳米材料，实现了对嗜肺军团菌的免疫磁性分离、靶向富集及靶向定量检测。

Wang 等（2011）采用偶联甘露糖的荧光染料（FBT）为探针，建立了大肠杆菌快速检测新方法。当把 FBT 加入氧化石墨烯中后，FBT 就会吸附在氧化石墨烯的表面，导致染料的荧光被猝灭。如果向体系中加入大肠杆菌（MG1655），由于该大肠杆菌可表达甘露醇结合蛋白，导致染料原理氧化石墨烯，使染料荧光得到恢复。利用这一方法可以有效区分大肠杆菌的不同菌株。

Duan 等（2014）采用荧光素修饰核酸适配体（FAM-aptamer）及氧化石墨烯为探针，建立了鼠伤寒沙门菌快速检测新方法。当向荧光素修饰核酸适配体中加入氧化石墨烯后，荧光素的荧光就会被氧化石墨烯猝灭，如果向体系中加入鼠伤寒沙门菌，核酸适配体就会与鼠伤寒沙门菌结合，导致荧光素远离氧化石墨烯，使荧光素的荧光得到恢复。该方法线性范围为 $1\times10^3\sim1\times10^8$cfu/mL，检出限为 100cfu/mL。

Liao 等（2014）将两种生物素化的 DNA 片段分别标记在亲和素修饰的量子点（QDs525 和 QDs605）上，当体系中有氧化石墨烯存在时，量子点的荧光就会被猝灭，在向体系中加入李斯特单核细胞增生菌基因组后，由于基因组中存在生物素化 DNA 片段的互补序列，导致量子点远离石墨烯，量子点的荧光得到恢复。该方法对李斯特单核细胞增生菌基因组检测范围为 $10^2\sim10^6$fg/μL，检出限为 100fg/μL。

6.4　纳米荧光探针在病毒检测中的应用

病毒的检测是控制病毒流行的重要手段，其检测对象包括病毒基因、病毒蛋白及抗体等。本部分将重点介绍几类纳米荧光探针在病毒检测中的应用研究进展。

6.4.1　半导体量子点在病毒检测中的应用

当 CRISPR 体系中 Cas9 蛋白的 D10A 及 H840A 氨基酸位点突变后，该蛋白（dCas9）仅保留 DNA 结合活性，而没有 DNA 切割活性。Ma 等（2017）将发射波长分别为 525nm 及 625nm 两种颜色的量子点与连接靶序列的 dCas9 蛋白偶联，采用荧光原位杂交技术对病毒感染细胞内的病毒 DNA 进行成像分析，建立了细胞内单个病毒核酸测定的成像分析平台。Ribeiro 等（2019）将二抗偶联到 CdTe 量子点表面，利用免疫荧光分析技术建立了寨卡病毒抗体检测新方法。他们首先把寨卡病毒 E 蛋白固定在 96 孔板表面，在像体系中加入抗体及量子点标记的二抗，当体系中有抗体存在时，量子点就会与抗体结合而发出荧光信号。研究发现，偶联二抗的量子点在放置 4 个月后仍可用于检测。Nguyen 等（2020）首先将量子点修饰到乳胶微球表面，再与流感病毒抗体偶联，利用免疫层析技术建立了 H1N1 及 H3N2 流感病毒检测新方法。临床评价实验表明，该方法具有 93.75%的敏感性（45/48）和 100%的特异性。

2020 年，在世界范围内广泛地出现了新型冠状病毒肺炎，该疾病不仅给人民健康造成了严重的危害，而且持续造成了重大的经济损失。南开大学陈佺教授、庞代文教授等人采用聚集诱导发光（AIE）、量子点、胶体金等技术，成功研制出新冠病毒 IgM/IgG 抗体快速测试卡，该检测卡在 40 例确诊新冠患者血液中成功检出抗体阳性 30 例（75%），其中 IgM 阳性 16 例（40%），IgG 阳性 28 例（70%），在健康对照及非新冠疾病中均未检出（https：//www. colabug. com/2020/0215/6999729/amp/）。

禽流感病毒的流行，不仅造成巨大的经济损失，而且给人类健康带来严重威胁，建立禽流感病毒快速检测新技术具有重要的意义（戈胜强等，2013）。Li 等（2012）将量子点与胶体金试纸条技术相结合，建立了禽流感病毒快速检测新方法。当体系中有禽流感病毒存在时，胶体金试纸条检测线就会出现颜色变化。利用 HCl-Br_2 溶液将检测线上的金纳米粒子溶解后，基于 Au^{3+} 对 CdTe 量子点的猝灭作用，建立了禽流感病毒快速检测新方法。该方法线性范围为 0. 27～12ng/mL，检出限为 0. 09ng。该方法在其他动物流行病的快速诊断中也具有潜在的应用前景。

Tian 等（2012）将氨基化的 DNA 片段（5′-NH_2-T5-GCAAGGAGACGTGGTGTT-GG-T5-3′）与 CdTe 量子点偶联，再向体系中加入氧化碳纳米管（oxCNT），CdTe 量子点的荧光就会被氧化碳纳米管猝灭，如果体系中有互补 DNA 序列存在，就会与 CdTe 量子点偶联的 DNA 杂交，导致量子点远离氧化碳纳米管，使其荧光恢复。该方法成功用于 H5N1 禽流感病毒 DNA 的检测，线性范围为 0. 01～20μmol/L，检出限为 9. 39nmol/L。

中国检验检疫科学研究院邹明强研究员课题组（王楠等，2009）将禽流感单克隆抗体与绿色荧光发射量子点偶联，结合流式微球技术，建立了禽流感病毒快速检测新方法。他们将禽流感多克隆抗体包被在聚苯乙烯微球表面，再向体系中加入禽流感抗原及单克隆抗体修饰的量子点，采用双抗夹心检测技术，就可以对体系中禽流感病毒抗原进行检测。该方法检测灵敏度比 ELISA 方法高 16 倍，而且不与鸡传染性支气管炎病毒、鸡马立克氏病毒等产生交叉反应。

猪伪狂犬病毒（PRV）又称猪疱疹病毒 I 型，能够感染多种家畜和野生动物，致妊娠母猪流产、产死胎和木乃伊胎，给养猪业带来巨大的损失（尹贻鑫，2013）。Li 等（2013）将伪狂犬病毒（PRV）修饰在 96 孔板表面，向体系中加入抗体或含 PRV 抗体的样品及偶联 CdSe 量子点的兔抗猪 IgG，当体系中有 PRV 抗体存在时，偶联兔抗猪 IgG 的 CdSe 量子点就会与 PRV 抗体结合。再向体系中加入 Ag^+后，Ag^+就会与 CdSe 量子点作用，将 Cd^{2+}释放到溶液中，利用罗丹明-5N（Rhod-5N）与 Cd^{2+}作用后荧光强度的变化，就可以检测体系中 PRV 抗体的含量。该方法对伪狂犬病毒抗体线性范围为 4. 88～312ng/mL，检出限为 1. 22ng/mL（图 6-1）。与传统的酶联免疫分析法（ELISA）相比，该方法线性范围更宽，检出限更低。

6. 4. 2 荧光金属纳米团簇探针在病毒检测中的应用

Liu 等（2013）采用最大发射波长分别为 616nm、775nm 核酸修饰银纳米团簇为探针，建立了乙肝病毒（HBV）及艾滋病病毒（HIV）的 DNA 的快速检测新方法。他们首先采用氧化石墨烯将银纳米团簇的荧光猝灭，在向体系中加入乙肝病毒（HBV）及艾滋病病毒（HIV）的 DNA 片段后，体系的荧光就得到恢复。该方法有望用于乙肝病毒、艾滋病病毒的快速检测。

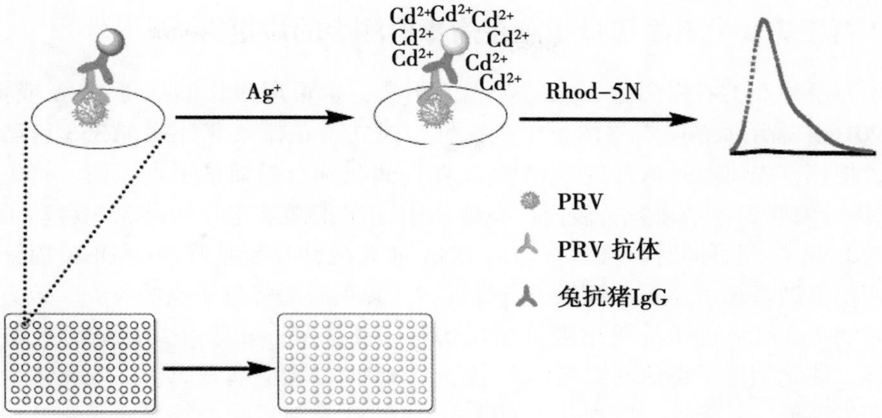

图 6-1　猪伪狂犬病抗体检测原理

PRV：猪伪狂犬病毒；IgG：免疫球蛋白；Rhod-5N：罗丹明-5N。
（Li et al.，2013）

Kurdekar 等（2018）在合成谷胱甘肽修饰金簇的基础上，采用 EDC 及 NHS 偶联试剂，成功将亲和素与金簇偶联，进一步利用生物素与亲和素之间特异相互作用，进一步将 HIV-1 p24 抗体偶联到金簇表面。在此基础上，建立了 HIV-1 p24 抗原荧光免疫分析法，对抗原的检出限可达 5pg/mL。该探针未来可望进一步用于艾滋病病毒感染早期的快速检测。

6.4.3　碳点在病毒检测中的应用

人类 T 淋巴细胞病毒 1 型（HTLV-1）是一种逆转录病毒，该病毒感染后可导致患者产生白血病及脊髓疾病。Zarei-Ghobadi 等（2018）基于碳点及金修饰的四氧化三铁纳米粒子建立了 HTLV-1 的 DNA 检测新方法。他们首先在碳点表面修饰与靶 DNA 互补的 DNA 序列，当体系中没有靶 DNA 存在时，碳点的荧光被金修饰的四氧化三铁纳米颗粒猝灭；当体系中存在靶 DNA 时，靶 DNA 就会与碳点结合，使得碳点远离金修饰的四氧化三铁颗粒，碳点的荧光得到恢复。该方法检测的线性范围为 10～320nmol/L。重症发热伴血小板减少综合征病毒是一种单股负链 RNA 病毒，人感染后会伴有发热、血小板减少及白细胞减少等症状。Xu 等（2019a）将抗体偶联二氧化硅包埋碳点微球与侧向层析检测试纸条技术相结合，建立了发热伴血小板减少综合征病毒快速检测新方法，对该病毒核蛋白的检出限达 10pg/mL。在此基础上，检测了人血清中发热伴血小板减少综合征病毒，取得了良好的效果。

流感病毒可导致严重的呼吸道疾病，每年造成全球 25 万～50 万人死亡。Yang 等（2019）将偶联 DNA 的碳点与等温扩增技术相结合，建立了 H7N9 流感病毒快速检测新方法。研究发现，当体系中有流感病毒 DNA 片段存在时，DNA 片段就会与修饰到碳点上 DNA 结合，在 DNA 酶的作用下，导致碳点荧光猝灭。该方法对 H7 基因及 N9 基因

检出限分别为 4.6×10^{-15}mol/L、3.4×10^{-15}mol/L。

6.4.4 石墨烯及类石墨烯量子点在病毒检测中的应用

基于石墨烯及类石墨烯量子点的荧光分析法，也可用来检测病毒 DNA 或蛋白质。Li 等（2016）采用氮掺杂石墨烯量子点探针，建立了花椰菜花叶病毒 35S 启动子检测新方法。他们首先将氨基修饰的 DNA 捕获探针偶联到石墨烯量子点表面，将巯基修饰的 DNA 探针偶联到银纳米粒子表面，当体系中存在花椰菜花叶病毒 35S 启动子时，该启动子的 DNA 序列可同时与氨基修饰的 DNA 捕获探针及巯基修饰的 DNA 探针同时结合，从而使银纳米粒子与石墨烯量子点靠近，并猝灭石墨烯量子点的荧光。该方法对花椰菜花叶病毒 35S 启动子的检出限可达 0.03nmol/L。Ahmed 等（2018）将抗血凝素抗体与手性二硫化钼量子点偶联，当体系中存在 H5N1 禽流感病毒时，二硫化钼量子点的荧光会产生降低，基于这一原理，他们建立了 H5N1 禽流感病毒特异性检测方法，对禽流感病毒的检出限为 7.35pg/mL。

6.4.5 稀土掺杂上转换纳米荧光探针在病毒检测中的应用

艾滋病是人类免疫缺陷病毒感染所引起的疾病，该病潜伏时间长、传播速度快、危害范围广。检测人类免疫缺陷病毒抗体是艾滋病诊断常用的方法之一（付小国等，2009）。Wu 等（2014a）采用多肽功能化上转换荧光纳米粒子为探针，建立了人血清中免疫缺陷病毒抗体高灵敏、高选择性检测新方法。他们将多肽（DSPE-KNNNGGGRKR-IHIGPGPAFYTT，DSPE 为 1，2-二硬酯酸-3-磷脂酰乙醇胺）修饰到 $NaYF_4$：Yb，Er 上转换荧光纳米材料表面，向体系中加入氧化石墨烯后，上转换荧光材料的荧光就被氧化石墨烯猝灭，如果体系中有免疫缺陷病毒抗体（anti-HIV-1 gp120 抗体）存在，就会使上转换荧光纳米材料远离氧化石墨烯，其荧光就得到恢复。该方法线性范围为 5～150nmol/L，检出限为 2nmol/L。该方法成功用于人血清中免疫缺陷病毒抗体的测定，回收率在 95%～108%。

Ye 等（2014）采用 $BaGdF_5$：Yb，Er 上转换纳米粒子及金纳米粒子为探针，建立了 H7 亚型禽流感的快速检测新方法。他们将寡聚核苷酸探针（5′-NH_2-CATCTGCGG-GAATGCAGCATTATCT-3′）偶联到上转换纳米粒子表面，将巯基修饰的 H7 凝集素寡聚核苷酸探针修饰到金纳米粒子表面，将上转化纳米粒子与金纳米粒子混合后，采用 FLS920P 荧光光谱仪（FLS 920P Edinburgh analytical instrument apparatus）检测体系荧光强度的变化。结果发现，当加入偶联聚核苷酸探针金纳米粒子后，上转换荧光材料在 520nm、540nm 及 654nm3个波长处的荧光均被猝灭。该方法对禽流感 H7 凝集素寡聚核苷酸的检测线性范围为 10pmol/L～10nmol/L，检出限为 7pmol/L。

6.4.6 多功能纳米荧光探针在病毒检测中的应用

武汉病毒所肖庚富研究员课题组利用生物素—亲和素之间相互作用将亲和素修饰量子点与生物素修饰的核酸片段 A（5′-GACTCAAATGTCAAGAACCTTTA）偶联，将亲和素修饰的磁珠与生物素化的核酸片段 B（5′-CTAAAAAGAGAGGAAATAAGTGG）偶联，由于

H5N1 禽流感病毒 RNA 可与核酸片段 A 及 B 同时互补，将量子点与磁珠连接到一起，在磁场的作用下，可将量子点与磁珠同时分离（Zhang et al.，2010）。利用量子点的荧光强度，可对 H5N1 禽流感病毒 RNA 进行检测，该方法对病毒 RNA 的检出限可达 0.1ng。

武汉大学何治柯教授课题组采用氧化石墨烯及量子点探针建立了人肠道病毒（EV71）和柯萨奇 B3 病毒（CVB3）双病毒同时检测新方法（Chen et al.，2012）。他们利用生物素亲和素之间的特异性相互作用，将发射波长 525nm 的量子点与人肠道病毒抗体偶联，发射波长 605nm 波长的量子点与柯萨奇 B3 病毒抗体偶联，当向体系中加入石墨烯后，石墨烯就将量子点的荧光猝灭，在此基础上，向体系中加入病毒，由于病毒抗原-抗体之间的相互作用，就会导致量子点远离石墨烯，使量子点荧光恢复。该方法对人肠道病毒和柯萨奇 B3 病毒的线性范围分别为 1～14ng/mL、1～19ng/mL，检出限分别为 0.42ng/mL、0.39ng/mL。

金属有机框架材料由金属离子与有机配体经过自组装形成的一类新型材料，具有大的比表面积、高的孔隙率，已经引起化学、生命科学、材料科学等领域研究者的广泛关注（翟睿等，2014），该类材料也可用于荧光传感器的构建。Wei 等人（Wei et al.，2013）将荧光素修饰的核苷酸片段（5′-FAM-TCTCTCAGTCCGTGGTAGGGCAGGTTGGGGTGACTNH$_2$-3′）加入到金属—有机框架材料（H_2dtoaCu-MOF）时，荧光素的荧光就会被金属—有机框架材料猝灭，当有 DNA 外切核酸酶 I 存在时，在外切酶的作用下，荧光素就会游离到溶液中，使体系的荧光恢复，如果体系中有禽流感抗体及 DNA 外切核酸酶 I 存在时，由于抗体与 DNA 的作用，使 DNA 外切酶不能切断 DNA 片段，有机荧光染料的荧光不能恢复，基于这一原理，他们建立了禽流感抗体快速检测新方法。该方法线性范围为 1.0×10^{-6}～5.0×10^{-9}mol/L，检出限为 1.6×10^{-9}mol/L。

Nasrin 等（2018）基于量子点与金纳米粒子之间的局域表面等离子体共振作用，构建了诺如病毒及类诺如病毒颗粒的快速高灵敏检测新方法。采用共价偶联的方法将抗诺如病毒抗体修饰到 CdSeTeS 量子点表面，然后将 11-巯基十一烷酸修饰的金纳米粒子与量子点混合，由于量子点与金纳米粒子之间存在局域表面等离子体共振作用，导致量子点的荧光产生猝灭，当体系中存在诺如病毒或类诺如病毒粒子时，诺如病毒或类诺如病毒粒子就会与量子点表面的抗体结合，从而阻碍了量子点与金纳米粒子之间的局域表面等离子体共振作用，从而使量子点的荧光恢复。根据这一原理，他们建立了诺如病毒或类诺如病毒粒子的快速高灵敏检测新方法，对诺如病毒的检出限可达 95copies/mL。

6.5　小结与展望

本章主要介绍了纳米荧光探针在蛋白质、核酸、细菌、病毒检测中的应用。分析原理主要基于生物素—亲和素、抗原—抗体、DNA-DNA、DNA-RNA、DNA-蛋白质及小分子—糖等的相互作用，相互作用的强弱及特异性直接决定了所建立方法的灵敏度及选择性。相对于金属离子及有机小分子类化合物的检测来说，纳米荧光探针用于蛋白质、核酸、细菌、病毒检测的方法还相对较少。未来 5～10 年内，建立基于纳米荧光探针的蛋白质、核酸、细菌及细胞高灵敏、高选择性的研究方法将仍然是该领域的一个研究热点。另外，目前所建立的生物检测方法，大多局限于检测单一分析物，建立多种生物组分的同时检测方法是未来该领域发展的一个趋势。

参考文献

蔡朝霞，阮晓娟，石宝琴，等，2011. 水溶性 CdSe 量子点的合成及其作为荧光探针对大肠杆菌的快速检测 [J]. 分析试验室，30（3）：107-110.

陈艳，江明锋，叶煜辉，等，2009. 溶菌酶的研究进展 [J]. 生物学杂志，26（2）：64-66.

段艳芳，宋任涛，王飞，2009. 酪蛋白激酶 2 的亚基结构与生理功能 [J]. 生命的化学，29（1）：37-40.

付汉江，江红，吕萍，等，2003. 微 RNA：一类新的基因调控因子 [J]. 军事医学科学院院刊，27（4）：300-302.

付小国，王燕华，秦加巍，2009. 电化学发光免疫分析法和酶联免疫吸附法检测人类免疫缺陷病毒抗体效果评价 [J]. 临床和实验医学杂志，8（4）：77-78.

戈胜强，王志亮，2013. 禽流感病毒样颗粒研究进展 [J]. 病毒学报，29（2）：224-232.

葛萃萃，钟青萍，张旺，等，2007. 双抗夹心 ELISA 检测食品中大肠杆菌 O157：H7 方法研究 [J]. 食品科学，28（1）：171-175.

郭蔼光，2001. 基础生物化学 [M]. 北京：高等教育出版社.

赖翼，刘阳，林方昭，等，2009. 凝血酶研究概况 [J]. 血栓与止血学，15（3）：142-144.

马铮，2008. Foxp3 基因与自身免疫性疾病 [J]. 免疫学杂志，24（1）：111-115.

阮晓娟，王蓓蓓，马美湖，等，2014. 水溶性 ZnSe 量子点在快速灵敏检测牛分枝杆菌表面 MPB83 蛋白中的应用 [J]. 分析化学，42（5）：643-647.

王丽江，2007. 结合纳米技术的细菌检测分子生物传感器的研究 [D]. 杭州：浙江大学.

王楠，邹明强，汪明，等，2009. 禽流感病毒流式微球量子点探针免疫诊断新方法 [J]. 分析测试学报，8（7）：764-768.

王淑杰，2013. 基于光电检测技术的免疫 C 反应蛋白检测仪研制 [D]. 杭州：浙江大学.

武红敏，韩鹤友，金梅林，等，2009. CdSe/ZnS 量子点探针用于检测猪链球菌 2 型溶菌酶释放蛋白（MRP）抗原的新方法研究 [J]. 化学学报，27（10）：1 087-1 092.

夏圣，章佳英，张元，等，2013. 免疫纳米荧光碳点技术快速检测乙型副伤寒沙门菌 [J]. 临床检验杂志，31（8）：568-570.

徐欢，王周平，杨震，等，2010. 基于核壳型荧光纳米颗粒检测的人免疫球蛋白 G 免疫分析方法研究 [J]. 食品与生物技术学报，29（1）：110-117.

杨立敏，刘波，李娜，等，2017. 纳米荧光探针用于核酸分子的检测及成像研究 [J]. 化学学报，75（11）：1 047-1 060.

佚名，2020. 15 分钟快速检测南开大学团队研获新冠病毒抗体检测试剂盒 [EB/OL]. https：//www. colabug. com/2020/0215/6999729/amp/.

尹贻鑫，2013. 伪狂犬病毒沿神经元细胞轴突运输的初步研究 [D]. 武汉：华中农业大学.

曾巧英，陆承平，2003. 猪链球菌 2 型溶菌酶释放蛋白诱导上皮细胞融合和凋亡 [J]. 微生物学报，43（3）：407-412.

翟睿，焦丰龙，林虹君，等，2014. 金属有机框架材料的研究进展 [J]. 色谱，32（2）：107-116.

Abdelhamid H N, Wu H F, 2013. Probing the interactions of chitosan capped CdS quantum dots with pathogenic bacteria and their biosensing application [J]. *Journal of Materials Chemistry B*, 1 (44): 6 094-6 106.

Ahmed S R, Neethirajan S, 2018. Chiral MoS_2 quantum dots: Dual-mode detection approaches for avian influenza viruses [J]. *Global Challenges*, 2 (4): 1 700 071.

Cannon B, Campos A R, Lewitz Z, et al, 2012. Zeptomole detection of DNA nanoparticles by single-molecule fluorescence with magnetic field-directed localization [J]. *Analytical Biochemistry*, 431 (1): 40-47.

Chan P H, Chen Y C, 2012. Human serum albumin stabilized gold nanoclusters as selective luminescent probes for staphylococcus aureus and methicillin-resistant staphylococcus aureus [J]. *Analytical Chemistry*, 84 (21): 8 952-8 956.

Chan P H, Ghosh B, Lai H Z, et al, 2013. Photoluminescent gold nanoclusters as sensing probes for uropathogenic *Escherichia coli* [J]. *PLoS One*, 8 (3): e58 064.

Chen L, Zhang X, Zhou G, et al, 2012. Simultaneous determination of human enterovirus 71 and coxsackievirus B3 by dual-color quantum dots and homogeneous immunoassay [J]. *Analytical Chemistry*, 84 (7): 3 200-3 207.

Cui F, Sun J, Habimana J D, et al, 2019. Ultrasensitive fluorometric angling determination of staphylococcus aureus*in vitro* and fluorescence imaging *in vivo* using carbon dots with full-color emission [J]. *Analytical Chemistry*, 91 (22): 14 681-14 690.

Degliangeli F, Kshirsagar P, Brunetti V, et al, 2014. Absolute and direct microRNA quantification using DNA-gold nanoparticle probes [J]. *Journal of the American Chemical Society*, 136 (6): 2 264-2 267.

Duan Y F, Ning Y, Song Y, et al, 2014. Fluorescent aptasensor for the determination of Salmonella typhimurium based on a graphene oxide platform [J]. *Microchimica Acta*, 181 (5-6): 647-653.

Freeman R, Finder T, Gill R, et al, 2010. Probing protein kinase (CK2) and alkaline phosphatase with CdSe/ZnS quantum dots [J]. *Nano Letters*, 10 (6): 2 192-2 196.

Gasparyan V K, 2014. Synthesis of water-soluble CdSe quantum dots with various fluorescent properties and their application in immunoassay for determination of C-reactive protein [J]. *Journal of Fluorescence*, 24 (5): 1 433-1 438.

Ge J, Qi Z, Zhang L, et al, 2020. Label-free and enzyme-free detection of microRNA based on a hybridization chain reaction with hemin/G-quadruplex enzymatic catalysis-induced MoS_2 quantum dots *via* the inner filter effect [J]. *Nanoscale*, 12 (2): 808-814.

Gu W, Yan Y, Zhang C, et al, 2016. One-step synthesis of water-soluble MoS_2 quantum dots *via* a hydrothermal method as a fluorescent probe for hyaluronidase detection [J]. *ACS Applied Materials & Interfaces*, 8 (18): 11 272-11 279.

Ju Q, Uddayasankar U, Krull U, 2014. Paper-based DNA detection using lanthanide-doped $LiYF_4$ upconversion nanocrystals as bioprobe [J]. *Small*, 10 (19): 3 912-3 917.

Kurdekar A D, Chunduri L A A, Manohar C S, et al, 2018. Streptavidin-conjugated gold nanoclusters as ultrasensitive fluorescent sensors for early diagnosis of HIV infection [J]. *Science Advances*, 4 (11): eaar6 280.

Lee H N, Ryu J S, Shin C, et al, 2017. A carbon-dot-based fluorescent nanosensor for simple visualization of bacterial nucleic acids [J]. *Macromolecular Bioscience*, 17 (9): 1 700 086.

Lee S Y, Bahara N H H, 2014. Choong Y S, et al. DNA fluorescence shift sensor: A rapid method for the detection of DNA hybridization using silver nanoclusters [J]. *Journal of Colloid and Interface Science*, 433: 183-188.

Li S, Gao Z, Shao N, 2014. Non-covalent conjugation of CdTe QDs with lysozyme binding DNA for fluorescent sensing of lysozyme in complex biological sample [J]. *Talanta*, 129: 86-92.

Li X, Chen K, Huang L, et al, 2013. Sensitive immunoassay for porcine pseudorabies antibody based on fluorescence signal amplification induced by cation exchange in CdSe nanocrystals [J]. *Microchimica Acta*, 180 (3-4): 303-310.

Li X, Lu D, Sheng Z, et al, 2012. A fast and sensitive immunoassay of avian influenza virus based on label-free quantum dot probe and lateral flow test strip [J]. *Talanta*, 100: 1-6.

Li Y Q, Sun L, Qian J, et al, 2016. A homogeneous assay for highly sensitive detection of CaMV35S promoter in transgenic soybean by forster resonance energy transfer between nitrogen-doped graphene quantum dots and Ag nanoparticles [J]. *Analytica Chimica Acta*, 948: 90-97.

Liao Y, Zhou X, Xing D, 2014. Quantum dots and graphene oxide fluorescent switch based multivariate testing strategy for reliable detection of listeria monocytogenes [J]. *ACS Applied Materials & Interfaces*, 6 (13): 9 988-9 996.

Liu C, Chang L, Wang H, et al, 2014. Upconversion nanophosphor: An efficient phosphopeptides-recognizing matrix and luminescence resonance energy transfer donor for robust detection of protein kinase activity [J]. *Analytical Chemistry*, 86 (12): 6 095-6 102.

Liu X, Wang F, Aizen R, et al, 2013. Graphene oxide/nucleic-acid-stabilized silver nanoclusters: Functional hybrid materials for optical aptamer sensing and multiplexed analysis of pathogenic DNAs [J]. *Journal of the American Chemical Society*, 135 (32): 11 832-11 839.

Ma Y, Wang M, Li W, et al, 2017. Live visualization of HIV-1 proviral DNA using a dual-color-labeled CRISPR system [J]. *Analytical Chemistry*, 89 (23): 12 896-12 901.

Mao G B, Peng W Q, Tian S B, et al, 2019a. Dual-protein visual detection using ratiometric fluorescent probe based on Rox-DNA functionalized CdZnTeS QDs [J]. *Sensors and Actuators B: Chemical*, 283: 755-760.

Mao G B, Zhang Q, Yang Y L, Ji X H, He Z K, 2019b. Facile synthesis of stable CdTe/CdS QDs using dithiol as surface ligand for alkaline phosphatase detection based on inner filter effect [J]. *Analytica Chimica Acta*, 1047: 208-213.

Martynenko I V, Kusic D, Weigert F, et al, 2019. Magneto-fluorescent microbeads for bacteria detection constructed from superparamagnetic Fe_3O_4 nanoparticles and AIS/ZnS quantum dots [J]. *Analytical Chemistry*, 91 (20): 12 661-12 669.

Mehta V N, Jha S, Kailasa S K, 2014. One-pot green synthesis of carbon dots by using Saccharum officinarum juice for fluorescent imaging of bacteria (*Escherichia coli*) and yeast (*Saccharomyces cerevisiae*) cells [J]. *Materials Science & Engineering C-Materials for Biological Applications*, 38: 20-27.

Nasrin F, Chowdhury A D, Takemura K, et al, 2018. Single-step detection of norovirus tuning localized surface plasmon resonance-induced optical signal between gold nanoparticles and quantum dots [J]. *Biosensors & Bioelectronics*, 122: 16-24.

Nguyen A V T, Dao T D, Trinh T T T, et al, 2020. Sensitive detection of influenza a virus based on a CdSe/CdS/ZnS quantum dot-linked rapid fluorescent immunochromatographic test [J]. *Biosensors &*

Bioelectronics, 155: 112 090.

Noh E H, Ko H Y, Lee C H, et al, 2013. Carbon nanodot-based self-delivering microRNA sensor to visualize microRNA124a expression during neurogenesis [J]. *Journal of Materials Chemistry B*, 1 (35): 4 438-4 445.

Qian Z S, Shan X Y, Chai L J, et al, 2014a. DNA nanosensor based on biocompatible graphene quantum dots and carbon nanotubes [J]. *Biosensors & Bioelectronics*, 60: 64-70.

Qian Z S, Shan X Y, Chai L J, et al, 2014b. A universal fluorescence sensing strategy based on biocompatible graphene quantum dots and graphene oxide for the detection of DNA [J]. *Nanoscale*, 6 (11), 5 671-5 674.

Ribeiro J F F, Pereira M I A, Assis L G, et al, 2019. Quantum dots-based fluoroimmunoassay for anti-Zika virus IgG antibodies detection [J]. *Journal of Photochemistry and Photobiology B-Biology*, 194: 135-139.

Savas S, Altintas Z, 2019. Graphene quantum dots as nanozymes for electrochemical sensing of yersinia enterocolitica in milk and human serum [J]. *Materials*, 12 (13): 2 189.

Shen Y, Liu S, Kong L, et al, 2014a. Detection of DNA using an "off-on" switch of a regenerating biosensor based on an electron transfer mechanism from glutathione-capped CdTe quantum dots to nile blue [J]. *Analyst*, 139 (22): 5 858-5 867.

Shen Y, Liu S, Yang J, et al, 2014b. A novel and sensitive turn-on fluorescent biosensor for the DNA detection using Sm^{3+}-modulated glutathione-capped CdTe quantum dots [J]. *Sensors and Actuators B-Chemical*, 199: 389-397.

Shiosaki S, Nobori T, Mori T, et al, 2013. A protein kinase assay based on FRET between quantum dots and fluorescently-labeled peptides [J]. *Chemical Communications*, 49 (49): 5 592-5 594.

Song W, Wang Y, Liang R P, et al, 2015. Label-free fluorescence assay for protein kinase based on peptide biomineralized gold nanoclusters as signal sensing probe [J]. *Biosensors & Bioelectronics*, 64: 234-240.

Su X L, Li Y B, 2004. Quantum dot biolabeling coupled with immunomagnetic separation for detection of Escherichia coli O157: H7 [J]. *Analytical Chemistry*, 76 (16): 4 806-4 810.

Tian J, Zhao H, Liu M, et al, 2012. Detection of influenza A virus based on fluorescence resonance energy transfer from quantum dots to carbon nanotubes [J]. *Analytica Chimica Acta*, 723: 83-87.

Tseng Y T, Chang H T, Chen C T, et al, 2011. Preparation of highly luminescent mannose-gold nanodots for detection and inhibition of growth of *Escherichia coli* [J]. *Biosensors & Bioelectronics*, 27 (1): 95-100.

Wang J J, Zheng C S, Jiang Y Z, et al, 2020. One-step monitoring of multiple enterovirus 71 infection-related microRNAs using core-satellite structure of magnetic nanobeads and multicolor quantum dots [J]. *Analytical Chemistry*, 92 (1): 830-837.

Wang L, Pu K Y, Li J, et al, 2011. A graphene-conjugated oligomer hybrid probe for light-up sensing of lectin and *Escherichia coli* [J]. *Advanced Materials*, 23 (38): 4 386-4 391.

Wang Y, Zhang L, Liang R P, et al, 2013. Using graphene quantum dots as photoluminescent probes for protein kinase sensing [J]. *Analytical Chemistry*, 85 (19): 9 148-9 155.

Wei X, Zheng L, Luo F, et al, 2013. Fluorescence biosensor for the H5N1 antibody based on a metal-organic framework platform [J]. *Journal of Materials Chemistry B*, 1 (13): 1 812-1 817.

Wu S, Duan N, Shi Z, et al, 2014b. Simultaneous aptasensor for multiplex pathogenic bacteria detection based on multicolor upconversion nanoparticles labels [J]. *Analytical Chemistry*, 86 (6): 3 100-3 107.

Wu Y M, Cen Y, Huang L J, et al, 2014a. Upconversion fluorescence resonance energy transfer biosensor for sensitive detection of human immunodeficiency virus antibodies in human serum [J]. *Chemical Communications*, 50 (36): 4 759-4 762.

Xu B, Zhao C, Wei W, et al, 2012. Aptamer carbon nanodot sandwich used for fluorescent detection of protein [J]. *Analyst*, 137 (23): 5 483-5 486.

Xu L D, Zhang Q, Ding S N, et al, 2019a. Ultrasensitive detection of severe fever with thrombocytopenia syndrome virus based on immunofluorescent carbon dots/SiO_2 nanosphere-based lateral flow assay [J]. *ACS Omega*, 4 (25): 21 431-21 438.

Xu S H, Li W T, Zhao X, et al, 2019b. Ultrahighly efficient and stable fluorescent gold nanoclusters coated with screened peptides of unique sequences for effective protein and serum discrimination [J]. *Analytical Chemistry*, 91 (21): 13 947-13 952.

Yang D, Guo Z, Wang J, et al, 2019. Carbon nanodot-based fluorescent method for virus DNA analysis with isothermal strand displacement amplification [J]. *Particle & Particle Systems Characterization*, 36 (10): 1 900 273.

Yang S W, Vosch T, 2011. Rapid detection of microRNA by a silver nanocluster DNA probe [J]. *Analytical Chemistry*, 83 (18): 6 935-6 939.

Ye W W, Tsang M K, Liu X, et al, 2014. Upconversion luminescence resonance energy transfer (LRET) -based biosensor for rapid and ultrasensitive detection of avian influenza virus H7 subtype [J]. *Small*, 10 (12): 2 390-2 397.

Zarei-Ghobadi M, Mozhgani S H, Dashtestani F, et al, 2018. A genosensor for detection of HTLV-I based on photoluminescence quenching of fluorescent carbon dots in presence of iron magnetic nanoparticle-capped Au [J]. *Scientific Reports*, 8: 15 593.

Zhan Y, Yang J, Guo L, et al, 2019. Targets regulated formation of boron nitride quantum dots - Gold nanoparticles nanocomposites for ultrasensitive detection of acetylcholinesterase activity and its inhibitors [J]. *Sensors and Actuators B-Chemical*, 279: 61-68.

Zhang W, Wu D, Wei J, et al, 2010. A new method for the detection of the H5 influenza virus by magnetic beads capturing quantum dot fluorescent signals [J]. *Biotechnology Letters*, 32 (12): 1 933-1 937.

Zhang X P, Zhao C X, Shu Y, et al, 2019. Gold nanoclusters/iron oxyhydroxide platform for ultrasensitive detection of butyrylcholinesterase [J]. *Analytical Chemistry*, 91 (24): 15 866-15 872.

Zhu L, Cui X, Wu J, et al, 2014. Fluorescence immunoassay based on carbon dots as labels for the detection of human immunoglobulin G [J]. *Analytical Methods*, 6 (12): 4 430-4 436.

第7章 纳米荧光探针在生物成像分析中的应用

分子影像是从细胞或分子水平对生命过程进行体内特征描述和测量的一种重要手段，可对分子及细胞过程的时空分布进行直接或间接地监控和记录，相关手段包括光学成像、磁共振成像、单光子衍射成像及多模态成像等（龚萍等，2013）。基于荧光分子探针作为光学成像分析技术已经成为现代生物技术和生命科学中必不可少的检测手段，荧光成像生物分析的迅速发展，深化了人们在分子水平上对生物化学过程的了解。近年来，半导体量子点、荧光金属纳米团簇、碳点等纳米荧光探针在细胞及活体成像方面都得到了广泛的应用。本章就这一方面的内容做一简单的介绍。

7.1 纳米荧光探针的表面修饰

表面修饰对纳米探针的成像分析至关重要，良好的表面修饰试剂及修饰方法不仅可提高纳米荧光探针的荧光量子产率及生物相容性，而且还可降低探针在成像分析过程中的非特异性吸附（Liu and Luo，2014）。如果探针在合成时分散在有机溶剂中，还需要通过表面修饰将其从有机溶剂中转移到水溶液中。如果探针在水溶液中合成，一般不需要对探针进行进一步的表面修饰，可直接与生物分子偶联。本部分就一些常用的纳米荧光探针表面修饰方法做一简单的介绍。

7.1.1 基于有机小分子的表面修饰方法

巯基类小分子如巯基乙酸、巯基丙酸、巯基乙胺、二硫苏糖醇等已经广泛用于纳米荧光探针的表面修饰。美国印第安纳大学聂书明课题组向氯仿分散的CdSe/ZnS量子点中加入巯基乙酸，反应2h后，向体系中加入磷酸缓冲溶液，振荡后，巯基乙酸修饰的量子点就从氯仿中转移到磷酸缓冲溶液中，由于CdSe/ZnS量子点表面Zn与巯基乙酸S的配位作用及羧基基团的极性，导致巯基乙酸修饰的量子点可分散在水溶液中。由于巯基容易被氧化，这种巯基乙酸修饰的量子点通常稳定性不好，在放置过程中容易产生团聚（Chan and Nie，1998）。Pathak等（2001）采用正丁醇将有机相分散的CdSe/ZnS量子点沉淀，用甲醇洗涤及氩气中干燥，再向体系中加入二硫苏糖醇，振荡过夜后离心，去除多余的二硫苏糖醇，就获得了二硫苏糖醇修饰的CdSe/ZnS量子点。

巯基类化合物也是修饰荧光金属纳米团簇的常用试剂。Wu 等（2010）研究了巯基修饰金纳米团簇（$[Au_{25}(SC_2H_4Ph)_{18}]^q$）的发光行为，发现表面修饰试剂对金纳米团簇的荧光起着非常重要的作用。一方面，金簇表面的巯基修饰试剂可通过 Au—S 配位键将电子从修饰试剂传递到金核上；另一方面，一些富电子基团可直接对金核贡献离域电子。他们研究发现，一些氧、氮等富电子基团可通过表面相互作用有效提高金簇的荧光。Lin 等（2009）采用二氢硫辛酸为修饰试剂，将双十二烷基二甲基溴化铵表面修饰的荧光金纳米团簇从甲苯溶液中转移到水溶液中，在转移过程中，减小了金簇的尺寸，并提高了金簇的荧光量子产率。

Chen 等（2008）采用 Lemieux-von Rudloff 试剂（5.7 mmol/L $KMnO_4$和 0.105mol/L $NaIO_4$水溶液）氧化法将油酸修饰的上转换荧光材料由有机溶剂中转移到水溶液中。他们首先将油酸修饰的上转换荧光材料分散在环己烷、正丁醇、水及 5%碳酸钾的混合溶液中，再向此混合溶液中逐滴加入 Lemieux-von Rudloff 试剂，在 40℃搅拌 48h 后，通过离心分离，真空干燥等步骤就获得了表面带有羧基的上转换纳米荧光探针。

7.1.2 基于硅烷化的表面修饰方法

Bruchez 等（1998）采用甲醇沉淀分散在正丁醇量子点后，将沉淀重新分散在 3-巯基丙基-三甲氧基硅烷的二甲亚砜—甲醇混合溶液中，再用氢氧化四甲胺将 pH 调节为碱性，使硅烷化试剂水解，再向体系中加入丙脲基三甲氧基硅烷及 3-氨基丙基三甲氧基硅烷，水解后，采用丙酮—异丙醇混合溶液沉淀，就得到了表面带有氨基的硅烷化量子点。该方法尽管得到的水相分散量子点的稳定性较好，但操作步骤非常烦琐。华中农业大学韩鹤友教授课题组对硅烷化修饰 CdSe/ZnS 量子点的方法进行了改进（Huang et al.，2012）。他们首先将 CdSe/ZnS 量子点分散在正辛基三乙氧基硅烷溶液中，通过超声水解的方法，便可获得了不同尺寸（如 16.2nm、25.5nm、38.6nm）硅烷化修饰量子点，该方法简单快速，所得到量子点的稳定性好、量子产率高。

硅烷化试剂也可用来修饰稀土掺杂上转换荧光纳米材料。Jalil 等（2008）采用硅酸四乙酯、氨水等为原料，合成了表面包覆二氧化硅的 $NaYF_4$：18%Yb，2%Er 上转换荧光纳米材料。该材料具有良好的生物相容性，即使浓度为 100μg/mL 的 $NaYF_4$：18%Yb，2%Er 与骨髓间充质干细胞共同培养 24h 后，细胞存活率仍可达 79.5%。

中国科学院长春应用化学研究所董绍俊院士课题组将立方体的纳米金（AuNCs）表面修饰二氧化硅后，再修饰上石墨烯量子点，合成了 AuNCs@ SiO_2@ GQDs 纳米杂合材料（Deng et al.，2013）。他们首先采用 3-氨基丙基三甲氧基硅烷水解的方法，将立方体的纳米金表面修饰一层氨基功能化的 SiO_2，再向体系中加入石墨烯量子点后，石墨烯量子点就会组装到 AuNCs@ SiO_2 表面，从而获得 AuNCs@ SiO_2@ GQDs 纳米杂合材料。

7.1.3 基于高分子化合物的表面修饰方法

很多高分子聚合物如树枝状高分子、聚乙二醇等都可用于纳米荧光探针的表面修饰试剂（Yang Y，2014a）。

Wang 等（2002）采用树枝状硫醇为表面修饰试剂，将 CdSe 量子点从有机溶剂中转移到水溶液中。他们分别采用第一代树枝状硫醇（G1-OH）、第二代树枝状硫醇（G2-OH）及第三代树枝状硫醇（G3-OH）将 CdSe 量子点从有机溶剂中转移到水溶液中。在没有紫外灯照射的情况下，第二代树枝状硫醇（G2-OH）和第三代树枝状硫醇（G3-OH）修饰的 CdSe 量子点在水溶液中均可稳定几个月。而在紫外灯照射时，第三代树枝状硫醇（G3-OH）修饰的 CdSe 量子点的稳定性远高于第一代和第二代树枝状硫醇修饰的 CdSe 量子点。Tanaka 等（2011）采用第四代聚酰胺—胺型树枝状大分子（PAMAM（G4-OH））为修饰试剂，合成了蓝色发光的铂纳米团簇。该团簇的荧光量子产率可达 18%。

Åkerman 等（2002）研究发现，采用聚乙烯乙二醇修饰量子点后，可减少量子点在活体成像过程中非特异性吸附现象。Wang 等（2010）研究发现，在 110℃时，采用聚乙二醇二胺（PEG_{1500N}）对碳点进行钝化处理后，可大大提高碳点的荧光量子产率。

Xue 等（2013）采用支链聚乙烯亚胺（PEI）作为“化学剪刀”，成功制备出单层及双层的 PEI 修饰的石墨烯量子点（PEI-GQDs）。一方面支链聚乙烯亚胺可以共价结合到石墨烯量子点的表面，有效阻止了石墨烯量子点氨基和羧基之间的反应，有效抑制了石墨烯量子点层的堆积及横向聚集；另一方面，支链聚乙烯亚胺可作为“化学剪刀”剪开 C—O—C 共价键，形成 C—N 共价键。由于超小尺寸及生物相容性支链聚乙烯亚胺的作用，该量子点还可以穿过细胞膜，直接到达细胞质。

MXF 是包覆无机纳米材料的金属有机框架材料，这类材料在能源、催化及生物化学等领域具有重要的应用前景。湖南大学谭蔚泓院士课题组与美国国立卫生研究院陈小元教授课题组合作，发展了一种单个纳米粒子表面包覆金属有机框架材料的合成方法，成功将上转换纳米荧光材料、金簇等材料表面包覆了金属有机框架材料，其中包覆上转换纳米荧光材料的金属有机框架材料表现出双荧光共振能量转移的光学性质（Liu et al.，2019）。

7.1.4　基于生物大分子的表面修饰方法

作者在读博期间（梁建功，2006），采用牛血清白蛋白为表面修饰试剂，将有机相分散的 CdSe 量子点及 CdSe/ZnS 量子点从有机溶剂中转移到水溶液中。在制备过程中，先将一定量的有机相分散量子点与牛血清白蛋白混合，在研磨过程中使有机溶剂完全挥发，再向体系中加入水或缓冲溶液，就得到了牛血清白蛋白修饰的水相分散量子点。另外，即使巯基乙酸修饰的 CdSe 量子点，如果在其表面进一步修饰牛血清白蛋白，也会提高量子点的荧光强度及稳定性。图 7-1 是不同浓度牛血清白蛋白对巯基乙酸修饰量子点荧光强度的影响，可看出随着牛血清白蛋白浓度的增加，量子点的荧光强度逐渐增大，当牛血清白蛋白浓度为 CdSe 量子点浓度 30 倍时，量子点的荧光强度达到最大（梁建功，2006）。

DNA 尺寸小、稳定性好，将特定序列 DNA 修饰到量子点表面后，可用于药物检测、细胞成像、癌症治疗等多个领域。量子点与 DNA 的作用方式主要包括静电作用、共价偶联及配位作用等。武汉大学何治柯教授课题组最近对 DNA 修饰量子点的制备及在生物传感、生物成像及癌症治疗等方面的应用做了详细的评述（Yang et al.，

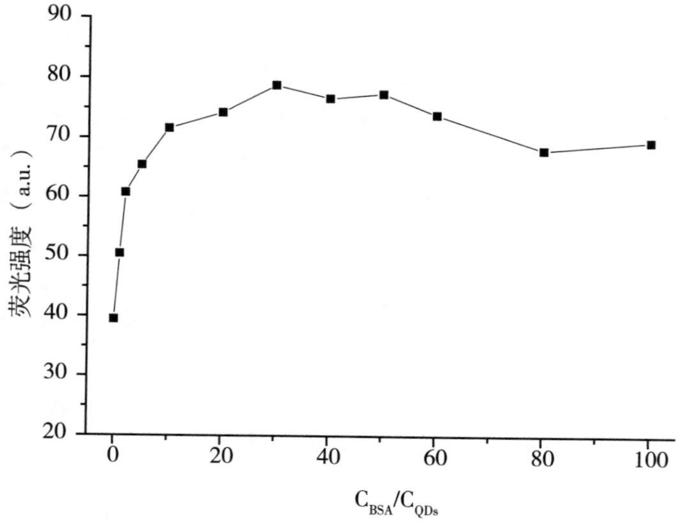

pH 值=5.0；C_{BSA}/C_{QDs}：牛血清白蛋白浓度/量子点浓度

图 7-1　牛血清白蛋白对 CdSe 量子点荧光强度的影响

（梁建功，2006）

2020b）。中国科学院武汉病毒研究所崔宗强研究员与武汉大学何治柯教授合作（Ma et al.，2019），将 Zn^{2+}掺杂 CdTe 量子点与 DNA 信标探针偶联，实现了活细胞内单个 RNA 的可视化检测；在此基础上，将量子点分子信标探针标记到艾滋病（HIV）病毒的 RNA 上，实现了艾滋病病毒粒子的单病毒脱壳过程动态示踪。

7.2　纳米荧光探针与生物分子的偶联

在纳米荧光探针用于生物成像之前，还需要在探针表面偶联上生物识别分子，这样才能保证探针在成像过程中的特异性。探针与生物分子偶联的方式包括共价偶联和非共价偶联两大类。共价偶联又包括羧基、氨基、巯基等的偶联（He and Ma，2014）；非共价偶联包括生物素—亲和素偶联、静电作用、配位作用等。如果以偶联的对象划分，又可分为与有机小分子、核酸、多肽、蛋白质、病毒等的偶联（Yang Y，2014a）。本部分将举例介绍纳米荧光探针与不同研究对象之间的偶联方式。

7.2.1　纳米荧光探针与有机小分子的偶联

叶酸是常用的一种生物识别有机小分子，在癌细胞表面存在高表达的叶酸识别受体。Geszke-Moritz 等（2013）采用 1-（3-二甲基氨丙基）-3-乙基碳二亚胺盐酸盐［1-ethyl-3-（3-dimethylaminopropyl）carbodiimide hydrochloride，EDC］和 N-羟基琥珀酰亚胺（NHS）等试剂，在硼酸缓冲溶液中将α-硫代甘油修饰的 Mn 掺杂硫化锌量子点与叶酸偶联，向体系中加入乙醇后，可将叶酸功能化的量子点沉淀并与未偶联的叶酸分离。作者在读博期间，曾与武汉大学生命科学技术学院孙蒙祥教授课题组合作，采用

EDC 及 NHS 将巯基乙酸修饰的 CdSe/ZnS 量子点与 γ-氨基丁酸偶联（Yu et al.，2006），图 7-2 为量子点与 γ-氨基丁酸偶联示意图。

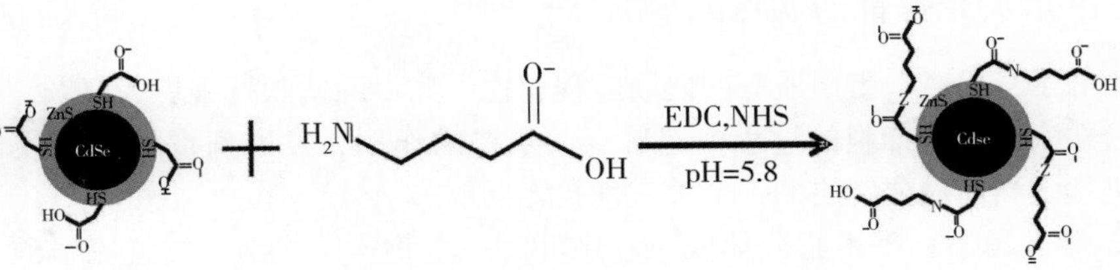

EDC：1-（3-二甲基氨丙基）-3-乙基碳二亚胺盐酸盐［1-ethyl-3-(3-dimethylaminopropyl) carbodiimide hydrochloride，EDC］；NHS：N-羟基琥珀酰亚胺

图 7-2　CdSe/ZnS 量子点与 γ-氨基丁酸偶联示意

（Yu et al.，2006）

7.2.2　纳米荧光探针与核酸的偶联

Parak 等（2002）采用 4-（N-马来酰亚胺甲基）环己烷-1-羧酸磺酸基琥珀酰亚胺酯钠盐（Sulfo-SMCC）为偶联剂，将表面带有巯基的硅烷化量子点与氨基修饰的寡聚核苷酸链相偶联。Sulfo-SMCC 一端带有 N-羟基琥珀酰亚胺酯，可与伯胺反应生成酰胺键，另一端有一马来酰亚胺基团，可与巯基反应生成硫醚。在偶联时，Sulfo-SMCC 首先与氨基功能化的寡聚核苷酸片段反应，采用葡聚糖凝胶色谱柱（Sephadex G-25 色谱柱）去除未反应的偶联剂，当寡聚核苷酸片段与巯基的硅烷化量子点进一步反应后，采用凝胶电泳的方法可判断偶联是否完成。

7.2.3　纳米荧光探针与多肽的偶联

Åkerman 等（2002）采用巯基化偶联试剂（3-mercaptopropionimidate hydrochloride）将多肽巯基化，并与巯基乙酸修饰的 CdSe/ZnS 量子点混合，由于巯基与量子点表面 Zn 原子的配位作用，可将巯基修饰的多肽与量子点偶联，偶联后可通过凝胶色谱柱对偶联产物进行纯化。

在偶联过程中，为了降低纳米荧光探针对生物分子之间相互作用的影响，通常需要在纳米荧光探针与生物识别分子之间加入一段其他的片段。Wang 等（2012）利用氨基功能化的聚乙二醇（$C_{18}PMH-PEG-NH_2$）修饰到稀土掺杂上转换荧光纳米材料表面，再利用 1-（3-二甲基氨丙基）-3-乙基碳二亚胺盐酸盐、N-羟基琥珀酰亚胺与寡聚精氨酸［$(Arg)_8$］片段偶联到一起，采用透析的方法可去除未偶联的片段。

7.2.4　纳米荧光探针与蛋白质的偶联

静电相互作用也可用于纳米荧光探针与蛋白的偶联。Clapp 等（2004）采用基因工程技术将麦芽糖结合蛋白末端连接 5 个组氨酸片段，由于组氨酸在生理缓冲溶液中带有正电荷，而二氢硫辛酸修饰的 CdSe/ZnS 量子点带有负电荷，当把量子点与组氨酸修饰的麦芽糖结合蛋白混合后，量子点与麦芽糖结合蛋白就会通过静电相互作用结合到一起。

7.2.5 纳米荧光探针与病毒的偶联

与小分子、DNA、蛋白质等的偶联过程相比，病毒的偶联过程更为复杂。由于病毒表面蛋白在病毒感染细胞的过程中起着至关重要的作用，发展病毒的“无损伤”偶联技术，仍然是当前需要解决的一个关键性技术问题。

Dixit 等（2006）采用脂质体胶束、亲和素—生物素—DNA、二氢硫辛酸、末端带有巯基及羧基的聚乙烯醇［HS-poly（ethylene glycol）（PEG）-COOH］修饰 CdSe/ZnS 量子点，分别与病毒样颗粒组装，该病毒样颗粒来自雀麦花叶病毒亚基，发现只有末端带有巯基及羧基的聚乙烯醇可以与病毒样颗粒产生均匀稳定的组装体。

Joo 等（2008）采用基因工程技术，将重组慢病毒（表面覆盖疱疹性口腔炎病毒 G 蛋白）表面表达一段 AP 肽链，并将 AP 肽链生物素化，利用生物素—亲和素之间的特异相互作用，可将亲和素化的量子点偶联到病毒表面。

生物正交化学（Bioorthogonal chemistry）成为标记病毒与量子点的有效方法之一。Pan 等（2014）采用生物正交化学的方式成功将 CdTeSe/ZnS 近红外量子点与 H5N1 禽流感病毒偶联。这种方法获得的量子点探针非常稳定，可以对禽流感病毒感染细胞的过程进行实时动态的监测。

病毒在感染细胞过程中，病毒表面的蛋白会丢失，采用荧光探针标记蛋白后，难以对感染后继过程进行进一步检测。中国科学院武汉病毒研究所王汉中教授课题组将亲和素修饰 CdSe/ZnS 量子点与生物素修饰 DNA 探针（该探针序列为：CTGATCTTCAGAC-CTGGAGGAGGAGATATGAGGGACAATTGGAGAAGTGA）偶联后，基于 DNA 与 RNA 的相互作用，成功将量子点修饰到 HIV-1 慢病毒基因组内部（Zhang et al.，2013）。

CRISPR（clustered regularly interspaced short palindromic repeats）系统是很多细菌和古细菌的获得性免疫系统，该系统的 Cas 蛋白可以在向导 RNA 的引导下，实现核酸的靶向定位及剪切，近年来，CRISPR 基于在生物分析及生物成像领域受到研究者的广泛关注，清华大学李景虹院士课题组对这一方向进行了详细的评述（李悦等，2020）。核酸酶去活化 Cas9（dCas9）蛋白是由野生型 Cas9 改造而来，该蛋白保留了 Cas9 蛋白的核酸结合活性，去除了其核酸切割活性。Yang 等（2020a）将亲和素修饰的量子点与生物素化的 dCas9 蛋白（dCas9-Bio/$gRNA_{US2}$）偶联，在伪狂犬病毒组装过程中，实现了病毒的高效、快速标记。进一步采用荧光成像技术实现了病毒吸附、侵入、入核等过程的实时监测。

7.3 纳米荧光探针在细胞成像分析中的应用

当纳米荧光探针表面与特定生物识别分子偶联后，就可对细胞表面或细胞内部特定的部分进行成像分析。如果采用不同颜色的纳米荧光探针与细胞共同培养，还可以对细胞上多个靶点进行示踪及成像分析。本部分主要介绍纳米荧光探针在细胞成像分析中的研究进展。无机半导体量子点由于具有荧光强度高、光稳定性好、发射波长可调等特点，可用于超分辨荧光显微成像。Zhao 等（2019）采用最大发射波长为 526nm 的 CdSe/ZnS 核—壳量子点，对 HeLa 细胞溶酶体进行了超分辨荧光成像分析，横向分辨率达到 81. 5nm。

7.3.1　半导体量子点在细胞成像分析中的应用

目前，很多半导体量子点都已成功用于细胞成像分析，依据量子点的发射波长不同，通常成像的范围包括：可见光区域成像（400~750nm），近红外 I 区成像（750~850nm）及近红外Ⅱ区成像（1 000~1 400nm）（Zhang et al.，2012）。本部分主要介绍 CdSe/ZnS 量子点、CdTe 量子点及 Ag_2S 量子点在细胞成像分析中的应用。其他量子点的成像原理与这几类量子点相类似，在此不再赘述。

（1）CdSe/ZnS 量子点在细胞成像分析中的应用

最早将半导体量子点用于生物成像分析的是 Nie 课题组和 Alivisatos 课题组（Chan et al.，1998；Bruchez et al.，1998）。Nie 课题组将转铁蛋白偶联到巯基乙酸修饰的 CdSe/ZnS 量子点表面，并与 HeLa 细胞共同培养，发现偶联了转铁蛋白的 CdSe/ZnS 量子点可以被 HeLa 细胞吞噬，进入细胞质中，而没有偶联转铁蛋白的量子点则不能进入细胞，仅在细胞表面产生较弱的非特异性吸附（Chan et al.，1998）。Alivisatos 课题组采用绿色、红色两种波长的量子点对小鼠 3T3 成纤维细胞进行成像分析，其中，绿色量子点表面修饰脲丙基三甲氧基硅烷（trimethoxysilylpropyl urea）和醋酸基团，红色量子点表面采用生物素进行修饰，当把两种不同颜色的量子点与小鼠 3T3 成纤维细胞共同培养时，绿色发光的量子点能够穿过核膜进入细胞核，红色发光的量子点可以通过生物素—亲和素的作用标记细胞表面肌动蛋白丝（Bruchez et al.，1998）。由于两种量子点都可以非特异的吸附在细胞核膜上，在细胞膜表明可观察到量子点产生的黄色荧光信号。

CdSe/ZnS 量子点不仅可以用于动物细胞成像分析，还可用于植物细胞成像分析。作者博士期间与武汉大学生命科学技术学院孙蒙祥教授合作采用γ-氨基丁酸量子点修饰的 CdSe/ZnS 的量子点对植物细胞表面的 γ-氨基丁酸的结合位点进行了成像分析，发现当偶联 γ-氨基丁酸的量子点与拟南芥叶肉原生质体和烟草根细胞原生质体共同培养时，量子点可以结合到原生质体表面，而没有偶联 γ-氨基丁酸的量子点，则只能观察到一些较弱的非特异性吸附荧光信号（图 7-3）（Yu et al.，2006）。

（2）CdTe 量子点用于细胞成像分析

由于高质量 CdSe/ZnS 量子点一般需要在有机溶剂中进行反应，在生物标记之前，要把量子点从有机溶剂中转移到水溶液中，导致标记和成像过程比较烦琐。而高质量的 CdTe 量子点可以通过水相中直接合成产生，这使得 CdTe 量子点在细胞成像分析中，也具有一定的优势。

Zheng 等（2007）研究了最大发射波长为 517nm、569nm 和 618nm 谷胱甘肽修饰的 CdTe 量子点的细胞通透性，发现最大发射波长 517nm 的 CdTe 量子点在 1h 内就可以快速穿过细胞膜、细胞质进入核仁区域，最大发射波长 569nm 的 CdTe 量子点在 24h 后才能进入核仁区域，而最大发射波长 618nm 的 CdTe 量子点在与细胞共培养 24h 后，仅仅

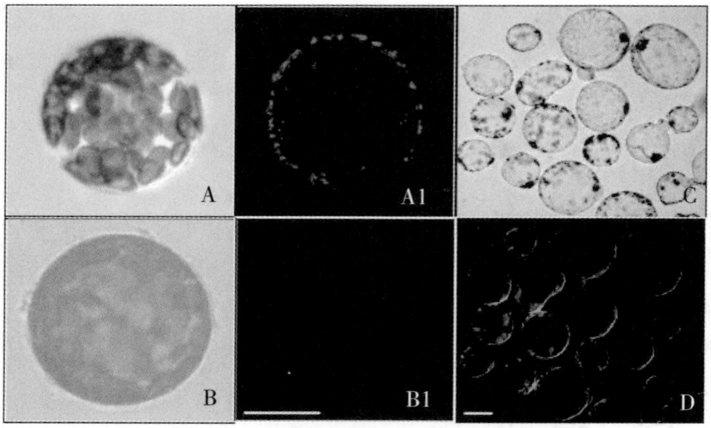

（A）拟南芥叶肉原生质体与偶联 γ-氨基丁酸量子点共同培养后的明场成像；（A1）同样原生质体细胞的荧光成像；（B）拟南芥叶肉原生质体与未偶联 γ-氨基丁酸量子点共同培养后的明场成像作为对照；B1 为与 B 相同原生质体的荧光成像；（C）烟草根细胞原生质体与偶联 γ-氨基丁酸量子点共同培养后的明场成像；（D）烟草根细胞原生质体与偶联 γ-氨基丁酸量子点共同培养后的荧光成像

图 7-3　量子点探针用于植物细胞原生质体 γ-氨基丁酸结合位点的检测

（Yu et al.，2006）

进入细胞质中。他们还将 F3 多肽片段（KDEPQRRSARLSAKPAPPKPEPKPKKAPAKK）与 CdTe 量子点进行了偶联，分析了 MDA-MB-435 细胞表面 F3 多肽受体的分布情况。

CLE19 是一种 CLV3 家族的植物多肽激素，在植物体内的终产物是一个含有 12 个氨基酸的多肽。作者课题组将 CLE19 信号多肽与 CdTe 量子点进行了偶联，采用荧光显微镜对拟南芥根细胞表面 CLE19 信号多肽受体进行了成像分析（郑成志，2013）。研究表明，当把 CLE19 信号多肽偶联到 CdTe 量子点上后，量子点的最大发射荧光会向长波长方向移动（图 7-4）。细胞成像分析表明，没有偶联 CLE19 信号多肽的 CdTe 量子点在拟南芥根原生质体表面仅仅观察到较弱的非特异性吸附信号，而偶联了 CLE19 信号多肽的 CdTe 量子点与细胞共培养后，在细胞表面可以观察到很强的量子点荧光信号（图 7-5）。

（3）Ag_2S 量子点用于细胞成像分析

CdSe/ZnS 量子点及 CdTe 量子点的荧光发射波长一般在可见光区域，在荧光成像过程中受到生物体自发荧光的干扰比较大。近红外光穿透能力强，生物背景信号弱，是荧光成像分析的理想区间。Ag_2S 量子点不含 Cd、Pb、Hg 等有毒的金属元素，具有良好的生物相容性，在一定尺寸下可发射处于近红外Ⅱ区（1 000~1 400nm）的荧光信号，在细胞成像分析中具有较好的应用前景。Zhang Y 等（2012）在二甲亚砜溶液中将 Ag_2S 量子点与 Erbitux 蛋白（Erbitux protein）及多肽（RGD-lysine）相偶联，发现偶联蛋白（Erbitux protein）的 Ag_2S 量子点可特异性结合 MDA-MB-468 细胞，偶联多肽（RGD-lysine）的量子点则可特异性结合 U87 MG 细胞。

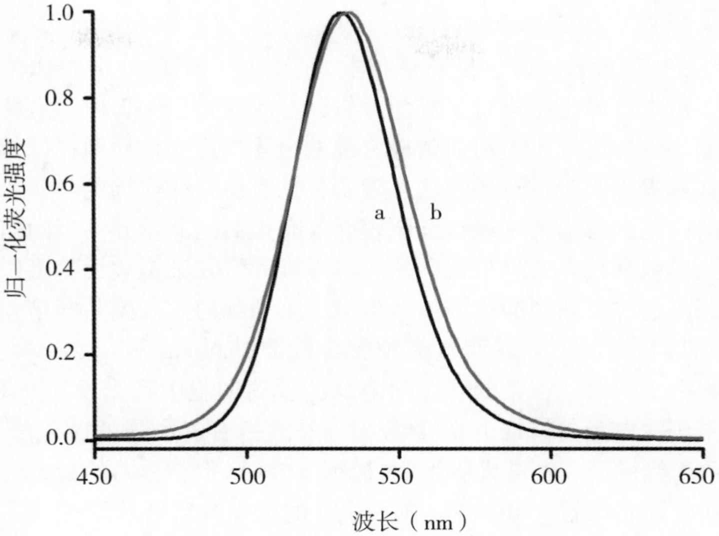

图 7-4　GSH-CdTe 量子点与 CLE19 多肽偶联前（a）、后（b）荧光发射光谱

（郑成志，2013）

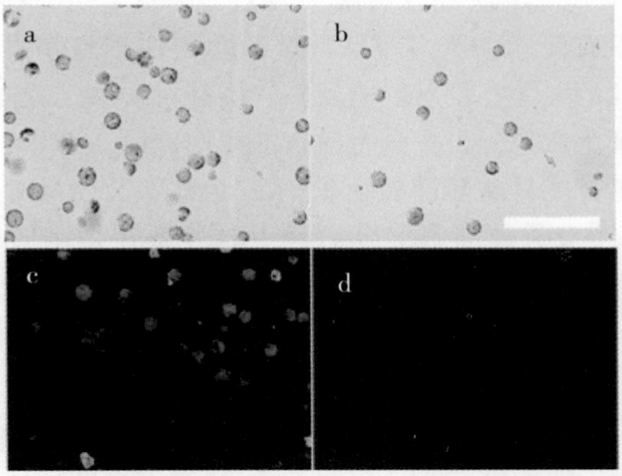

拟南芥原生质体细胞与 CLE19-CdTe 量子点荧光探针共混培养后的明场成像图（a）和荧光成像图（c）；拟南芥原生质体细胞与量子点共混培养后的明场成像图（b）和荧光成像图（d），标尺为 300μm

图 7-5　拟南芥原生质体细胞表面 CLE19 受体的定位分析

（郑成志，2013）

7.3.2　荧光金属纳米团簇在细胞成像分析中的应用

与大多数半导体量子点相比，荧光金属纳米团簇的细胞毒性相对较小，其尺寸也比半导体量子点小，在细胞成像分析中具有一定的应用前景。本部分主要举例介绍金簇、银簇及铜簇在细胞成像分析中的应用。

（1）金簇在细胞成像分析中的应用

Liu 等（2009）将聚乙二醇、链霉亲和素、牛血清白蛋白分别偶联在二氢硫辛酸修饰的金簇表面，对人肝癌细胞进行了成像分析，在成像过程中，以二氢硫辛酸修饰的金簇，聚乙二醇修饰的金簇及牛血清白蛋白修饰的金簇作为阴性对照，以偶联荧光素异硫氰酸酯的链霉亲和素作为阳性对照。结果表明，二氢硫辛酸修饰的金簇，聚乙二醇修饰的金簇及牛血清白蛋白修饰的金簇在细胞表面仅有很弱的非特异性吸附信号，而链霉亲和素修饰的金簇及偶联荧光素异硫氰酸酯的链霉亲和素在细胞表面都可以观察到很强的荧光信号。他们还将二氢硫辛酸修饰的金簇与人主动脉内皮细胞共同培养，发现金簇在5h 后可被细胞吞噬，但并不引起明显的细胞毒性。Chattoraj 等（2014）比较了牛血清白蛋白修饰金簇在水溶液、正常的乳腺细胞及乳腺癌细胞中荧光发射光谱。结果表明，在水溶液中，牛血清白蛋白修饰的金簇在 640nm 波长有一个强的荧光峰，在 460nm 和 500nm 有弱的荧光峰。而在正常乳腺细胞（MCF 10A）中，金簇的最大荧光发射峰会蓝移到 530nm，在乳腺癌细胞（MCF 7）中，金簇的荧光峰会蓝移到 510nm。在正常的乳腺细胞中，金簇主要在细胞膜表面，而在乳腺癌细胞中，金簇主要在细胞膜和细胞质中，表明乳腺癌细胞比正常的乳腺细胞对金簇的吞噬能力更强。Oh 等（2013）采用聚乙二醇二巯基（如 TA-PEG-NH_2、TA-PEG-N_3 等）为表面修饰试剂，合成了近红外发射的荧光金纳米团簇，并将金簇与细胞穿膜肽（Ac-$WGR_2VR_3IR_2P_9$GGK-$CONH_2$）、单链 DNA 等与金簇偶联，采用单光子激发荧光及双光子激发荧光研究了金簇在细胞内的稳定性。结果表明，没有偶联细胞穿膜肽的金簇主要在细胞膜表面观察到荧光发射信号，偶联了细胞穿膜肽的金簇在细胞膜内及核周围都可观察到荧光信号，证实聚乙二醇二巯基修饰的金簇在细胞成像分析中具有潜在的应用价值。

作者课题组研究了谷胱甘肽修饰金簇在 PK-15 细胞及 MARC 细胞中的定位（白艳丽，2017），发现该金簇与两种细胞混合后，主要分布在细胞质中（图 7-6，见书末彩图）。

（2）银簇在细胞成像分析中的应用

2005 年，Makarava 等（2005）首次将硫黄素 T（thioflavin T）/银簇杂合材料用于蛋白样纤维分析。并采用硫黄素 T/银簇对蛋白样纤维（amyloid fibrils）进行了成像分析，发现随着激发光照射时间的增加，硫黄素 T/银簇染色的蛋白样纤维的荧光强度会大大增强，而硫黄素 T 染色的蛋白样纤维的荧光在 1min 之内几乎完全被猝灭，证实了银簇在生物成像分析中的潜在优势。

Basiruddin 等（Basiruddin and Chakraborty，2014）采用巯基乙胺功能化的麦芽糖为表面修饰试剂，合成了麦芽糖功能化的银簇，当该团簇与 HeLa 细胞共同培养时，在 HeLa 细胞表面可以观察到团簇发出的红色荧光信号，表明麦芽糖修饰的银簇在细胞成像分析中具有潜在应用价值。

AS1411（GGTGGTGGTGGTTGTGGTGGTGGTGG）是一个富含 G 的磷酸二酯寡聚核苷酸序列，目前已经进入抗癌药物二期临床试验。Li 等（Li，2011）采用 NC-AS1411-T5（CCCCCCCCCCCCTTTTT GGTGGTGGTGGTTGTGGTGGTGGTGG）为修饰试

剂，合成了最大发射波长 635nm 的红色发光银簇，并采用该银簇对 MCF-7 乳腺癌细胞进行了成像分析，发现 NC-AS1411-T5 修饰的银簇可以进入 MCF-7 乳腺癌细胞并与细胞核结合，与游离的 AS1411 相比，NC-AS1411-T5 修饰的银簇对乳腺癌细胞具有更好的抑制效果。

Sun 等（Sun Z P et al.，2011）以 sgc8c 核酸适配体（5′-CCCCCCCCATCTAACTGCTGCGCCGCCGGGAAAATACTGTACGGTTAGA-3′）为修饰试剂，合成了红色发光的银簇。当采用 517nm 光进行激发时，团簇的最大发射波长在 604nm。实验结果表明，结合人蛋白酪氨酸激酶 sgc8c 核酸适配体修饰银簇可以穿过细胞（CCRF-CEM 细胞）膜定位在细胞核，并没有定位于内体中（由于 sgc8c 核酸适配体与人蛋白酪氨酸激酶 7（human protein tyrosine kinase 7）特异结合，该蛋白激酶主要定位于细胞内体中）；他们认为这可能是合成银簇后核酸适配体构象变化所导致的。

（3）铜簇在细胞成像分析中的应用

Ghosh 等（2014）以溶菌酶、水合肼及硫酸铜等为原料，合成了荧光量子产率 18% 蓝色发射的铜簇。他们将溶菌酶修饰的铜簇与 HeLa 细胞共同培养，在紫外光的激发下，可观测到细胞产生明亮的蓝色荧光信号，证明铜簇在细胞荧光成像分析中也具有潜在应用价值。

7.3.3　碳点在细胞成像分析中的应用

近年来，基于碳点的细胞成像分析方法也取得了长足的进展，包括癌细胞成像、干细胞成像、神经细胞成像及细胞核成像等多个方面，Li 等（2020a）对这一领域进行了全面的评述。作者课题组研究了蓝色碳点与青色碳点在 PK-15 细胞上的定位，如图 7-7 所示（见书末彩图），蓝色碳点主要分布在细胞质中，而青色碳点不仅分布在细胞之中，还可以通过核膜进入细胞核（Liu et al.，2017）。

Mehta 等（2014）以土豆为原料采用水热法合成了蓝色发光的碳点，当采用 374nm 波长光激发时，碳点可发射最大波长为 455nm 的荧光。该碳点具有很好的生物相容性，当 200μg/mL 的碳点与 HeLa 细胞共同培养 24h 后，细胞的存活率仍在 95%以上。激光共聚焦荧光显微镜结果表明，碳点可以穿过细胞膜进入细胞，如果采用 405nm、488nm、561nm 波长的光激发碳点，碳点可发射出蓝色、绿色、红色的荧光，证明碳点在细胞成像分析中具有潜在应用价值。Kong 等（2014）以聚乙二醇（PEG 200）为原料，合成了平均尺寸 4nm 的碳点，该碳点在不同波长光的激发下，能够发出不同颜色的荧光。该碳点与 HeLa 细胞共同培养时，碳点可以选择性的标记细胞核。Lemenager 等（2014）采用受激发射损耗超分辨荧光显微镜对碳点染色的 MCF7 细胞进行了成像分析，成像空间分辨率达到了 30nm，比传统的激光共聚焦荧光显微镜空间分辨率提高了 6 倍。从目前碳点细胞成像研究来看，大多数研究都是将碳点与细胞简单混合后，对细胞进行成像分析，直接对细胞靶向成像分析的文献还比较少，因此，建立碳点与探针的偶联技术，发展细胞特定靶向成像分析将是未来碳点细胞成像分析的一个研究热点。另外，大多数碳点荧光发射波长都在蓝光区域，成像时需要紫外光进行激发，这样会对细胞造成一定的损伤，发展长波长碳点成像技术及双光子荧光成像技术将是未来碳点成像研究的另一个热点。

7.3.4 石墨烯及类石墨烯量子点在细胞成像分析中的应用

Gokhale 等（2014）将石墨烯量子点与巨噬细胞共同培养，发现在加入石墨烯量子点 30min 后，可在巨噬细胞的细胞膜上观察到石墨烯量子点的荧光信号，45min 后，可在巨噬细胞内部观察到石墨烯量子点的荧光信号，他们还将石墨烯量子点与 HepG2 共同培养，发现在 HepG2 细胞核周围可观察到石墨烯量子点的荧光信号。这表明石墨烯量子点在细胞成像中具有一定的潜在应用价值。

透明质酸（Hyaluronic Acid）是由 N-乙酰氨基葡糖和 D-葡糖醛酸单糖构成的连续重复的线性分子，是构成细胞外基质和胞间质的主要成分，由于透明质酸可以与肿瘤细胞表面过量表达的受体结合，目前已经成为肿瘤靶向给药系统研究的热点（邱立朋等，2013）。Abdullah 等（2013）将石墨烯量子点及透明质酸修饰的石墨烯量子点与 MDCK 细胞及 A549 细胞共同培养 4h，发现未偶联透明质酸的石墨烯量子点在细胞内的荧光信号非常弱，而偶联了透明质酸修饰的石墨烯量子点在 MDCK 细胞可观察到很强的荧光信号，证实透明质酸修饰的石墨烯量子点对癌细胞具有很好的靶向性。

石墨烯量子点不仅可用于单光子荧光成像，还可用于双光子荧光成像，它的双光子吸收截面可达 48 000 Göppert-Mayer 单位。中国国家纳米科学中心宫建茹研究员课题组将 N-掺杂石墨烯量子点与 HeLa 细胞共同培养后，采用双光子荧光成像技术对 HeLa 细胞进行了成像分析，发现 N-掺杂石墨烯量子点不仅具有良好的光稳定性和较强的双光子荧光信号，而且对细胞的毒性很低，在双光子成像分析中具有很好的应用前景（Liu et al.，2013）。

Li 等（2019）将红色发射比率型荧光探针与石墨烯量子点偶联，构建了一种多比率型复合荧光探针，由于该探针对二氧化硫具有高度选择性，当体系中存在二氧化硫时，探针 460nm 及 520nm 处的荧光产生增强，而 650nm 处的荧光产生下降，依据 3 个波长处荧光的变化规律，建立了基于多比率型探针的二氧化硫检测新方法，并成功将所建立的方法用于 HeLa 细胞及斑马鱼中二氧化硫的检测，取得了良好的效果。

类石墨烯量子点也可用于细胞成像分析。Tang 等（2019）研究发现，二氧化锰纳米片可猝灭二硫化钼量子点的荧光信号，当体系中存在谷胱甘肽时，谷胱甘肽会将二氧化锰纳米片还原为 Mn^{2+}，使二硫化钼量子点的荧光信号恢复，基于这一原理，他们建立了谷胱甘肽的快速检测新方法，并将所建立的方法用于 HeLa 细胞及 HFF 细胞中谷胱甘肽的成像分析检测，取得了良好的效果。

7.3.5 稀土掺杂上转换纳米荧光探针在细胞成像分析中的应用

Chen 等（2015）采用 $NaLuF_4$：Yb^{3+}，Er^{3+}/Tm^{3+} 多色上转换荧光纳米材料为探针，对洋葱表皮细胞进行了成像分析。采用 980nm 近红外光激发时，可观测到不同颜色上转换荧光纳米材料所发出的信号，在此基础上，采用镧系发光共振能量转移技术（LRET）对细胞中荧光素进行了检测，探讨了上转换荧光材料在植物细胞成像分析中的可行性。Ma 等（2015）将聚乙二醇（PEG 6000）修饰的上转换荧光纳米材料

（$NaYF_4$：Yb，Er）与 HeLa 细胞共同培养，采用激光扫描上转换荧光显微镜对 HeLa 进行成像分析，在 980nm 近红外激光的激发下，可观测细胞表面到上转换荧光材料所发出的绿色（500~560nm 通道）及红色（600~700nm 通道）的荧光信号，表明上转换荧光纳米材料在细胞成像中具有潜在应用前景。Tsang 等（2015）分别将聚乙二醇（PEG）、聚乙烯亚胺（PEI）和 6-氨基己酸（6AA）3 种修饰试剂修饰到上转换荧光纳米材料（$NaGdF_4$：Yb，Er）表面并与 HeLa 细胞共同培养，采用上转换荧光显微镜对细胞进行成像分析，发现聚乙烯亚胺修饰的上转换荧光材料在细胞表面的荧光信号比聚乙二醇及 6-氨基乙酸修饰的上转换荧光材料强，表明细胞对聚乙烯亚胺修饰的上转换荧光纳米材料吞噬能力更强。

7.3.6　多功能纳米荧光探针在细胞成像分析中的应用

东北大学王建华教授课题组以牛血清白蛋白为"桥梁"将 CdTe 量子点与还原性氧化石墨烯结合，制备成量子点/石墨烯复合材料，当把该复合探针与 HeLa 细胞共同培养时，该复合材料可被 HeLa 细胞有效吞噬，表明该探针在细胞成像及癌症治疗方面具有潜在应用价值（Chen et al.，2011）。同一课题组还将二氧化硅包覆的 CdTe 量子点与氧化石墨烯复合，再与转铁蛋白及盐酸阿霉素结合，制备出可用于细胞成像分析及药物释放检测的多功能纳米探针（Chen et al.，2013）。他们将多功能纳米探针与 HeLa 细胞共同培养，发现在 1h 后，探针可吸附到 HeLa 细胞表面，4h 后可被细胞吞噬进入细胞质中。当探针与 HeLa 细胞共同培养 24h 后，可看到量子点的荧光信号主要在细胞质，而盐酸阿霉素的荧光信号在细胞核出现，证实盐酸阿霉素可被探针有效释放并进入细胞核。

中国科学院长春应用化学研究所董绍俊院士课题组将 AuNCs@ SiO_2@ GQDs 纳米杂合材料与抗表皮生长因子受体抗体（anti-EGFR）偶联，并与 HeLa 细胞共同培养，在细胞膜表面可观测到纳米杂合材料所发出的荧光信号，表明 AuNCs@ SiO_2@ GQDs 纳米杂合材料可用于细胞表面受体成像分析（Deng et al.，2013）。

北京师范大学欧阳津教授课题组采用竹红菌甲素（hypocrellin A）及叶酸偶联的上转换荧光纳米材料［$NaYF_4$：Yb，Tm@ $NaGdF_4$（UCNPs@ SiO_2@ hypocrellin A-FA）］为探针，对 HeLa 细胞进行了荧光及磁共振双模式成像分析，结果表明纳米材料可以进入细胞，在近红外光作用下可以诱导细胞凋亡，证明该探针在癌症诊断及治疗方面具有潜在应用价值（Yang et al.，2014b）。

7.4　纳米荧光探针在活体成像分析中的应用

活体成像技术指在不损伤动物的前体下对其生理过程进行实时、长时、动态监测，主要包括光学成像、磁共振成像、核素成像、计算机断层摄影成像和超声成像五大类（李冬梅等，2009）。纳米荧光探针，尤其是近红外纳米荧光探针和上转换纳米荧光探针，由于其穿透能力强、背景信号低，在活体成像分析中具有很好的应用前景。本部分主要介绍纳米荧光探针在活体成像分析中的应用。

7.4.1 半导体量子点在活体成像分析中的应用

Åkerman 等（2002）采用配体交换的方法在 CdSe/ZnS 核—壳型量子点偶联不同的多肽 GFE、F3 和 LyP-1，获得多肽功能化的量子点探针。由于 GFE、F3 和 LyP-1 分别可以识别肺部血管上内皮细胞、肿瘤血管及淋巴血管。他们通过静脉注射的方式将表面修饰的 GFE 绿色荧光量子点注射到正常小鼠尾部静脉，发现该量子点可在肺脏组织中积聚。他们还将 F3 和 LyP-1 修饰的量子点注射到患肿瘤的小鼠体内，发现偶联 LyP-1 的量子点在淋巴血管聚集，偶联 F3 的量子点则在肿瘤血管聚集。这是人们首次将量子点用于活体成像分析。由于可见光发射量子点穿透能力弱，很难直接观察小鼠体内信号，在活体成像分析时，需要将小鼠解剖切片分析，这在很大程度上限制了荧光在可见光区域量子点在活体成像分析中的应用。

在活体成像过程中，生物体的自吸收、自发荧光都会对测定造成很大的干扰。因此，要实现深度组织成像，探针的荧光发射波长需要在近红外 I 区（700~900nm）及近红外 Ⅱ 区（1 000~1 700nm）（Huang et al.，2020）。近红外 Ⅱ 区又可以进一步分为两个亚区，近红外 Ⅱ a 区（1 000~1 400nm）及近红外 Ⅱ b 区（1 500~1 700nm）。目前用于近红外 Ⅱ 区的量子点主要包括硫化银、硒化银、碲化银及砷化铟量子点。Jiang 等（2012）以巯基乙酸修饰的 Ag_2S 量子点为探针，采用 Maestro 活体成像体系（Maestro in vivo imaging system），对裸鼠进行了活体成像分析。与对照组相比，注射 Ag_2S 量子点的裸鼠在皮下及腹腔中都会出现明显的近红外荧光信号，表明 Ag_2S 量子点在活体成像中具有很好的应用前景。Panthani 等（2013）采用聚乳酸乙醇酸（PLGA）修饰的 $CuInSe_xSe_{2-x}$/ZnS 近红外量子点为探针，通过口服的方式将量子点导入小鼠体内，采用活体成像系统（Caliper life sciences IVIS spectrum in vivo imaging system）研究了口服后不同时间量子点在小鼠体内的分布。结果表明，在小鼠肠胃道特定部位可观察到量子点的荧光信号，表明 $CuInSe_xSe_{2-x}$/ZnS 近红外量子点在活体成像分析中具有潜在应用价值。

一般来说，设计一个近红外探针主要考虑以下几方面的因素：一是生物相容性，包括探针的化学成分及化学稳定性，因此，探针必须不含重金属、高的化学稳定性及明确的药代动力学规律；二是探针要具有高的荧光量子产率及光化学稳定性；三是探针要具有可调的激发及发射波长；四是探针要容易功能化（Li and Wang，2018）。

7.4.2 荧光金属纳米团簇探针在活体成像分析中的应用

荧光金属纳米团簇生物相容性好，荧光发射波长可调，是活体成像分析的理想探针之一。Sun C 等（2011）采用马脾铁蛋白（Horse spleen ferritin）、氯金酸等为原料，通过控制反应时间，合成了不同发射波长的金纳米团簇。通过尾部注射的方式将所合成的金簇探针注射到裸鼠体内，采用活体成像系统（Maestro in vivo spectrum imaging system）对裸鼠进行了成像分析，结果发现，注射探针 30min 后，在小鼠的肾脏部位可以观测到探针的荧光信号，注射 3~5h 后，肾脏的荧光强度达到最大。为了进一步确定活体成像结果，他们还对小鼠不同器官进行荧光成像分析，发现在小鼠肾脏和肝脏部位，探针的荧光信号最大。西南大学黄承志教授课题组（Zhang et al.，2014）采用偶联叶酸的牛血清白蛋白修饰 Au_{20}团簇为探针，研究了该探针在正常小鼠及荷瘤小鼠体内的分布。结果表明，偶联叶酸的牛血清白蛋白修饰 Au_{20}团簇在正常小鼠体内各个器官均有分布，并通过肝及肾的代谢途径排出体外；该探针可在 HeLa 肿瘤小鼠的肿瘤部位聚集，其荧光在小鼠肿瘤部位可保持 72h；对 A549 肿瘤小鼠来说，该探针尽管也可以聚集，但其荧光强度大大弱于 HeLa 肿瘤小鼠的肿瘤部位。他们还将偶联透明质酸（hyaluronic acid）的牛血清白蛋白修饰 Au_{20}团簇注射到 Hep-2 肿瘤小鼠体内，发现该探针也可以在 Hep-2 肿瘤小鼠的肿瘤部位聚集，说明探针可以通过主动识别模式识别小鼠的肿瘤部位。

中国科学院深圳先进技术研究院蔡林涛研究员课题组通过向 BSA 修饰的金簇中加入适量的谷胱甘肽，合成了尺寸为 31.97nm 的金簇组装体，进一步将吲哚菁绿有机荧光染料与金簇组装体偶联，构建了可进行对肿瘤进行成像与治疗的纳米荧光探针（Cui et al.，2017）。利用该探针不仅可对肿瘤部位进行近红外及光声成像，还可利用金簇与有机荧光染料之间的荧光共振能量转移信号对肿瘤的治疗效果进行实时监测。

7.4.3　碳点在活体成像分析中的应用

Yang 等（2009）采用皮下注射（Subcutaneous injection）、大腿外侧皮下注射（Interdermal injection）及静脉注射（Intravenous injection）3 种方式将碳点、ZnS 掺杂碳点注射到小鼠体内，发现在注射部位可以观察到强烈的荧光信号，随着碳点及 ZnS 掺杂碳点的扩散，注射部位的荧光信号在注射后 24h 消失；静脉注射的碳点主要通过尿液排出体外，注射 4h 解剖小鼠，发现肝和肾的部位有较强的碳点荧光，这与碳点的尿液代谢途径相一致。这是首次将碳点用于活体成像研究的报道。Tao 等（2012）从 3 个不同位置将碳点注射到裸鼠体内，采用活体成像系统（Maestro in vivo optical imaging system）对裸鼠进行成像分析，研究表明，在 455nm、523nm、595nm、605nm、635nm、661nm 及 704nm 波长光的激发下，都可以看到裸鼠体内碳点所发出的荧光信号，证明碳点在活体成像分析中具有较好的应用前景。

7.4.4　石墨烯及类石墨烯量子点在活体成像分析中的应用

Zhang C 等（2012）以三碘三蝶烯（triiodotriptycene）为原料，通过有机合成的方式合成了绿色荧光的三维纳米石墨烯荧光探针，他们采用皮下注射的方式将三维纳米石墨烯荧光探针注射到小鼠体内，发现荧光探针主要聚集在小鼠肝部。马永强等（2014）研究了石墨烯量子点对小鼠小肠的成像性能及对小鼠肠系膜微循环的影响，在紫外光激发下，小鼠小肠呈亮绿色充盈影像，肠系膜血管呈淡绿色影像，发现与 X 线钡餐造影相比，石墨烯量子点具有更好的成像效果。

细胞凋亡是斑马鱼胚胎发育过程中调节动态平衡及组织重塑的关键机制，在斑马鱼胚胎发育的特定阶段，其尾芽、眼睛等组织在胚胎发育的特定阶段都会出现短暂的高水平凋亡。Roy 等（2015）将细胞凋亡检测探针（annexin Ⅴ）与石墨烯量子点偶联，构建了斑马鱼细胞凋亡检测探针。结果表明，在斑马鱼体内凋亡的细胞中出现的明亮的红色荧光信号，说明石墨烯量子点探针可用于活体成像分析。Wang 等（2016）合成了二硫化铟量子点—聚苯胺无机—有机纳米杂化材料，发现这种无机—有机纳米杂化材料不仅具有增强光声成像/X 射线计算机断层扫描（CT）信号的潜力，而且还具有对癌症进行有效放射治疗及光热治疗的潜力。研究结果也为其他多功能纳米药物在活体中肿瘤诊断和治疗中的应用提供了参考。

7.4.5 稀土掺杂上转换荧光材料在活体成像分析中的应用

上转换荧光纳米材料一般采用近红外光（如 980nm 激光）激发，生物体系的背景荧光干扰小，在活体成像分析中具有很好的应用前景（周晶，2012）。Kobayashi 等（2009）采用 $NaYF_4$：Yb，Tm 及 $NaYF_4$：Yb，Er 上转换荧光材料为探针，对小鼠的淋巴管和淋巴结进行了成像分析。在 980nm 光的激发下，$NaYF_4$：Yb，Tm 在 470nm 和 800nm 产生 2 个窄的上转换荧光发射峰，$NaYF_4$：Yb，Er 在 550nm 和 670nm 产生两个窄的上转换荧光发射峰。与量子点相比，上转换荧光纳米材料在活体成像中背景信号非常小，当向小鼠体内注射上转换荧光纳米粒子后，可清晰观察到小鼠淋巴管和淋巴结产生的荧光信号。复旦大学李富友教授课题组将环状 RGD 多肽［Cyclo（Arg-Gly-Asp-Phe-Lys（mpa））］与上转换荧光纳米材料（$NaYF_4$：20% Yb，1.8% Er，0.2% Tm）偶联，对荷瘤小鼠进行了活体成像分析（Xiong et al.，2009）。研究发现，当把偶联环状 RGD 多肽偶联的上转换荧光纳米材料注射到小鼠体内 1h 后，在小鼠的肝部可以观察到很强的上转换荧光信号，而在肿瘤部位（U87MG 肿瘤）的荧光信号很弱；注射 4h 后，可在肿瘤部位（U87MG 肿瘤）观测到很强的上转换荧光信号，该信号可在小鼠体内持续 24h。

Xue 等（2017）采用溶胶凝胶法合成了具有持久发光特性上转换荧光纳米粒子（$Zn_3Ga_2GeO_8$：Yb/Er/Cr），该材料在 980nm 激光照射后，可持续发出 700nm 波长的近红外光，持续时间可达 15h。在此基础上，他们成功将该材料用于活体成像分析，取得了良好的效果。哈尔滨工业大学陈冠英教授课题组在合成稀土掺杂上转换荧光纳米材料的基础上，建立了基于上转换荧光纳米材料的活体成像新方法（Li et al.，2020b）。他们所合成的材料包括四层结构，该材料以 $NaYF_4$作为惰性核，以 $NaYbF_4$作为能量迁移层，以 $NaYF_4$：Yb^{3+}/Tm^{3+}作为能量转移上转换层，最外层以 $NaYF_4$作为惰性层，该材料在 980nm 激光激发下，可发射出波长为 808nm 的上转换荧光。通过控制能量迁移层的厚度及 Yb^{3+}的掺杂浓度，可在调控材料的荧光寿命从 78μs 到 2 157μs。他们将丙烯酸修饰的三种不同荧光寿命的上转换荧光纳米材料注射到小鼠体内，对小鼠进行了多色荧光寿命成像分析，取得了满意的效果。

近年来，一些稀土掺杂上转换荧光纳米粒子，如铒、铥、钬掺杂的氧化钇及钒酸钇，其下转换荧光发射波长在近红外Ⅱ区，在活体成像中也具有很好的应用前景（Li and Wang，2018）。

7.4.6 多功能纳米荧光探针在活体成像分析中的应用

从不同的角度针对同一过程进行多模式、多参数分子成像，将成为探索生命科学奥秘的新手段。Lee 等（2007）将 Cy 5.5 荧光染料偶联到二氧化硅包覆的 Fe_3O_4 磁性纳米粒子表面，制备出磁性、荧光双功能纳米探针，并将此探针注射到荷瘤小鼠体内，采用荧光及磁共振成像的方式对荷瘤小鼠进行了活体成像分析。发现注射3.5h后探针可在小鼠肿瘤部位以及肾、肝、肺等部位聚集，如果采用5%的葡萄糖溶液注射探针，可消除探针在肝部的聚集。南开大学化学学院严秀平教授课题组采用尾部注射的方式将 Gd_2O_3/Au 簇多模式成像探针导入小鼠体内，通过荧光成像及磁共振成像的方式对小鼠活体进行了成像分析，研究发现，当探针注入小鼠体内后，在小鼠表层血管可以观测到探针所发出的荧光及磁共振信号，随着时间的延长，表层血管的信号逐渐降低，探针信号主要集中在小鼠肝部，注射24h后，探针在体内的信号几乎消失（Sun et al.，2013）。他们还将RGD多肽偶联到牛血清白蛋白修饰的 Gd_2O_3/Au 多模式成像探针表面并注射到荷瘤小鼠（U87-MG tumor-bearing mice）体内，注射24h后，在小鼠肿瘤部位仍然可以观测到探针的信号，证实探针与小鼠肿瘤部位产生了特异性结合。Yi等（2014）将聚乙二醇修饰的 $NaLuF_4$：Yb，Er上转换纳米荧光材料注射到小鼠体内后，采用荧光及X-射线双模式成像技术对小鼠进行了成像分析。在此基础上，他们还研究了探针在小鼠体内的代谢规律，发现探针首先在小鼠肺部聚集，然后移动到肝，最后移动到脾。

7.5 纳米荧光探针在病毒侵染细胞成像分析中的应用

深入认识病毒感染细胞的分子细节，对病毒的控制和预防具有重要的意义。纳米荧光探针作为一种新的标记试剂，在病毒标记及示踪方面具有潜在的应用前景。最近，南开大学庞代文教授课题组对基于单粒子示踪技术的病毒标记及成像分析进行了详细的评述，全面总结了有机荧光染料、荧光蛋白及纳米荧光探针在病毒标记及示踪分析中的应用研究进展（Liu et al.，2020）。在已有的几类纳米荧光探针中，半导体量子点已经成功用于病毒的标记及成像示踪分析，其他几类纳米荧光探针在病毒标记中的应用还比较少。本部分主要介绍半导体量子点在病毒感染细胞成像分析中的应用研究进展。

Liang等（2019）采用亲和素修饰的量子点与生物素化的猪繁殖与呼吸综合征病毒（PRRSV）结合，成功将量子点与PRRSV病毒偶联。采用荧光显微成像技术，系统研究了病毒侵入细胞的过程。研究发现，病毒进入细胞之前先在质膜表面振动，在通过内体介导的方式进入细胞。进入细胞后，病毒会沿着细胞内部微管、微丝及波形蛋白进行移动。该研究为深入了解PRRSV病毒的感染机制提供了一定的参考。病毒学国家重点实验室崔宗强教授研究团队将量子点标记到流感病毒基因组上，结合单颗粒示踪技术，揭示了流感病毒感染细胞的分析机制（Qin et al.，2019）。研究发现，流感病毒中的八个基因片段单独从晚期内体进入细胞质，再通过三阶段主动运输机制进入细胞核。该团队首次揭示了流感病毒脱壳的动态过程，研究结果不仅对于深入了解病毒与宿主细胞作用机制具有重要的意义，对发展新型抗病毒药物也具有一定的参考价值。

作者课题组研究发现，采用谷胱甘肽修饰的金簇为标记试剂，研究了猪伪狂犬病毒感染不同时间金簇在细胞中的定位（图 7-8，见书末彩图）。结果表明，病毒感染 6h 以前，金簇主要分布在细胞质中，当病毒感染 12h 后，细胞核的通透性发生改变，导致金簇进入细胞核（白艳丽，2017）。

Zheng 等（Zheng et al.，2014）采用呼吸道合胞病毒感染过的生物素化的宿主细胞与绿色 RNA 染料（SYTO）共培养 48h 后，然后再用链霉亲和素修饰的红色量子点标记得到双标记的病毒，并对病毒的侵入过程进行可视化检测。结果表明，在病毒开始感染时，量子点的红色信号和 RNA 染料绿色信号集中在细胞表面，随着温度由 4℃升高到 37℃，病毒 RNA 二级结构破坏，RNA 染料与 RNA 分开而导致绿色信号减弱或者消失，表明病毒的基因组开始释放。而被量子点标记的囊膜仍然靠近细胞膜表面，证明 RNA 释放过程在或者靠近细胞表面。武汉大学庞代文教授课题组首次提出用量子点标记真正的囊膜病毒的核衣壳（Wen et al.，2014）。发现杆状病毒感染宿主细胞时，量子点-RBV 进入晚期胞内体，随后病毒核衣壳释放，转运到细胞核。通过动态示踪量子点-RBV 与晚期胞内体的相互作用，发现包含病毒的不同胞内体融合在一起会形成一个大泡；而追踪核衣壳转运到细胞核的过程，发现杆状病毒的核衣壳进入细胞核要经过核孔。

高致病性禽流感的流行严重威胁着人类健康，禽流感病毒可能会导致一系列严重的呼吸和呼吸道并发症。Pan 等（2014）采用 H5N1p 作为 H5N1 的假模式病毒，通过正交反应，将近红外量子点标记在 H5N1p 上，接着将标有量子点的病毒感染小鼠，发现量子点-H5N1p 的荧光信号在感染 72h 后遍布小鼠的肺中。然后，研究了抗病毒药物对 QDs-H5N1p 的影响，发现经过抗病毒药物处理的 QDs-H5N1 分布在小鼠肺中的荧光信号明显减弱。他们认为，量子点-H5N1p 的荧光信号与病毒的感染严重程度有关，并且标有量子点的病毒的数量可以通过测量荧光信号或者测量与病毒偶联后组织中的 Cd^{2+} 浓度来定量化。因此，此种方法可以被用作活体定量检测的工具。

目前，尽管半导体量子点在病毒标记及成像方面已有一些文献报道，但还有很多问题需要进一步解决。①如何降低乃至消除量子点标记后对病毒复制过程的影响；②如何实现同一病毒不同部位的同时标记；③如何在成像过程中能够动态标记二代、三代病毒；④如何实现活体水平病毒感染过程的动态监测。我们相信，随着该领域研究的不断深入，这些问题将逐步得到解决，从而推动纳米标记及病毒研究的发展。

7.6 小结与展望

本章主要介绍了纳米荧光探针在细胞、活体及病毒成像分析中的应用。从当前的研究进展来看，细胞成像操作简单，背景干扰小，主要存在探针的非特异性吸附的问题；活体成像主要存在探针非特异性吸附及背景干扰等问题。病毒成像最为复杂，不仅要考虑探针对细胞的影响，还要考虑探针对病毒本身的影响。未来 5~10 年，活体成像及病毒成像仍将是纳米荧光探针研究的热点之一，多模式成像技术也将是纳米荧光探针另一研究热点。我们有理由相信，随着这些问题的不断解决，纳米荧光探针将在生物成像分析中发挥更大的作用，将成为解决生命科学领域重大问题的重要工具。

参考文献

白艳丽，2017. 荧光金纳米团簇用于病毒成像分析及抗病毒研究［D］. 武汉：华中农业大学.

龚萍，杨月婷，石碧华，等，2013. 纳米探针在分子影像领域的研究进展［J］. 科学通报，58（9）：762-776.

李冬梅，万春丽，李继承，2009. 小动物活体成像技术研究进展［J］. 中国生物医学工程学报，28（6）：916-921.

李悦，李景虹，2020. 基于 CRISPR 的生物分析化学技术［J］. 化学进展（1）：1-9.

梁建功，2006. 量子点合成及分析应用研究［D］. 武汉：武汉大学.

马永强，王振国，苟学立，等，2014. 石墨烯量子点对小鼠小肠成像及微循环血流的影响［J］. 第二军医大学学报，35（4）：372-377.

邱立朋，龙苗苗，陈大为，2013. 透明质酸肿瘤靶向给药系统的研究进展［J］. 药学学报，48（9）：1 376-1 382.

郑成志，2013. 功能化荧光纳米粒子用于植物细胞 CLE19 多肽受体成像分析［D］. 武汉：华中农业大学.

周晶，2012. 稀土上转换发光纳米材料用于小动物成像研究［D］. 上海：复旦大学.

Åkerman M E，Chan W C W，Laakkonen P，et al，2002. Nanocrystal targeting in vivo［J］. *Proceedings of the National Academy of Sciences of the United States of America*，99（20）：12 617-12 621.

Abdullah Al N，Lee J E，In I，et al，2013. Target delivery and cell imaging using hyaluronic acid-functionalized graphene quantum dots［J］. *Molecular Pharmaceutics*，10（10）：3 736-3 744.

Basiruddin S K，Chakraborty A，2014. One step synthesis of maltose functionalized red fluorescent Ag cluster for specific glycoprotein detection and cellular imaging probe［J］. *RSC Advances*，4（81）：43 098-43 104.

Bruchez M Jr，Moronne M，Gin P，et al，1998. Semiconductor nanocrystals as fluorescent biological labels［J］. *Science*，281（5385）：2 013-2 016.

Chan W C，Nie S，1998. Quantum dot bioconjugates for ultrasensitive nonisotopic detection［J］. *Science*，281（5385）：2 016-2 018.

Chattoraj S，Bhattacharyya K，2014. Fluorescent gold nanocluster inside a live breast cell：Etching and higher uptake in cancer cell［J］. *Journal of Physical Chemistry C*，118（38）：22 339-22 346.

Chen M L，He Y J，Chen X W，et al，2013. Quantum-dot-conjugated graphene as a probe for simultaneous cancer-targeted fluorescent imaging，tracking，and monitoring drug delivery［J］. *Bioconjugate Chemistry*，24（3）：387-397.

Chen M L，Liu J W，Hu B，et al，2011. Conjugation of quantum dots with graphene for fluorescence imaging of live cells［J］. *Analyst*，136（20）：4 277-4 283.

Chen Z，Chen H，Hu H，et al，2008. Versatile synthesis strategy for carboxylic acid-functionalized upconverting nanophosphors as biological labels［J］. *Journal of the American Chemical Society*，130（10）：3 023-3 029.

Chen Z, Wu X, Hu S, et al, 2015. Multicolor upconversion $NaLuF_4$ fluorescent nanoprobe for plant cell imaging and detection of sodium fluorescein [J]. *Journal of Materials Chemistry C*, 3 (1): 153-161.

Clapp A R, Medintz I L, Mauro J M, et al, 2004. Fluorescence resonance energy transfer between quantum dot donors and dye-labeled protein acceptors [J]. *Journal of the American Chemical Society*, 126 (1): 301-310.

Cui H D, Hu D H, Zhang J N, et al, 2017. Gold nanoclusters-indocyanine green nanoprobes for synchronous cancer imaging, treatment, and real-time monitoring based on fluorescence resonance energy transfer [J]. *ACS Applied Materials & Interfaces*, 9 (30): 25 114-25 127.

Deng L, Liu L, Zhu C, et al, 2013. Hybrid gold nanocube@ silica@ graphene-quantum-dot superstructures: synthesis and specific cell surface protein imaging applications [J]. *Chemical Communications*, 49 (25): 2 503-2 505.

Dixit S K, Goicochea N L, Daniel M C, et al, 206. Quantum dot encapsulation in viral capsids [J]. *Nano Letters*, 6 (9): 1 993-1 999.

Geszke-Moritz M, Piotrowska H, Murias M, et al, 2013. Thioglycerol-capped Mn-doped ZnS quantum dot bioconjugates as efficient two-photon fluorescent nano-probes for bioimaging [J]. *Journal of Materials Chemistry B*, 1 (5): 698-706.

Ghosh R, Sahoo A K, Ghosh S S, et al, 2014. Blue-emitting copper nanoclusters synthesized in the presence of lysozyme as candidates for cell labeling [J]. *ACS Applied Materials & Interfaces*, 6 (6): 3 822-3 828.

Gokhale R, Singh P, 2014. Blue luminescent graphene quantum dots by photochemical stitching of small aromatic molecules: Fluorescent nanoprobes in cellular imaging [J]. *Particle & Particle Systems Characterization*, 31 (4): 433-438.

He X, Ma N, 2014. An overview of recent advances in quantum dots for biomedical applications [J]. *Colloids and surfaces* [J]. *B, Biointerfaces*, 124: 118-131.

Huang L Y, Zhu S J, Cui R, et al, 2020. Noninvasive *in vivo* imaging in the second near-infrared window by inorganic nanoparticle-based fluorescent probes [J]. *Analytical Chemistry*, 92 (1): 535-542.

Huang L, Luo Z, Han H, 2012. Organosilane micellization for direct encapsulation of hydrophobic quantum dots into silica beads with highly preserved fluorescence [J]. *Chemical Communications*, 48 (49): 6 145-6 147.

Jalil R A, Zhang Y, 2008. Biocompatibility of silica coated $NaYF_4$ upconversion fluorescent nanocrystals [J]. *Biomaterials*, 29 (30): 4 122-4 128.

Jiang P, Zhu C N, Zhang Z L, et al, 2012. Water-soluble Ag_2S quantum dots for near-infrared fluorescence imaging in vivo [J]. *Biomaterials*, 33 (20): 5 130-5 135.

Joo K I, Lei Y, Lee C L, et al, 2008. Site-specific labeling of enveloped viruses with quantum dots for single virus tracking [J]. *ACS Nano*, 2 (8): 1 553-1 562.

Kobayashi H, Kosaka N, Ogawa M, et al, 2009. In vivo multiple color lymphatic imaging using upconverting nanocrystals [J]. *Journal of Materials Chemistry*, 19 (36): 6 481-6 484.

Kong W, Liu R, Li H, et al, 2014. High-bright fluorescent carbon dots and their application in selective nucleoli staining [J]. *Journal of Materials Chemistry B*, 2 (31): 5 077-5 082.

Lee H, Yu M K, Park S, et al, 2007. Thermally cross-linked superparamagnetic iron oxide nanoparticles: Synthesis and application as a dual Imaging probe for cancer in vivo [J]. *Journal of the American Chemical Society*, 129 (42): 12 739-12 745.

Lemenager G, De Luca E, Sun Y P, et al, 2014. Super - resolution fluorescence imaging of biocompatible carbon dots [J]. *Nanoscale*, 6 (15): 8 617-8 623.

Li C Y, Wang Q B, 2018. Challenges and opportunities for intravital near-infrared fluorescence imaging technology in the second transparency window [J]. *ACS Nano*, 12 (10): 9 654-9 659.

Li G, Ma Y, Pei M, et al, 2019. A unique approach to development of a multiratiometric fluorescent-composite probe for multichannel bioimaging [J]. *Analytical Chemistry*, 91 (22): 14 586-14 590.

Li H X, Yan X, Kong D S, et al, 2020a. Recent advances in carbon dots for bioimaging applications [J]. *Nanoscale Horiz.* 5 (2): 218-234.

Li H, Tan M, Wang X, et al, 2020b. Temporal multiplexed *in vivo* upconversion imaging [J]. *Journal of the American Chemical Society*, 142 (4): 2 023-2 030.

Li J L, Zhong X Q, Cheng F F, et al, 2012. One-pot synthesis of aptamer-functionalized silver nanoclusters for cell-type-specific imaging [J]. *Analytical Chemistry*, 84 (9): 4 140-4 146.

Liang Z P, Li P J, Wang C P, et al, 2019. Visualizing the transport of porcine reproductive and respiratory syndrome virus in live cells by quantum dots-based single virus tracking [J]. *Virologica Sinica*, https://doi.org/10.1007/s12250-019-00187-0

Lin C A J, Yang T Y, Lee C H, et al, 2009. Synthesis, characterization, and bioconjugation of fluorescent gold nanoclusters toward biological labeling applications [J]. *ACS Nano*, 3 (2): 395-401.

Liu H, Bai Y, Zhou Y, et al, 2017. Blue and cyan fluorescent carbon dots: one-pot synthesis, selective cell imaging and their antiviral activity [J]. *RSC Advances*, 7 (45): 28 016-28 023.

Liu Q, Guo B, Rao Z, et al, 2013. Strong two-photon-induced fluorescence from photostable, biocompatible nitrogen-doped graphene quantum dots for cellular and deep-tissue imaging [J]. *Nano Letters*, 13 (6): 2 436-2 441.

Liu S L, Wang Z G, Xie H Y, et al, 2020. Single-virus tracking: from imaging methodologies to virological applications [J]. *Chemical Reviews*, 120 (3): 1 936-1 979.

Liu X, Luo Y, 2014. Surface modifications technology of quantum dots based biosensors and their medical applications [J]. *Chinese Journal of Analytical Chemistry*, 42 (7): 1 061-1 069.

Liu Y, Yang Y, Sun Y, et al, 2019. Ostwald ripening-mediated grafting of metal-organic frameworks on a single colloidal nanocrystal to form uniform and controllable MXF [J]. *Journal of the American Chemical Society*, 141 (18): 7 407-7 413.

Ma Y X, Mao G B, Huang W R, et al, 2019. Quantum dot nanobeacons for single RNA labeling and imaging [J]. *Journal of the American Chemical Society*, 141: 13 454-13 458.

Ma Y, Chen M, Li M, 2015. Hydrothermal synthesis of hydrophilic $NaYF_4$: Yb, Er nanoparticles with bright upconversion luminescence as biological label [J]. *Materials Letters*, 139: 22-25.

Makarava N, Parfenov A, Baskakov I V, 2005. Water-soluble hybrid nanoclusters with extra bright and photostable emissions: A new tool for biological imaging [J]. *Biophysical Journal*, 89 (1): 572-580.

Mehta V N, Jha S, Singhal R K, et al, 2014. Preparation of multicolor emitting carbon dots for HeLa cell imaging [J]. *New Journal of Chemistry*, 38 (12): 6 152-6 160.

Oh E, Fatemi F K, Currie M, et al, 2013. PEGylated luminescent gold nanoclusters: Synthesis, characterization, bioconjugation, and application to one- and two-photon cellular imaging [J]. *Particle &*

Particle Systems Characterization, 30 (5): 453-466.

Pan H, Zhang P, Gao D, et al, 2014. Noninvasive visualization of respiratory viral infection using bioorthogonal conjugated near - infrared - emitting quantum dots [J]. *ACS Nano*, 8 (6): 5 468-5 477.

Panthani M G, Khan T A, Reid D K, et al, 2013. In vivo whole animal fluorescence imaging of a microparticle-based oral vaccine containing ($CuInSe_xS_{2-x}$) /ZnS core/shell quantum dots [J]. *Nano Letters*, 13 (9): 4 294-4 298.

Parak W J, Gerion D, Zanchet D, et al, 2002. Conjugation of DNA to silanized colloidal semiconductor nanocrystalline quantum dots [J]. *Chemistry of Materials*, 14 (5): 2 113-2 119.

Pathak S, Choi S K, Arnheim N, et al, 2001. Hydroxylated quantum dots as luminescent probes for in situ hybridization [J]. *Journal of the American Chemical Society*, 123 (17): 4 103-4 104.

Qin C, Li W, Li Q, et al, 2019. Real-time dissection of dynamic uncoating of individual influenza viruses [J]. *Proceedings of the National Academy of Sciences of the United States of America*, 116 (7): 2 577-2 582.

Roy P, Periasamy A P, Lin C Y, et al, 2015. Photoluminescent graphene quantum dots for *in vivo* imaging of apoptotic cells [J]. *Nanoscale*, 7 (6): 2 504-2 510.

Sun C, Yang H, Yuan Y, et al, 2011. Controlling assembly of paired gold clusters within apoferritin nanoreactor for in vivo kidney targeting and biomedical imaging [J]. *Journal of the American Chemical Society*, 133 (22): 8 617-8 624.

Sun S K, Dong L X, Cao Y, et al, 2013. Fabrication of multifunctional Gd_2O_3/Au hybrid nanoprobe via a one-step approach for near-infrared fluorescence and magnetic resonance multimodal imaging in vivo [J]. *Analytical Chemistry*, 85 (17): 8 436-8 441.

Sun Z P, Wang Y L, Wei Y T, et al, 2011. Ag cluster-aptamer hybrid: Specifically marking the nucleus of live cells [J]. *Chemical Communications*, 47 (43): 11 960-11 962.

Tanaka S I, Miyazaki J, Tiwari D K, et al, 2011. Fluorescent platinum nanoclusters: Synthesis, purification, characterization, and application to bioimaging [J]. *Angewandte Chemie International Edition*, 50 (2): 431-435.

Tang X, Zeng X, Liu H, et al, 2019. A nanohybrid composed of MoS_2 quantum dots and MnO_2 nanosheets with dual-emission and peroxidase mimicking properties for use in ratiometric fluorometric detection and cellular imaging of glutathione [J]. *Microchimica Acta*, 186 (8): 572.

Tao H, Yang K, Ma Z, et al, 2012. In vivo NIR fluorescence imaging, biodistribution, and toxicology of photoluminescent carbon dots produced from carbon nanotubes and graphite [J]. *Small*, 8 (2): 281-290.

Tsang M K, Chan C F, Wong K L, et al, 2015. Comparative studies of upconversion luminescence characteristics and cell bioimaging based on one-step synthesized upconversion nanoparticles capped with different functional groups [J]. *Journal of Luminescence*, 157: 172-178.

Wang C, Cheng L, Xu H, et al, 2012. Towards whole-body imaging at the single cell level using ultra-sensitive stem cell labeling with oligo-arginine modified upconversion nanoparticles [J]. *Biomaterials*, 33 (19): 4 872-4 881.

Wang J, Tan X, Pang X, et al, 2016. MoS_2 Quantum dot@ polyaniline inorganic-organic nanohybrids for in vivo dual-modal imaging guided synergistic photothermal/radiation therapy [J]. *ACS Applied Materials & Interfaces*, 8 (37): 24 331-24 338.

Wang X, Cao L, Yang S T, et al, 2010. Bandgap-like strong fluorescence in functionalized carbon nanoparticles [J]. *Angewandte Chemie International Edition*, 49 (31): 5 310-5 314.

Wang Y A, Li J J, Chen H Y, et al, 2002. Stabilization of inorganic nanocrystals by organic dendrons [J]. *Journal of the American Chemical Society*, 124 (10): 2 293-2 298.

Wen L, Lin Y, Zheng Z H, et al, 2014. Labeling the nucleocapsid of enveloped baculovirus with quantum dots for single-virus tracking [J]. *Biomaterials*, 35 (7): 2 295-2 301.

Wu Z, Jin R, 2010. On the ligand's role in the fluorescence of gold nanoclusters [J]. *Nano Letters*, 10 (7): 2 568-2 573.

Xiong L, Chen Z, Tian Q, et al, 2009. High contrast upconversion luminescence targeted imaging in vivo using peptide-labeled nanophosphors [J]. *Analytical Chemistry*, 81 (21): 8 687-8 694.

Xue Q, Huang H, Wang L, et al, 2013. Nearly monodisperse graphene quantum dots fabricated by amine-assisted cutting and ultrafiltration [J]. *Nanoscale*, 5 (24): 12 098-12 103.

Xue Z, Li X, Li Y, et al, 2017. A 980nm laser-activated upconverted persistent probe for NIR-to-NIR rechargeable *in vivo* bioimaging [J]. *Nanoscale*, 9 (21): 7 276-7 283.

Yang C, Liu Q, He D, et al, 2014b. Dual-modal imaging and photodynamic therapy using upconversion nanoparticles for tumor cells [J]. *Analyst*, 139 (24): 6 414-6 420.

Yang S T, Cao L, Luo P G, et al, 2009. Carbon dots for optical imaging in vivo [J]. *Journal of the American Chemical Society*, 131 (32): 11 308-11 309.

Yang Y B, Tang Y D, Hu Y, et al, 2020a. Single virus tracking with quantum dots packaged into enveloped viruses using CRISPR [J]. *Nano Letters*, 20 (2): 1 417-1 427.

Yang Y L, Mao G B, Ji X H, et al, 2020b. DNA-templated quantum dots and their applications in biosensors, bioimaging, and therapy [J]. *Journal of Materials Chemistry B*, 8 (1): 9-17.

Yang Y, 2014a. Upconversion nanophosphors for use in bioimaging, therapy, drug delivery and bioassays [J]. *Microchimica Acta*, 181 (3-4): 263-294.

Yi Z, Lu W, Xu Y, et al, 2014. PEGylated $NaLuF_4$: Yb/Er upconversion nanophosphors for in vivo synergistic fluorescence/X-ray bioimaging and long-lasting, real-time tracking [J]. *Biomaterials*, 35 (36): 9 689-9 697.

Yu G, Liang J, He Z, et al, 2006. Quantum dot-mediated detection of gamma-aminobutyric acid binding sites on the surface of living pollen protoplasts in tobacco [J]. *Chemistry & Biology*, 13 (7): 723-731.

Zhang C, Liu Y, Xiong X Q, et al, 2012. Three-dimensional nanographene based on triptycene: Synthesis and its application in fluorescence imaging [J]. *Organic Letters*, 14 (23): 5 912-5 915.

Zhang P, Yang X X, Wang Y, et al, 2014. Rapid synthesis of highly luminescent and stable Au-20 nanoclusters for active tumor-targeted imaging in vitro and in vivo [J]. *Nanoscale*, 6 (4): 2 261-2 269.

Zhang Y, Hong G, Zhang Y, et al, 2012. Ag_2S quantum dot: a bright and biocompatible fluorescent nanoprobe in the second near-infrared window [J]. *ACS Nano*, 6 (5): 3 695-3 702.

Zhang Y, Ke X L, Zheng Z H, et al, 2013. Encapsulating quantum dots into enveloped virus in living cells for tracking virus infection [J]. *ACS Nano*, 7 (5): 3 896-3 904.

Zhao M, Ye S, Peng X, et al, 2019. Green emitted CdSe@ ZnS quantum dots for FLIM and STED imaging applications [J]. *Journal of Innovative Optical Health Sciences*, 12 (5): 1 940 003.

Zheng L L, Yang X X, Liu Y, et al, 2014. In situ labelling chemistry of respiratory syncytial viruses by employing the biotinylated host-cell membrane protein for tracking the early stage of virus entry [J]. *Chemical Communications*, 50 (99): 15 776-15 779.

Zheng Y, Gao S, Ying J Y, 2007. Synthesis and cell-imaging applications of glutathione-capped CdTe quantum dots [J]. *Advanced Materials*, 19 (3): 376-380.

第 8 章　纳米荧光探针的生物效应研究

近年来，纳米荧光探针已经用于生物分析及生物成像等多个领域，当纳米荧光探针应用到生物体系中时，其生物效应及环境安全性也引起了科学家的关注。本章将从蛋白质、核酸、细胞、细菌、活体等层面介绍几类常见纳米荧光探针对生物体系的影响。

8.1　纳米荧光探针与蛋白质的相互作用

研究纳米荧光探针对蛋白结构及功能的影响，对于纳米荧光探针的生物应用具有重要的参考价值。目前，一些模式蛋白如牛血清白蛋白、人血清白蛋白、血红蛋白等，已经被用于开展这一方面的研究工作。本部分主要介绍半导体量子点、金属团簇、碳点、石墨烯及类石墨烯量子点、稀土掺杂上转换荧光材料等对蛋白的影响。

8.1.1　半导体量子点与蛋白质的相互作用

由于很多蛋白质本身有荧光，可以利用蛋白自身的荧光信号变化来研究半导体量子点与蛋白质的相互作用。作者在合成 3 种不同粒径（1.9nm、2.7nm、3.5nm）的 CdTe 量子点的基础上，采用紫外可见吸收光谱、荧光光谱及拉曼光谱等手段研究了不同尺寸量子点对牛血清白蛋白的影响（Liang et al.，2008）。结果表明，当向牛血清白蛋白溶液中加入量子点后，牛血清白蛋白的荧光会发生猝灭。紫外—可见吸收光谱表明，加入量子点后，牛血清白蛋白的吸收光谱也发生了变化，证明两者作用后有新物质生成。通过改变温度，CdTe 量子点与 BSA 结合反应的结合常数、结合热力学函数和结合位点等参数，为探讨在 CdTe 量子点作用下 BSA 构型的变化提供重要依据。在此基础上，采用拉曼光谱进一步研究了加入量子点前后蛋白的构象变化（图 8-1 是加入量子点前后牛血清白蛋白的拉曼光谱），从该图可以看出，在 1 653cm^{-1}是牛血清白蛋白酰胺 I 的振动峰，当加入量子点后，该峰的强度降低，表明加入量子点后蛋白质的 α-螺旋含量降低。1 002cm^{-1}对应苯丙氨酸的振动，1 345cm^{-1}对应色氨酸或 C-H 振动，表明加入量子点后蛋白质疏水基团的暴露。西北大学樊君教授课题组采用紫外—可见吸收光谱、荧光光谱及圆二色谱等方法研究了 CdTe 量子点、CdTe/ZnS 量子点对人血清白蛋白及溶菌酶的影响，发现量子点对人血清白蛋白及溶菌酶的荧光均有猝灭作用（马璇，2014）。当向蛋白溶液中加入量子点后，量子点与蛋白会形成复合物，导致蛋白的结构发生改变，从而猝灭蛋白的荧光。与人血清白蛋白相比，量子点对溶菌酶的影响更大，主要原因是溶菌酶在中性 pH 值条件下带有正电荷。武汉大学庞代文教授课题组采用原子力显微镜研究了 CdSe/ZnS 量子点与牛血清白蛋白（BSA）、免疫球蛋白 G（IgG）及麦胚凝集素（WGA）的相互作用，发现范德华力是量子点与蛋白之间的主要作用力，同时，静电力也起着重要的作用（Luo et al.，2014）。

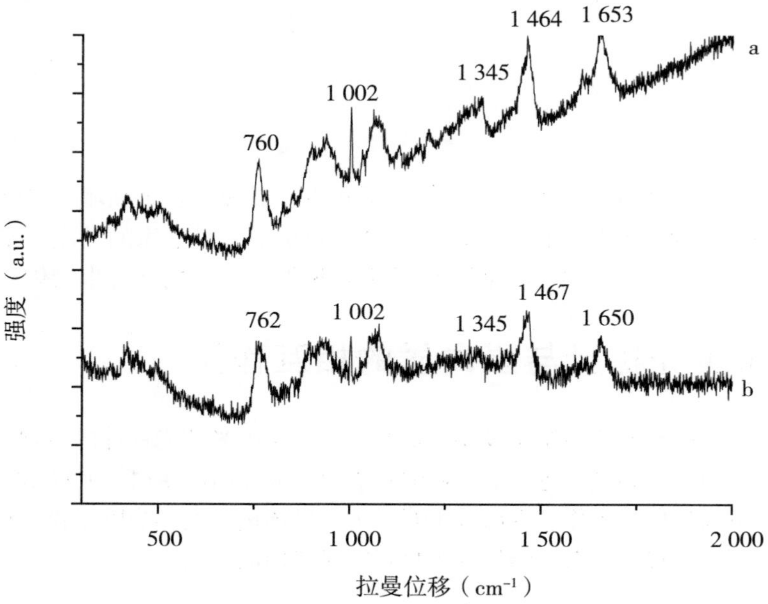

（a）加入量子点前后牛血清白蛋白的拉曼光谱；（b）加入量子点后牛血清白蛋白的拉曼光谱

图 8-1　牛血清白蛋白加入量子点前后对比

（Liang et al.，2008）

山东大学刘汝涛教授课题组采用紫外—可见吸收光谱、荧光光谱、圆二色谱等方法研究 N-乙酰半胱氨酸修饰 CdTe 量子点与过氧化氢酶的相互作用，发现 CdTe 量子点对过氧化氢酶的荧光具有静态猝灭作用，作用力主要为疏水相互作用，两者之间结合比约为 1∶1，当向过氧化氢酶中加入量子点后，量子点对过氧化氢酶的活性具有一定的抑制作用（Sun et al.，2014）。

作者课题组采用紫外—可见吸收光谱、荧光光谱等方法研究了硫化银量子点对人血清白蛋白的影响。结果表明，当向人血清白蛋白溶液中加入硫化银量子点后，人血清白蛋白的荧光会出现明显的下降，采用 Stern-Volmer 方程处理荧光猝灭数据（图 8-2），获得了两者相互作用的焓变、熵变及自由能变。进一步研究发现，量子点与人血清白蛋白之间的作用力主要是静电作用力。

在此基础上，采用荧光发射光谱、紫外—可见吸收光谱、Zeta 电位和荧光寿命等手段还研究了巯基乙酸修饰的 CdTe 量子点与硫酸鱼精蛋白之间的相互作用（Xue et al.，2016）。结果表明硫酸鱼精蛋白可以剧烈的猝灭 CdTe 量子点的荧光。通过 *Stern- Volmer* 方

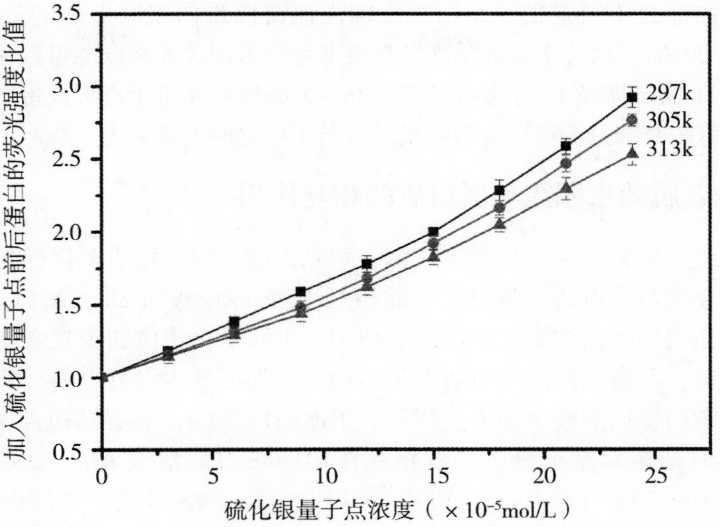

图 8-2　不同温度下人血清白蛋白与硫化银量子点作用的 Stern-Volmer 线性方程（Fu et al.，2017）。

程和热力学方程对荧光光谱数据进行处理分析，得到了 291 K、298 K 和 305 K 时巯基乙酸修饰的 CdTe 量子点与硫酸鱼精蛋白结合反应的荧光猝灭常数（K_{SV}），采用等温量热技术计算出相互作用的焓变（$\triangle H^{\theta}$）、熵变（$\triangle S^{\theta}$）和自由能变（$\triangle G^{\theta}$）。通过荧光寿命及激光粒度分析，发现硫酸鱼精蛋白对量子点的猝灭是一个动态和静态混合猝灭的方式（图 8-3）。

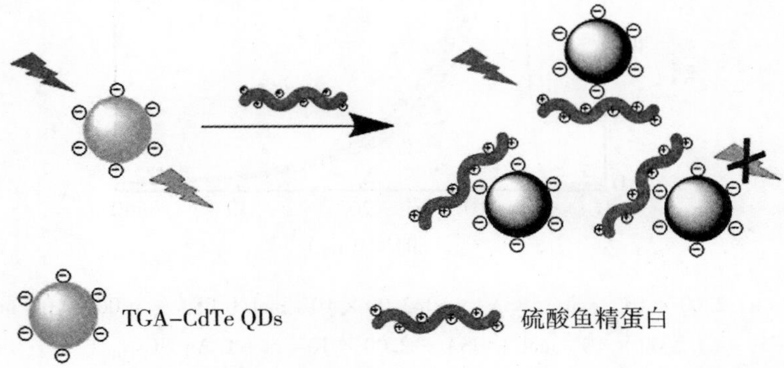

图 8-3　巯基乙酸修饰 CdTe 量子点与硫酸鱼精蛋白作用示意（Xue et al.，2016）

TGA-CdTe QDs：巯基乙酸修饰的碲化镉量子点。

当纳米粒子进入生物环境后，其表面可能吸附一层或多层蛋白质而形成蛋白冠（protein corona）结构，这种结构对纳米粒子的细胞摄取、免疫应答、生物分布、清除和毒性有着重要影响（Cai et al.，2019）。Wang 等（2016）采用荧光相关光谱技术研究了

CdSe/ZnS 核—壳量子点与人血清之间的相互作用，发现量子点与具有多种蛋白组成的人血清形成的蛋白冠是不可逆的，而与单一的人血清白蛋白之间形成的蛋白冠是可逆的（Wang et al.，2016）。西北工业大学尚利教授课题组采用荧光共振能量转移技术研究了人血清白蛋白在 D-青霉胺及 L-青霉胺修饰的 InP/ZnS 核—壳量子点形成蛋白冠的差异，发现不同手性青霉胺修饰量子点后会影响量子点与蛋白之间的亲和力（Qu et al.，2020）。

8.1.2 荧光金属纳米团簇与蛋白质的相互作用

作者课题组采用紫外—可见吸收光谱、荧光光谱、圆二色谱及拉曼光谱等手段研究了组氨酸修饰金簇与牛血清白蛋白之间的相互作用（Zheng et al.，2014）。发现组氨酸修饰金簇对牛血清白蛋白的荧光具有猝灭作用，牛血清白蛋白的荧光强度随着金簇浓度不断增加而降低，而组氨酸对牛血清白蛋白的荧光强度基本没有影响。圆二色谱结果表明，当向牛血清白蛋白溶液中加入金簇后，牛血清白蛋白 α 螺旋结构含量下降，β 折叠结构及无规卷曲结构含量上升。二者相互作用的热力学常数 ΔH^{θ}、ΔS^{θ} 和 ΔG^{θ} 分别为 35.97kJ/mol、199.53J/（mol·K）和−23.49 kJ/mol。图 8-4 为牛血清白蛋白（浓度为 2.00×10^{-5}mol/L）及加入不同浓度金簇牛血清白蛋白的荧光衰减曲线。结果表明，当体系中金簇浓度为 1.00×10^{-4}mol/L 时，牛血清白蛋白的荧光寿命从 7.43ns 分别下降到 6.93ns，当金簇的浓度增加到 2.00×10^{-4}mol/L 时，牛血清白蛋白的荧光寿命降为 6.42 ns，证实金簇对牛血清白蛋白的荧光猝灭为动态猝灭模式。

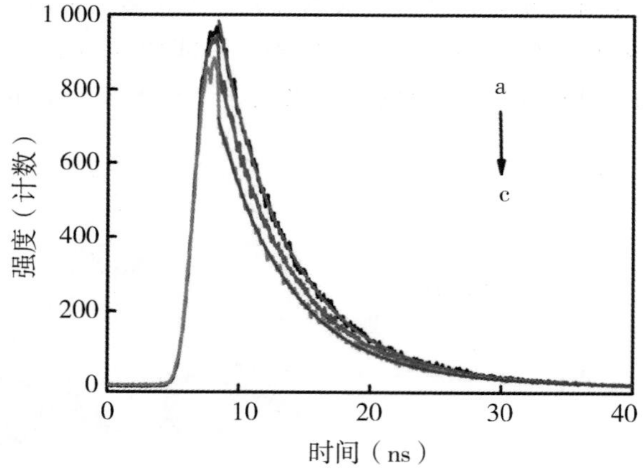

（a）2.00×10^{-5} mol/L BSA；（b）2.00×10^{-5} mol/L BSA + 1.00×10^{-4} mol/L Au NCs；（c）2.00×10^{-5} mol/L BSA + 2.00×10^{-4} mol/L Au NCs

图 8-4 牛血清白蛋白（BSA）与金簇（Au NCs）作用前后的荧光衰减曲线

（Zheng et al.，2014）

武汉大学蒋风雷教授课题组研究了二氢硫辛酸修饰的金簇与人血清白蛋白及转铁蛋白之间的相互作用。发现金簇对人血清白蛋白的荧光猝灭是一个吸热的动态猝灭过程，对转铁蛋白的荧光猝灭是一个放热的静态猝灭过程，一个人血清白蛋白平均可结合 8 个金簇，一个转铁蛋白平均可结合 7 个金簇。金簇与蛋白的结合不同于传统的“蛋白冠”

模型，而是一种“蛋白复合物”的结合方式（Yin et al.，2020）。

8.1.3　碳点与蛋白质的相互作用

辽宁大学郭兴家教授课题组采用紫外—可见吸收光谱、荧光光谱及圆二色谱等方法研究了聚乙烯亚胺（PEI）修饰的绿色发光碳点与牛血清白蛋白的相互作用。发现碳点对牛血清白蛋白荧光具有静态猝灭作用，二者之间可以形成比例约为 1∶1 的复合物（孙野，2014）。根据 Förster 偶极—偶极非辐射能量转移理论，计算出碳点与牛血清白蛋白之间的结合距离为 2.23nm。圆二色谱结果表明，加入碳点后牛血清白蛋白的 α-螺旋含量略有降低，说明碳点引起了蛋白内部肽链的重排，导致蛋白二级结构发生变化。

Song 等（2020）研究了三文鱼来源碳点与人血清白蛋白形成蛋白冠前后的细胞毒性及活体毒性，结果表明，当碳点与人血清白蛋白形成蛋白冠结构后，可显著降低碳点的细胞毒性及活体毒性。

8.1.4　石墨烯及类石墨烯量子点与蛋白质的相互作用

近年来，石墨烯量子点及类石墨烯量子点与蛋白的相互作用研究也受到了研究者的关注。武汉大学刘义教授课题组采用光谱分析法研究了石墨烯量子点与人血清白蛋白及 γ-球蛋白之间的相互作用（Ba et al.，2020）。发现石墨烯量子点与人血清白蛋白之间的作用力主要是氢键和范德华力，而与 γ-球蛋白之间的作用力主要是静电引力。除光谱分析技术外，分子动力学模拟也可用于石墨烯量子点与蛋白的相互作用研究。Zhou 等（2019）采用分子动力学模拟的方法研究了 Villin 子域蛋白（HP35）在不同尺寸石墨烯量子点表面的吸附过程。结果表明，蛋白的苯环残基与石墨烯量子点之间存在 π-π 堆积作用。石墨烯量子点的尺寸越大，与蛋白之间的作用力就越强，作用过程中蛋白的构象改变就越大。Wang 等（2019a）系统研究了二硫化钼量子点与牛血红蛋白之间的相互作用。结果表明，二硫化钼量子点可与牛血红蛋白形成复合物，导致蛋白的二级结构发生改变，蛋白在石墨烯表面的吸附符合准二级吸附动力学模型。

8.1.5　稀土掺杂上转换纳米荧光探针与蛋白质的相互作用

Gong 等（2014）研究了 $NaYF_4$：Yb，Er 上转换纳米材料与牛血清白蛋白的相互作用，发现上转换纳米材料对牛血清白蛋白荧光具有猝灭作用，这种猝灭属于静态猝灭。圆二色谱结果表明加入上转换纳米材料后，牛血清白蛋白的构象发生了微小的变化，表明上转换纳米材料对牛血清白蛋白的毒性较小。

8.1.6　多功能纳米探针与蛋白质的相互作用

Liu 等（2013）采用紫外—可见吸收光谱、荧光光谱等方法研究了壳聚糖修饰磁性荧光双功能纳米粒子（CS-Fe_3O_4@ZnS：Mn）与牛血清白蛋白的相互作用，发现磁性荧光双功能纳米粒子可对牛血清白蛋白的荧光产生静态猝灭作用，两者之间有荧光共振能量转移发生，在紫外光照射下荧光双功能纳米粒子会对牛血清白蛋白造成损伤，这种损伤是氧气、紫外光及双功能纳米粒子协同作用导致的，蛋白的荧光猝灭是由于光诱导自由基形成所导致的。

8.2 纳米荧光探针与核酸相互作用

随着纳米荧光探针的广泛使用，其基因毒性也引起了人们的关注。当纳米荧光探针进入细胞后，可能会通过氧化压力及炎症反应造成 DNA 的碱基损伤，也可能直接进入细胞核与 DNA 相互作用，造成 DNA 的直接损伤（Singh et al.，2009）。因此，研究纳米荧光探针与 DNA 的相互作用，对纳米荧光探针在细胞及活体水平的示踪具有重要的意义。

8.2.1 半导体量子点与核酸的相互作用

Green 等（Green and Howman，2005）研究了水溶性 CdSe/ZnS 量子点和超螺旋双链 DNA 的相互作用，发现在没有紫外灯照射时，量子点能导致 29%的 DNA 产生损伤，在紫外灯照射条件下，量子点导致 56%的 DNA 产生损伤，而单独的紫外光照射导致 DNA 的损伤量小于 5%，他们认为这种损伤是由于 CdSe/ZnS 量子点在光诱导或表面氧化时产生自由基所致。

核酸分子“光开关”在水溶液中由于水分子的猝灭作用荧光很弱，当溶液中有双链 DNA 存在时，“光开关”的配体就会插入到双链 DNA 中，获得一个疏水环境，其荧光就会得到恢复。利用这一原理，可将核酸分子“光开关”用于 DNA 检测。作者在读博期间以核酸分子“光开关” $Ru(bipy)_2(dppx)^{2+}$ 为探针（图 8-5），系统地研究了不同条件下 CdSe 量子点对小牛胸腺 DNA（ctDNA）的损伤情况（Liang et al.，2007；梁

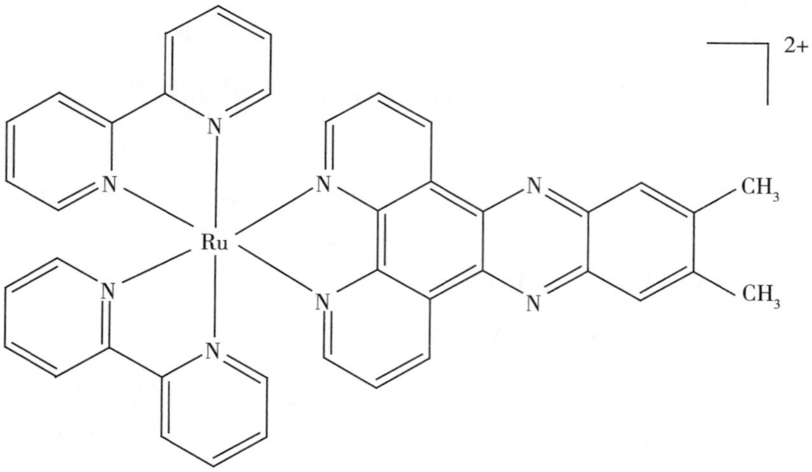

图 8-5 $Ru(bipy)_2(dppx)^{2+}$的结构

（Liang et al.，2007；梁建功，2006）

建功，2006）。发现在没有紫外光照射时，CdSe 量子点可诱导小牛胸腺 DNA（ctDNA）产生团聚，但对其损伤较小。当在紫外光的照射下，CdSe 量子点对小牛胸腺 DNA（ctDNA）会产生明显的损伤，这种损伤会随着光照时间的延长而增大。图 8-6 是加入 CdSe 量子点前（a）及加入 CdSe 量子点后紫外光照射 0min（b）、30min（c）和 90min（d）体系的荧光显微图像。从该图可看出在没有加入 CdSe 量子点时，核酸分子光开关与量子点结合，会形成均匀的红色荧光信号［图 8-6（a）］。当向体系中加入量子点后，量子点会诱导 DNA 链产生团聚［图 8-6（b）］，此时 DNA 的双螺旋结构并没有被破坏，体系的荧光强度变化较小。随着紫外光照射时间的延长，体系的荧光会变弱。为了防止紫外光照射对核酸分子“光开关”造成影响，我们在实验时先将量子点与 DNA 混合，当紫外光照射结束后，再向体系中加入核酸分子“光开关”。从图 8-6 可看出，在紫外光照射 30min 后，量子点与 DNA 会形成更大的团聚体［图 8-6（c）］，照射 90min 后，DNA 会被破坏，形成碎片［图 8-6（d）］。

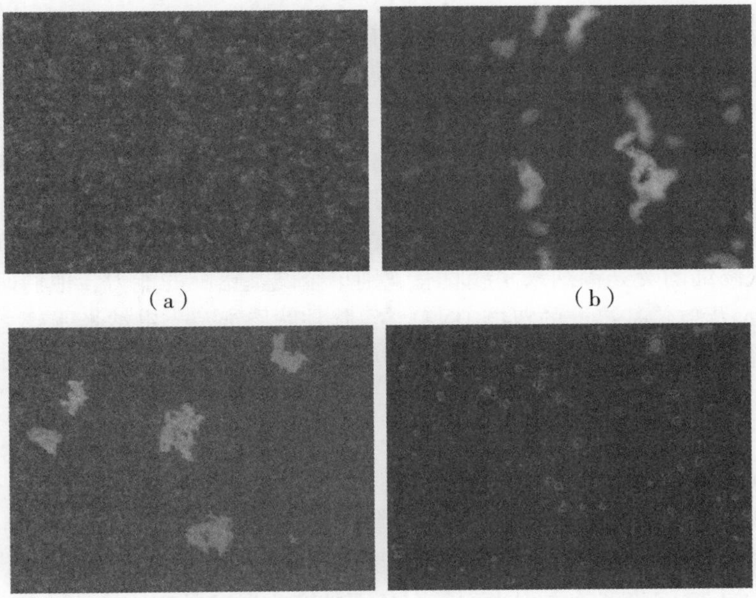

（a）　（b）　（c）　（d）

加入 CdSe 量子点前（a）及加入 CdSe 量子点后紫外光照射 0min（b）、30min（c）和 90min（d）体系的荧光显微图像

图 8-6　CdSe 量子点荧光显微图像对比

（梁建功，2006）

p53 基因与 DNA 损伤修复密切相关，当 DNA 损伤后，p53 蛋白就会启动细胞修复机制，如果细胞 DNA 无法修复，就会启动细胞凋亡机制（朱婷等，2006）。Choi 等（Choi 2008）研究发现，当把一定浓度 CdTe 量子点与人类乳腺癌细胞混合后，CdTe 量子点会导致 p53 下游基因（*Puma* 和 *Noxa*）上调，这表明量子点有一定的基因毒性。Tang 等（2013）比较了 Cd^{2+} 及 CdTe 量子点对斑马鱼肝细胞的基因毒性。结果表明，

$50\mu mol/L$ Cd^{2+}及 500nmol/L 的 CdTe 量子点会导致斑马鱼肝细胞明显的 DNA 链断裂，细胞中毒性压力应答基因（p53）表达受到抑制，氧化压力中和基因（SOD-1）及 DNA 修复基因（Ku80、Ogg1、XPC 及 XPA）产生上调。与 CdTe 量子点不同的是，Cd^{2+}不仅可通过产生活性氧对 DNA 造成损伤，而且还可以干扰 DNA 的修复机制。目前，在细胞及活体水平对量子点的基因毒性研究还比较少，进一步认识量子点对细胞乃至活体的基因影响十分必要。

Sun 等（2018）研究发现，L-半胱氨酸修饰的 CdTe 量子点具有限制性内切酶的活性，当把 L-半胱氨酸修饰的 CdTe 量子点与 1 838bp的 DNA（NC_ 017838. 1）混合，并用右旋偏振光照射 2h 后，该双链 DNA 完全裂解为两个片段，其切割位点为 GAT′ATC。研究发现，D-半胱氨酸修饰的 CdTe 量子点也有类似的 DNA 切割活性，而其他试剂如谷胱甘肽修饰的 CdTe 量子点则没有发现切割活性。

8. 2. 2 荧光金属纳米团簇与核酸的相互作用

研究荧光金属纳米团簇与核酸的相互作用，对于金属团簇用于核酸检测、核酸标记及纳米载药体系等领域都具有重要的意义。Mukhija 等（2019）研究了人血清白蛋白修饰金簇与 DNA 之间的相互作用，结果表明，人血清白蛋白修饰金簇后，蛋白微小的构象变化并不影响其与 DNA 的进一步结合，但结合的驱动力由熵驱动变成了焓驱动，DNA 与蛋白结合后其构象并没有发生明显的变化。DNA 的单碱基错配在生物过程中起着重要的作用，与多种癌症及遗传疾病的发生密切相关。Pramanik 等（2019）研究发现，谷胱甘肽修饰的荧光铜纳米团簇具有识别单个碱基错配的能力，他们研究了完全配对的双链 DNA 及单碱基错配的双链 DNA 与谷胱甘肽修饰荧光铜纳米团簇之间的相互作用，发现谷胱甘肽修饰的荧光铜纳米团簇与单碱基错配的双链 DNA 具有更强的亲和力。

8. 2. 3 碳点与核酸的相互作用

Li 等（2019）基于碳点对有机荧光染料修饰 DNA 的荧光猝灭作用，研究了 DNA 在带有正电核的 N 掺杂碳点表面的吸附和脱附行为。研究表明，当向 50nmol/mL FAM 荧光染料修饰的 DNA 中加入 $2\mu g/mL$ 的 N 掺杂碳点后，荧光染料 93%的荧光被碳点猝灭。碳点与 DNA 之间除了静电引力之外，还可能存在碱基效应、疏水作用及范德华力。Jhonsi 等（2018）采用光谱法研究了罗望子来源碳点与小牛胸腺 DNA 的相互作用。并采用 Benesi-Hildebrand 方程计算出碳点与 DNA 之间的表观结合常数为 1. 85mL/mg，基于碳点对溴化乙锭—DNA 复合物荧光的猝灭作用，发现碳点与 DNA 及溴化乙锭之间是一种竞争作用模式。

8. 2. 4 石墨烯及类石墨烯量子点与核酸的相互作用

Rafiei 等（2019）研究了石墨烯量子点与甲基化及未甲基化 DNA 的相互作用。研究表明，当向石墨烯量子点中加入非甲基化 DNA 后，量子点的荧光会随着 DNA 浓度的增加而降低，利用这一原理，他们建立了 DNA 的检测新方法，对 DNA 的检出限为 7.3×10^{-11}mol/L。然而，当向体系中加入甲基化的 DNA 后，石墨烯量子点的荧光没有明显的影响。类石墨烯量子点对 DNA 的影响目前报道还很少。

8.2.5　稀土掺杂上转换纳米荧光探针与核酸的相互作用

Yuan 等（2015）采用紫外—可见吸收光谱、荧光光谱、圆二色谱等方法研究了 Yb^{3+}/Tm^{3+}共掺杂的 $NaYF_4$上转换纳米荧光材料与小牛胸腺 DNA 的相互作用。结果表明，小牛胸腺 DNA 可以组装到上转换纳米荧光材料表面，形成稳定的复合物，两者之间的作用力主要是疏水作用力和静电引力。当 DNA 结合到上转换纳米荧光材料表面后，DNA 的双螺旋结构没有被破坏。

8.3　纳米荧光探针与细胞的相互作用

由于优越的光学性能和纳米材料本身的诸多优势，纳米荧光探针在细胞成像等方面得到了广泛应用。然而，很多纳米荧光探针也可能侵入生物体内影响细胞功能，从而给个体健康、生态环境和社会安全带来负面影响（李晓明等，2013）。细胞已经成为了解纳米荧光探针生物安全性的重要模型，通过检测细胞数目、生长曲线、凋亡程度、细胞形态或代谢活性等不同指标，就可对纳米荧光探针与细胞的相互作用进行全面而深入的了解（李晓明等，2013）。本部分主要介绍不同纳米荧光探针与细胞的相互作用。

8.3.1　半导体量子点与细胞的相互作用

半导体量子点与细胞的作用机制十分复杂，与量子点的种类、尺寸、表面修饰试剂、表面电荷及细胞类型等多种因素有关（唐永安等，2014）。Derfus 等（2004）采用原代肝细胞作为肝脏模型，研究了 CdSe 量子点对原代肝细胞的影响，发现当量子点暴露在空气中或紫外光下，都会造成其细胞毒性的增加，他们认为造成细胞毒性的主要原因是在氧气及紫外光作用下，量子点会释放出游离的 Cd^{2+}。而当量子点表面包覆一层 ZnS 或牛血清白蛋白后，会显著降低但不能完全消除量子点的毒性。Hoshino 等（2004）采用彗星试验、流式细胞仪及 MTT［3-（4，5-dimethylthiazol-2-yl）-2，5-diphenyl tetrazolium bromide］法研究了巯基十一酸（MUA）、半胱氨酸、硫代甘油及不同试剂混合修饰的 CdSe/ZnS 量子点对非洲绿猴肾细胞（Vero cells）的影响，发现表面修饰试剂对量子点的毒性起着重要的作用。Kirchner 等（2005）研究了巯基乙酸、硅烷化试剂及聚合物修饰的 CdSe 及 CdSe/ZnS 量子点对乳腺癌细胞（MDA-MB-435S breast cancer cells）、仓鼠卵巢细胞（CHO cells）及白血病细胞（RBL cells）的影响，发现除表面修饰试剂及 Cd^{2+}释放产生细胞毒性外，量子点的团聚也对其细胞毒性起着重要的作用。Lovric 等（2005）研究了巯基丙酸修饰 CdTe 量子点对人类乳腺癌细胞（MCF7）的影响，发现量子点可诱导细胞质膜产生损伤，同时诱导半胱天冬酶依赖的细胞凋亡，他们发现，CdTe 量子点可诱导细胞产生活性氧（Reactive oxygen species），使细胞内蛋白质、脂类及 DNA 产生损伤或修饰，导致细胞死亡，当向体系中加入 N-乙酰半胱氨酸或 BSA 后，可降低量子点的细胞毒性。作者与华中科技大学杨祥良教授课题组合作采用磷脂类表面活性剂（F68）、十六烷基三甲基溴化铵（CTAB）、十二烷基磺酸钠（SDS）修饰到表面包覆聚乳酸（PLA）的 CdSe 量子点表面，研究了不同表面修饰 CdSe 量子点对 HepG2 细胞的毒性，结果表明，磷脂类表面活性剂（F68）及十二烷基磺酸钠（SDS）修饰的量子点对 HepG2 细胞的毒性较小，而十六烷基三甲基溴化铵（CTAB）修饰的量子点对 HepG2 细胞的毒性较大（Guo et al.，2007）。Su 等（2010）比较了 CdTe 量子点及 Cd^{2+} 的细胞毒性，发现当量子点释放到细胞内 Cd^{2+} 的浓度与加入游离 Cd^{2+} 浓度一致时，量子点的细胞毒性远大于游离 Cd^{2+} 所引起的细胞毒性，表明量子点的细胞毒性并不仅仅是由其释放游离的 Cd^{2+} 所引起的。

细胞对量子点的吞噬机制及量子点对细胞基因表达的影响也有文献报道。Zhang 等（Zhang and Monteiro-Riviere，2009）采用 24 种潜在的内吞抑制剂研究了 HEK 细胞对不同修饰 CdSe/ZnS 量子点的吞噬过程，通过流式细胞仪及激光共聚焦荧光显微镜等手段评价了不同抑制剂对细胞吞噬过程的抑制情况。结果表明，量子点是通过细胞膜上的脂筏及 G 蛋白偶联受体通路进入细胞的，量子点的表面修饰试剂、电荷及尺寸对其进入细胞起着关键的作用。Chen 等（2012）采用浓度为 37.5nmol/L 和 300nmol/L 的 CdTe 量子点及 10 μmol/L、10 μmol/L 的 Cd^{2+} 分别处理 HEK293 细胞 24h 后，在 HEK293 细胞中有 31 个基因表达上调超过两倍，3 个基因表达下调超过两倍。这些基因中有 7 个基因（*MT*1*A*、*MT*1*F*、*MT*1*G*、*MT*1*H*、*MT*1*X*、*MT*2*A* 和 *MTE*）来自硫蛋白家族，进一步研究发现，这些基因的上调水平与量子点的剂量没有依赖关系。武汉大学刘义教授课题组研究了量子点对线粒体的毒性，发现量子点能够显著抑制细胞膜上 K^+ 及 H^+ 的交换，影响线粒体的呼吸作用及生物能的转换（Li et al.，2011）。由于该实验中并没有检测到量子点引起的 Cd^{2+} 的释放，他们认为量子点的线粒体毒性可能由于量子点内在的性质所引起的。

Carrillo-Carrion 等（2019）在 ATTO 标记的两亲聚合物修饰的 CdSe/ZnS 量子点表面进一步修饰 Cy7 标记的人血清白蛋白，获得三重标记的量子点探针，探针平均水合粒径为 13.5nm。该探针可发射 3 个不同波长的荧光，CdSe/ZnS 量子点的荧光激发波长为 598nm，发射波长为 610nm。ATTO 的荧光激发波长为 505nm，发射波长为 523nm，Cy7 的荧光激发波长为 750nm，发射波长为 775nm。他们将探针与 HaLa 细胞共同培养，利用探针中 3 种不同的荧光信号研究探针不同部分在细胞内的变化规律。结果表明，探针表面的人血清白蛋白仅有部分被递送到细胞内，而量子点表面的聚合物比人血清白蛋白稳定的时间更长，其在胞内可被酶降解后从量子点表面脱离下来。这表明进一步研究基于量子点的药物载体的生物分布及药代动力学是十分必要的。

8.3.2 荧光金属纳米团簇与细胞的相互作用

Pan 等（2007）研究了金簇及金纳米粒子（尺寸在 0.8~15nm）对结缔组织成纤维细胞、上皮细胞、巨噬细胞和黑色素瘤细胞的影响，发现尺寸在 1~2nm 之间的金纳米粒子比尺寸小于 1nm 或大于 2nm 的金纳米粒子具有更大的细胞毒性。同一课题组随后研究了三苯基膦磺酸盐修饰的 1.4nm 金纳米粒子对 HeLa 细胞的毒理机制，发现 1.4nm 的金纳米粒子会导致细胞内活性氧浓度升高，细胞内氧化压力和炎症相关基因会产生上调，当向体系中加入乙酰半胱氨酸、谷胱甘肽及三苯基膦磺酸盐后，可以显著降低 1.4nm 金纳米粒子的细胞毒性，而向金簇中加入抗坏血酸后，细胞毒性变化不明显。显微镜结果显示，100μmol/L 的金纳米粒子（1.4nm）处理细胞后，会导致细胞线粒体功能的丧失和细胞的死亡（Pan et al.，2009）。武汉大学庞代文教授课题组利用生物素—亲和素之间的作用将亲和素修饰的金簇与生物素修饰的 TAT 多肽（biotin - TAT，TAT 多肽序列为：YGRKKRRQRRR）偶联，并研究了偶联 TAT 多肽的金簇对不同类型细胞（A549、Vero 及 MDCK 细胞）的影响（Zhao et al.，2014）。结果表明，2.4μmol/L 偶联 TAT 多肽的金簇可在 1h 之内进入 3 种细胞的细胞核，同样浓度的金簇与细胞共同培养 24h 后，细胞的存活率不到 70%，说明高浓度的金簇对细胞具有一定的毒性。当 TAT 多肽的金簇进入细胞核后，会导致细胞内活性氧的产生，产生的活性氧会与线粒体内蛋白质及脂类反应，导致线粒体损伤，伴随着凋亡因子的释放，激活了细胞凋亡过程。Yang 等（2014）研究了二氢硫辛酸修饰金簇对正常人肝细胞（L02）和人肝癌细胞（HepG2）的影响。发现 100μmol/L 的金簇与正常人肝细胞（L02）共同培养 72h 后，对正常肝细胞的活力没有明显的影响，但对人肝癌细胞（HepG2）会产生明显的毒性。他们发现当向人肝癌细胞（HepG2）加入金簇后，细胞中会发生乳酸脱氢酶的泄漏和活性氧的升高，并使细胞停留在 G1 期。上海交通大学崔大祥教授课题组研究了手性谷胱甘肽修饰的金簇（AuNCs@ L-GSH 和 AuNCs@ D - GSH）对人类胃癌细胞（human gastric cancer cell line MGC - 803）（Zhang et al.，2015）及人类胃黏膜上皮细胞（human gastric mucous epithelial cell line GES-1）的影响。结果表明，D-谷胱甘肽和 L-谷胱甘肽修饰的金簇都会导致细胞活性氧产生、线粒体去极化、DNA 损伤、细胞周期去极化及细胞凋亡。D-谷胱甘肽修饰的金簇对人类胃癌细胞及胃黏膜上皮细胞的毒性比 L-谷胱甘肽修饰的金簇更大。基因芯片数据表明，D-谷胱甘肽修饰的金簇会导致人类胃癌细胞 317 个基因上调，461 个基因下调，L-谷胱甘肽修饰的金簇会导致人类胃癌细胞 187 个基因上调，218 个基因下调。

8.3.3　碳点与细胞的相互作用

细胞毒性是发展药物及治疗过程中需要考虑的首要问题（Devi et al.，2019）。研究表明，碳点的生物相容性与其表面修饰密切相关，聚乙二醇（PEG）修饰的碳点细胞毒性较小，带有负电荷官能团未进一步修饰的碳点具有较大的细胞毒性，可刺激细胞增殖；而聚乙烯亚胺修饰的带有正电荷的碳点具有很大的细胞毒性，可使细胞周期停止在 G0 阶段。

Ray 等（2009）利用硝酸氧化蜡烛灰的方法合成了荧光量子点产率约为 3%的碳点，在此基础上，研究了碳点对人类肝癌细胞（HepG2）的影响。结果表明，当碳点浓度低于 0.5mg/mL 时，细胞的存活率在 90%~100%，更高浓度的碳点则会导致更大比例细胞的死亡。Zhang 等（2013a）研究发现碳点可结合到细胞表面，提高细胞的通透性，导致细胞产生氧化应激，降低细胞的活力。该工作对于碳点用于光学成像及药物载体等方面具有重要的参考价值。由于碳点种类很多，其表面具有不同的修饰试剂，系统研究不同尺寸、不同表面修饰碳点的细胞毒性十分必要，如碳点是通过什么途径进入细胞的，碳点进入细胞后会引起细胞中哪些基因表达的变化等，这些问题将是未来5~10年这一领域研究的热点之一。

8.3.4 石墨烯及类石墨烯量子点对细胞的影响研究

Wu等（2013）采用透射电子显微镜、激光共聚焦荧光显微镜及流式细胞仪等技术研究了石墨烯量子点对人类胃癌细胞（MGC-803）及人类乳腺癌细胞（MCF-7）的毒理效应。透射电子显微镜结果表明，石墨烯量子点与人类胃癌细胞共同培养12h后，量子点可在细胞质及内质网产生团聚。激光共聚焦荧光显微镜结果表明，当石墨烯量子点与人类乳腺癌细胞共同培养24h后，量子点主要分布在细胞质，部分量子点则聚集在细胞核；当石墨烯量子点与人类乳腺癌细胞共同培养72h后，石墨烯量子点主要聚集在细胞核。抑制实验表明，细胞对石墨烯量子点的吸收主要通过小窝介导吞噬（Caveolae-mediated endocytosis）及能量依赖内吞完成的。细胞毒性实验表明，200μg/mL石墨烯量子点与人类胃癌细胞及人类乳腺癌细胞共同培养72h后，细胞的存活率约为70%，与同样浓度的石墨烯相比，其细胞毒性更低。Yuan等（2014）采用噻唑兰（Methylthiazolyldiphenyl-tetrazolium bromide）法及台盼蓝染色法（Trypan blue assay）评价了氨基化石墨烯量子点、羧基化石墨烯量子点及N，N-二甲基甲酰胺基修饰的石墨烯量子点对人类肺癌细胞（A549细胞）及人类神经胶质细胞（C6细胞）的影响。实验结果表明，当石墨烯量子点的浓度达到100~200μg/mL时，其对细胞的增殖才有明显的影响，当石墨烯量子点的浓度在50μg/mL以下时，石墨烯量子点对细胞的增殖则没有明显的影响。细胞死亡分析实验表明，即使200μg/mL的石墨烯量子点，对细胞的死亡也没有明显的影响；拉曼光谱实验表明，加入石墨烯量子点前后，细胞的拉曼光谱没有明显的变化。他们认为不同修饰基团修饰的石墨烯量子点具有良好的生物相容性和低的细胞毒性。Shang等（2014）研究了石墨烯量子点与人神经干细胞的相互作用，发现人神经干细胞对石墨烯量子点的内吞行为具有时间及浓度依赖性，石墨烯量子点的浓度越大，细胞的荧光强度越强，同样浓度的石墨烯量子点与细胞培养时间越长，细胞的荧光强度就越强，他们还研究了细胞对石墨烯量子点的吞噬机理，发现当在4℃培养或通过2-脱氧-D-葡萄糖和叠氮化钠降低细胞中三磷酸腺苷后，细胞的荧光强度大幅度降低，证实细胞对石墨烯量子点的吸收主要是通过内吞的途径。

Xie等（2019）以A549细胞为模型，研究了不同修饰的石墨烯量子点对A549细胞的影响。结果表明，浓度为200μg/mL的羧基修饰的石墨烯量子点及氨基修饰的石墨烯量子点对A549细胞没有明显的毒性，浓度为100μg/mL羟基修饰的石墨烯量子点则表现出明显的细胞毒性。

类石墨烯量子点的细胞毒性也与其表面修饰密切相关。Liu等（2020）研究了聚乙二醇修饰二硫化钼量子点的细胞毒性，结果表明，采用1.5mg/mL的聚乙二醇修饰的二硫化钼量子点处理U251细胞后，细胞的存活率仍高达82%，同样浓度未被聚乙二醇修饰的二硫化钼量子点则表现出较大的细胞毒性，细胞存活率仅为49%。陈秀丽等（2019）研究了脂质体包覆的黑磷量子点对HeLa细胞的影响，结果表明，120μg/mL的脂质体包覆黑磷量子点与 HeLa 细胞共同培养 24h 后，细胞的存活率可达 85%以上。

8.3.5　稀土掺杂上转换纳米荧光探针与细胞的相互作用

有机染料［3-（4，5-dimethylthiazol-2yl）-5-（3-carboxymethoxyphenyl）-2-（4-sulfophenyl）-2Htetrazolium，inner salt（MTS）］可用来测定细胞内线粒体的活性（Schrand et al.，2012）。Abdul Jalil 等（Abdul Jalil and Zhang，2008）通过研究细胞内线粒体功能及细胞通透性评价了二氧化硅包覆的上转换纳米材料（$NaYF_4$：18%Yb，2%Er）对小鼠骨髓间充质干细胞（rodent bone marrow mesenchymal stem cells（BMSCs））及成肌细胞（skeletal myoblasts）的影响。他们利用有机染料（MTS）为探针，研究了上转换纳米材料对小鼠骨髓间充质干细胞线粒体活性的影响，发现 100 mg/mL的上转换纳米材料与小鼠骨髓间充质干细胞共同培养 24h 后，细胞代谢活性降到 79.5%，细胞的死亡率为 7.95%±0.24%。同样条件下成肌细胞的代谢活性仅降为 87.8%，细胞死亡率为 3.4%±0.15%，说明上转换荧光纳米材料对不同类型的细胞影响具有一定的差异。Chen 等（2014）采用细胞活性、细胞膜的完整性、细胞内活性氧的浓度、线粒体膜电位、胱天蛋白酶-3（caspase-3）活性及炎症基因表达等指标系统研究了 3 种不同尺寸［（50±5.71）nm、（158±15.32）nm 以及（354±48.21）nm］铕掺杂上转换纳米材料（$NaYF_4$：Eu^{3+}）对内皮细胞的影响。MTT［3-（4，5-dimethylthiazol-2-yl）-2，5-diphenyl tetrazolium bromide］分析结果表明，铕掺杂上转换纳米材料对内皮细胞的活力影响具有尺寸、剂量及时间依赖性，铕掺杂上转换纳米材料尺寸越大、浓度越高、与细胞共同培养时间越长，细胞的活力就越低，细胞乳酸脱氢酶的渗漏就越多，细胞内活性氧及胱天蛋白酶-3 的浓度越大，表明细胞膜受到铕掺杂上转换纳米材料的破坏，同时诱导了细胞程序化凋亡及炎症相关基因（ICAM-1 和 VCAM-1）表达水平的升高。Das 等（2014）以掺杂镱、铒的 $NaYF_4$ 上转换荧光材料为代表，研究了无试剂修饰上转换荧光材料、聚乙二醇—油酸双层修饰上转换荧光材料及聚乙二醇共价结合修饰的上转换荧光材料对人主动脉内皮细胞（Primary human aortic endothelial cells）的影响。透射电子显微镜结果表明，上转换荧光材料的尺寸为（25.3±3.5）nm，动态光散射结果表明，无试剂修饰（Ligand-Free）、聚乙二醇—油酸双层修饰及聚乙二醇共价结合修饰的上转换荧光材料的水合粒径（Overall hydrodynamic size）分别为（31.2±2.1）nm、（44.9±6.0）nm 及（37.6±3.2）nm。细胞毒性实验表明，无修饰的上转换荧光材料对人主动脉内皮细胞的毒性最小，且存在浓度依赖关系，聚乙二醇—油酸双层修饰的上转换荧光材料对人主动脉内皮细胞的毒性最大。

8.3.6　多功能纳米荧光探针与细胞的相互作用

很多磁性荧光多功能微球不仅可用于细胞的分离及成像，还可以靶向杀死癌细胞，成为癌症靶向治疗的潜在药物。Gui 等（2014）研究了二氧化硅包埋的 Fe_3O_4/CdTe 量子点多功能微球对 HepG2 癌细胞及人正常肝细胞（L02 细胞）的影响，结果表明，当微球表面没有偶联阿霉素时，1mg/mL 微球与 HepG2 共同培养 24h 后，细胞的存活率可达 85.3%，而偶联阿霉素的微球与 HepG2 共同培养 24h 后，细胞的存活率仅为 31.2%，与游离的阿霉素细胞毒性接近，说明阿霉素从微球表面释放后，仍能保持较高的抗癌活性。而偶联阿霉素的微球对正常肝细胞（L02 细胞）的毒性小于对 HepG2 癌细胞的毒性，说明微球在癌症的靶向治疗方面具有较好的应用前景。青岛科技大学陈克正教授课题组采用均相沉淀法合成了稀土掺杂型磁性荧光双功能氧化锌纳米材料（ZnO：Er，Yb，Gd），细胞毒性实验表明，2mg/mL 纳米材料与 HepG2 细胞培养 24h 及 72h 后，细胞活力仍然高达 60%～70%（Wei et al.，2013）。当纳米材料表面吸附亚甲基蓝后，采用 980nm 近红外光照射 3min 后，再与 HepG2 细胞共同培养 12h，细胞活力会随着纳米材料浓度的增加而大幅度下降，证明该材料可望用于近红外光动力学治疗试剂。

8.4 纳米荧光探针在抗菌领域的研究进展

细菌感染不仅给人类造成重大经济损失，还严重威胁着人类的身体健康。近年来，随着多耐药性细菌的出现，发展新的抗菌药物已经刻不容缓（屈平华等，2019；崔燕，2017）。在抗菌研究中，一般将金黄色葡萄球菌及枯草芽孢杆菌作为革兰阳性菌的代表，将铜绿假单胞菌、大肠杆菌作为革兰阴性菌的代表（赵一铭等，2018）。根据文献报道，到 2050 年，由于抗生素的耐药性会导致全世界多达 3 亿人死亡，造成 1 000亿美元的经济损失（Dong et al.，2020）。近年来研究表明，很多纳米荧光材料不仅本身具有良好的抗菌效果，在光照作用下还可产生活性氧，从而杀灭或抑制细菌，尤其对多耐药性细菌具有良好的抑制作用，未来可望成为新一代的抗菌药物。本部分主要介绍几类纳米荧光材料在抗菌领域的研究进展。

8.4.1 量子点的抗菌研究进展

量子点不仅单独具有抗菌活性，还可以提高抗生素的抗菌效果，研究表明，氧化锌量子点对单核细胞增生李斯特菌、肠炎沙门菌和大肠埃希菌都具有良好的抑制作用（赵金云等，2013）。作者课题组系统研究了巯基乙酸（MPA）、谷胱甘肽（GSH）及半胱氨酸（Cys）表面修饰的 CdTe 量子点对工程大肠杆菌（BL21/DE3）蛋白表达的影响（Xu et al.，2015）。结果发现当量子点浓度为 50nmol/L 时，巯基乙酸修饰的量子点对大肠杆菌的蛋白表达具有强烈的抑制作用，采用光学显微镜及扫描电子显微镜研究了不同量子点对大肠杆菌形态的影响，发现巯基乙酸修饰的量子点对大肠杆菌的形态也有较大的影响。这说明量子点的表面修饰试剂对其抑制细菌起着关键的作用，通过改变量子点表面的修饰试剂，可以调控其抗菌活性（图 8-7）。

Tu 等（2016）采用点击化学的方法将聚甲基丙烯酸二甲氨基乙酯偶联到 CdSe/ZnS 量子点表面，并研究了该材料的抗菌活性。结果表明，发现该材料对大肠杆菌及金黄色葡萄球菌具有良好的抑制效果，未来可望制备成高效抗菌药物。由于大多数量子点都含有重金属镉元素，限制了其在活体抗菌中的进一步应用。Levy 等（2019）研究发现，三元 $Cd_{1-x}Zn_xTe$ 量子点的镉含量较低，对哺乳动物细胞的毒性小，在可见光照射下可产生活性氧自由基，对耐药性大肠杆菌表现出良好的抑制效果，未来有望用于多耐药性细菌的治疗。

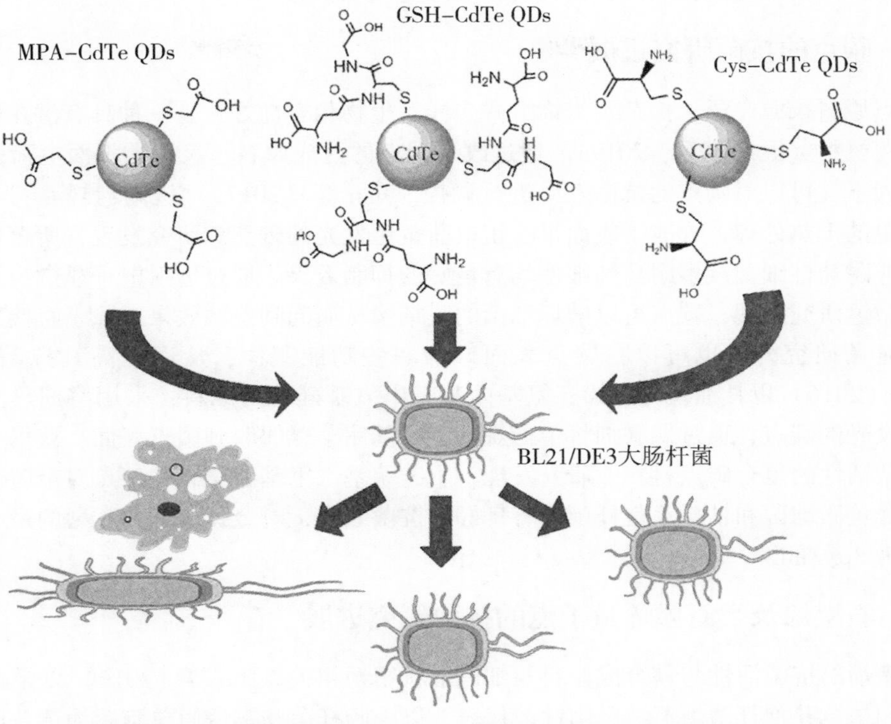

图 8-7　3 种不同修饰的量子点对大肠杆菌影响示意图（Xu et al.，2015）

MPA-CdTe QDs：巯基丙酸修饰的碲化镉量子点；GSH-CdTe QDs：谷胱甘肽修饰的碲化镉量子点；Cys-CdTe QDs：半胱氨酸修饰的碲化镉量子点

8.4.2　荧光金属纳米团簇的抗菌研究进展

银簇由于具有超小尺寸和高的抗菌活性受到研究者的关注。Huma 等（2018）采用接枝聚乙烯亚胺、硝酸银及硼氢化钠为原料，成功合成了接枝聚乙烯亚胺修饰的银簇。并研究了该材料对革兰氏阳性菌（如天蓝色拟无枝酸菌）及阴性菌（如铜绿假单胞菌）的抑制效果。研究表明，与接枝聚乙烯亚胺相比，接枝聚乙烯亚胺修饰的银簇的抗菌效果提高了 10~15 倍，与硝酸银相比，接枝聚乙烯亚胺修饰的银簇的抗菌效果提高了 2~3 倍。抗菌光动力疗法是基于产生单线态氧的抗感染技术，在牙病的治疗中具有广阔的应用前景。Shitomi 等（2020）研究了银簇/孟加拉玫瑰红复合纳米材料的抗菌活性。结果表明，光照 1min 后，银簇/孟加拉玫瑰红复合纳米材料对变形链球菌、牙龈卟啉单胞菌和放线菌群具有良好的抑制效果。其抗菌活性由于单独的银簇或孟加拉玫瑰红存在。

东北大学王建华教授课题组研究发现，单宁酸修饰的铜簇具有良好的抗菌活性（Xia et al.，2019）。当把 10^7 CFU/mL 的金黄色葡萄球菌及枯草芽孢杆菌与 30μg/mL 的铜簇共同培养 10 min 后，这两种细菌可完全被抑制，同样浓度的铜簇与大肠杆菌 O157：H7 及铜绿假单胞菌共同孵育后，这两种细菌可分别被抑制 85%及 72%。这表明单宁酸修饰的铜簇对革兰氏阳性菌具有良好的抑制效果。

8.4.3 碳点的抗菌研究进展

碳点原料来源广泛，掺杂及修饰方式多样，生物相容性好，是一种具有潜在应用价值的抗菌材料（阮志鹏等，2019）。通过改变碳点的合成原料、尺寸、表面电荷及表面修饰等因素，可以对碳点的抗菌效果进行调控。Jian 等（2017）以多胺类物质为原料，通过简单的干热处理，合成了表面带有正电荷蓝色发光的碳点。研究发现，所合成碳点对多种非耐药性细菌及多耐药性细菌均有良好的抑制效果。通过透射电子显微镜及扫描电子显微镜研究发现，碳点可以破坏细菌的膜结构从而起到抗菌效果。除了直接采用碳点进行抗菌研究外，也可以在碳点表面修饰一些功能基团，从而提高其抗菌效果。Yang 等（2016）以甘油及二乙烯三氨基丙基三甲氧基硅烷为原料，采用溶剂热法合成了蓝色发光的碳点，通过偶联剂将十二烷基二甲基甜菜碱偶联到碳点表面，获得了具有良好抗菌活性的复合碳点材料。研究发现，十二烷基二甲基甜菜碱的碳点对金黄色葡萄球菌、藤黄微球菌和枯草芽孢杆菌具有良好的抗菌效果，对金黄色葡萄球菌的最小抑制浓度仅为 8μg/mL。

8.4.4 石墨烯及类石墨烯量子点的抗菌研究进展

石墨烯的抗菌活性与其合成原料及细菌形状密切相关。Hui 等（2016）以金黄色葡萄球菌和枯草芽孢杆菌为革兰氏阳性菌代表，以大肠杆菌和铜绿假单胞菌为革兰氏阴性菌代表，研究了石墨来源石墨烯量子点及 C_{60} 来源的石墨烯量子点对不同细菌的抑制作用。结果表明，石墨烯来源石墨烯量子点对四种细菌均没有明显的抑制作用，而 C_{60} 来源的石墨烯量子点对金黄色葡萄球菌具有特异性抑制作用。通过光照作用，也可以大大提高石墨烯量子点的抗菌活性。Ristic 等（2014）研究发现，石墨烯量子点在 470nm 波长光的照射下，能够在溶液中产生活性氧，从而杀灭耐药性的金黄色葡萄球菌及大肠杆菌。进一步研究表明，单纯加入石墨烯量子点或单纯光照都不会对细菌有明显的杀灭作用，而两者共同作用后，则会导致细菌形态缺陷及细胞膜损伤。细菌生物膜具有多细胞生物的特征，可大大提高细菌的环境及药物耐受力。Wang 等（2019b）研究发现，石墨烯量子点能够模拟多肽结合生物分子，与酚溶性模块蛋白形成超分子配合物，从而干扰金黄色葡萄球菌生物膜的自组装。表明石墨烯量子点未来在抗菌研究中具有潜在的应用价值。

一些类石墨烯量子点如二硫化钼量子点也具有良好的抗菌活性。Meng 等（2017）研究发现，二硫化钼量子点与 Bi_2WO_6 纳米杂合材料对大肠杆菌具有良好的抑制活性。当纳米杂合材料浓度为 1%时，大肠杆菌的平均存活率为 6.7%。

8.4.5 稀土掺杂上转换纳米荧光材料的抗菌研究进展

稀土掺杂上转换纳米荧光材料具有激发波长长、穿透深度大，在光动力学抗菌领域具有独特的优势。在其抗菌研究中，不仅材料单独使用具有良好的抗菌效果，还可以在材料表面修饰药物进一步增强其抗菌活性（赵一铭等，2018）。Sun 等（2019）首先制备出二氧化硅包埋上转换纳米荧光材料及亚甲基蓝的复合纳米材料，再通过静电纺丝技术制备出复合材料纳米膜。进一步研究发现，该复合材料纳米膜在近红外光照射下可释放出活性氧，对大肠杆菌及金黄色葡萄球菌都具有明显的抑制作用。在关节手术中，耐甲氧西林金黄色葡萄球菌经常会导致人工关节的感染，开发新的耐甲氧西林金黄色葡萄球菌对于预防关节感染具有重要的意义。Liu 等（2018）将姜黄素偶联到上转换纳米荧光材料表面，制备出具有双重抑菌活性的复合纳米材料。研究表明，200μg/mL 的复合材料在光照 20 min 后，对耐甲氧西林金黄色葡萄球菌的杀灭率接近 100%。小鼠活体实验表明，近红外光可穿透小鼠的膝关节组织，从而激活复合纳米材料产生活性氧，导致 80%的耐药性细菌被杀灭。

8.4.6　多功能纳米荧光探针的抗菌研究进展

将纳米荧光材料与其他具有抗菌活性的纳米材料或纳米药物复合，形成多功能纳米材料，可以大大提高抗菌材料的抗菌效果。Xu 等（2020）在二氧化钛纳米粒子表面先后包覆金膜、上转换纳米材料，进一步将氨苄西林钠负载到纳米材料表面，获得具有高抗菌活性的多功能纳米材料。该材料在近红外光的激发下，既可以产生活性氧，又可以释放出抑菌药物，从而起到多重抗菌的效果。他们采用大肠杆菌作为模式细菌，研究了多功能纳米材料的抗菌活性。研究表明，在没有光照的条件下，多功能纳米材料对细菌的抑制能力很弱；然而，采用近红外光照射 30min 后，大肠杆菌的存活率仅 5.4%。东北大学王建华教授课题组研究了石墨烯量子点/银纳米粒子的抗菌效果。结果表明，该复合纳米材料对革兰氏阳性菌、阴性菌及耐药菌均表现出良好的抑制效果（Chen et al.，2017）。当材料浓度为 1μg/mL 时，大肠杆菌的存活率仅为 1%。Han 等（2020）以聚乙烯亚胺为修饰试剂，成功将 N-掺杂碳点修饰到二硫化钼纳米片表面，获得碳点—二硫化钼多功能纳米材料。由于碳点可以传递电子，阻止二氧化钼片上电子及空穴之间的重组，从而提高二氧化钼纳米片的光催化效率。在最佳实验条件下，多功能纳米材料对金黄色葡萄球菌及大肠杆菌的杀灭率可达 99.38%及 99.99%。

8.5　纳米荧光探针对活体的生物效应

活体成像分析是当前生物成像的热点领域之一，在纳米荧光探针用于活体成像之前，对其进行活体生物效应研究十分必要。而纳米粒子的组成、尺寸、表面电荷、修饰试剂都会影响其在生物体内的分布和代谢规律。研究发现，水合粒径在 10~100nm 的纳米粒子会在网状内皮系统聚集，很难被清除到体外（Ballou et al.，2007；Choi et al.，2009）。本部分主要介绍几类常见的纳米荧光探针对活体的生物效应。

8.5.1　半导体量子点对活体的生物效应

Choi 等（2009）研究了表面修饰试剂、电荷、水合粒径等因素对 InAs/ZnS 近红外核—壳量子点在小鼠体内分布规律及代谢的影响。他们发现当 InAs/ZnS 近红外核—壳量子点没有聚乙二醇修饰时，其在磷酸缓冲溶液中的水合粒径为 4.5nm，在血清中的水合粒径则大于16nm，不同聚乙二醇修饰的InAs/ZnS近红外核—壳量子点在磷酸缓冲溶液及血清中的水合粒径非常接近。不同水合粒径的量子点在小鼠肝、肾、胰腺及淋巴结等部位的分布具有很大的差异。例如水合粒径为5.1nm的二聚乙二醇（PEG 2）修饰的量子点在小鼠肝脏部位分布最多，水合粒径为16nm的二十二聚乙二醇（PEG 14）修饰的量子点在淋巴结及血液中分布最多。Wang等（2012）采用激光剥蚀—电感耦合等离子体质谱及荧光成像分析等技术研究了CdSe量子点在小鼠体内的浓度及分布。当把量子点通过静脉注射的方式注入小鼠体内后，量子点主要集中在小鼠的肝、脾及肾脏部位，而在肌肉、脑及肺部等组织中未能检出。通过对脾脏中镉元素和铁元素分析表明，镉的信号通常与铁的信号相关，说明量子点主要在脾红髓中聚集。肝脏元素分析结果表明，量子点的热区与磷、铜、锌的信号重叠，说明量子点主要存在于肝细胞内。该论文结果还表明，激光剥蚀—电感耦合等离子体质谱是分析量子点生物分布的一种有效的手段。Zhang等（2013b）研究了Ag_2S近红外量子点在小鼠体内的生物分布、药代动力学及毒理学。他们采用15mg/kg及30mg/kg两种剂量将Ag_2S量子点注入小鼠体内后，在60d之内，量子点对小鼠体重增加没有明显的影响。注射1d后，量子点就广泛分布到小鼠的不同器官中，主要在网状内皮系统包括肝、肾等器官聚集。注射60d后，大部分量子点被清出体外，少量的量子点仍然保留在脾，肝，皮肤等部位。血液生化指标包括白蛋白球蛋白比值、总蛋白含量、总胆固醇含量、葡萄糖含量、碱性磷酸酶含量等指标分析结果表明，30mg/kg的量子点对小鼠没有明显的肝、肾毒性。血液学指标如红细胞量、白细胞量、红细胞平均体积等分析结果表明，15mg/kg及30mg/kg的Ag_2S近红外量子点对小鼠没有表现出明显的毒性。通过解剖小鼠发现，小鼠的肝、脾、肾没有发生明显的损伤和病变。林苏霞等（2012）选取六周龄的雌性昆明小鼠为实验动物，研究了CdSe/CdS/ZnS核—壳—壳量子点在雌性小鼠体内的分布和蓄积，他们利用尾静脉注射的方式将量子点注入小鼠体内，并在注射后不同时间处死小鼠，观测小鼠不同器官如脾脏、肝脏、肺、心脏、肾脏和卵巢等量子点的分布。结果表明，注射量子点1d后，在小鼠脾脏、肝脏、肺和卵巢等器官中都有量子点的分布，脾脏中最多；注射7d后，脾脏中的量子点逐步减少，而肺中则逐步增多，注射14d后，在小鼠卵巢中仍能检测到量子点，说明量子点具有潜在的生殖毒性。

与CdSe/ZnS量子点相比，Ag_2S量子点既不诱导细胞产生活性氧，也不会引起细胞DNA损伤，具有良好的活体应用前景。Hunt等（2020）研究了甲醛处理血清蛋白修饰的Ag_2S量子点经口服给药后的体内分布情况，发现量子点可经过肠道吸收后迅速进入肝窦内皮细胞。与未修饰的量子点相比，甲醛处理血清蛋白修饰的量子点在口服30min后，85%的量子点可被肝脏吸收，其被肝窦内皮细胞吞噬量也提高了3倍。这表明修饰后量子点可作为良好的药物载体，具有把药物递送到指定部位的能力。

8.5.2 荧光金属纳米团簇对活体的生物效应

Zhang等（2012）比较了牛血清白蛋白及谷胱甘肽修饰的金簇对小鼠体重、血液学、生物化学等指标的影响，并揭示了两种金簇在小鼠体内的代谢规律。结果表明，牛血清白蛋白修饰的金簇在小鼠体内 24h 肾清除率仅 1%，而谷胱甘肽修饰的金簇在小鼠体内 24h 肾清除率可达 36%。在注射金簇 28d 后，94%的谷胱甘肽修饰金簇可被小鼠代谢到体外，而牛血清白蛋白修饰的金簇在注射 28d 后仅有 5%代谢到体外。两种金簇在注射 24h 后都会引起小鼠急性感染、炎症及肾功能损伤，但谷胱甘肽修饰金簇在注射 28d 后可以恢复。由于谷胱甘肽修饰的金簇尺寸较小，在小鼠体内可被肾代谢清除，导致其毒性较小，而牛血清白蛋白修饰的金簇主要在肝和脾内聚集，造成不可恢复的损伤。

8.5.3　碳点对活体的生物效应

Tao 等（2012）将放射性 ^{125}I 标记到碳点表面，通过放射同位素示踪法研究了碳点在小鼠体内的药代动力学规律。结果表明，碳点在小鼠血液循环中遵循二室模型（two-compartment model），第一相及第二相循环半衰期（first - and second - phase circulation half-lives）分别为（0.10±0.09）h 和（2.1±0.3）h，碳点主要在网状内皮系统及肾脏聚集，通过肾及粪便途径排出体外。当碳点的浓度为 20mg/kg 时，在 3 个月之内没有发现小鼠对碳点具有明显的毒性。Huang 等（Huang et al.，2013）采用静脉注射、肌肉注射和皮下注射分别将水合粒径为 4.1nm、近红外染料偶联的碳点注入小鼠体内，研究了不同注射方式对碳点在小鼠体内血液循环、生物分布、尿液清除及肿瘤被动吸收的影响。结果表明，采用 3 种注射方式注入的碳点都能被小鼠快速清除到体外，静脉注射的清除率最大，皮下注射的清除率最小。皮下注射及静脉注射的肿瘤被动吸收效率高于肌肉注射的肿瘤被动吸收效率。

8.5.4　石墨烯及类石墨烯量子点对活体的生物效应

Chong 等（2014）采用静脉注射及腹腔注射的方式将石墨烯量子点注入小鼠体内，研究了石墨烯量子点在小鼠体内的代谢规律。结果表明，石墨烯量子点可显著降低小鼠血液中白细胞的含量，但其值仍然在正常范围之内，而对小鼠血液中的红细胞、血红蛋白、血小板等指标的影响较小。他们还测定了小鼠血液中总蛋白、白蛋白、丙氨酸转氨酶、肌酐等含量。血液生物化学及血液学分析表明，聚乙二醇修饰的石墨烯量子点对小鼠没有明显的毒性，近红外荧光成像分析表明石墨烯量子点可通过小鼠肾脏快速代谢，并能在小鼠肿瘤部位聚集。Nurunnabi 等（2013）研究了羧基功能化石墨烯量子点对细胞及小鼠活体的毒性。他们采用静脉注射的方式将石墨烯量子点注入小鼠体内，发现石墨烯量子点主要在小鼠肝、脾、肺、肾和肿瘤部位聚集，血清生物化学及全血细胞计数表明石墨烯量子点对小鼠没有明显的毒性；当石墨烯量子点浓度为 5mg/kg 及 10mg/kg 时，注射 22d 后，在小鼠肝、肾、心、脾、肺等器官没有发现明显的炎症产生，说明石墨烯量子点在活体成像及诊断中具有潜在的应用价值。

Shi 等（2019）研究了谷胱甘肽修饰二硫化钼量子点对小鼠的生物毒性，结果表明，在谷胱甘肽修饰的二硫化钼量子点注射到小鼠体内 7 天后，小鼠的心、肺、肝、脾和及肾脏均无明显组织形态学异常。标准血液学分析结果显示，白细胞、红细胞、血小板、平均红细胞体积、血红蛋白及平均红细胞血红蛋白浓度等指标均与对照组没有统计上的显著差异，说明谷胱甘肽修饰的二硫化钼量子点具有良好的生物相容性。

8.5.5 稀土掺杂上转换纳米荧光探针对活体的生物效应

上海复旦大学李富友教授课题组研究了聚丙烯酸修饰的上转换纳米荧光探针（$NaYF_4$：Yb，Tm）对小鼠的生物效应（Xiong et al.，2010）。他们通过尾静脉注射的方式将上转换纳米荧光探针注入小鼠体内，荧光成像显示上转换纳米荧光探针主要分布在小鼠的肝和脾内，注射半小时后，在血液中就检测不到上转换荧光材料，表明该材料可被血液快速清除；电感耦合等离子体原子发射光谱实验结果表明，在心、肾和肺中也有少量上转换荧光材料聚集；小鼠体重实验表明，在注射上转换荧光材料后0~53d，注射组和对照组体重变化没有明显的差别，表明该上转换荧光材料对小鼠没有明显的毒性；在53~93d，注射组和对照组体重变化略有差别，说明上转换荧光材料具有低毒性，在93d后，注射组和对照组的体重变化类似，说明大多数上转换荧光材料已经被清除到体外。组织学，血液学和生化分析结果表明，在注射后115d之内，上转换荧光材料对小鼠没有明显的毒性。苏州大学刘庄教授课题组研究了聚乙二醇（PEG）及聚丙烯酸（PAA）修饰的上转换纳米荧光探针［$NaYF_4$：Yb，Er（Tm）］在小鼠体内的药代动力学、毒理及分布（Cheng et al.，2011）。结果表明，聚乙二醇修饰的上转换纳米荧光探针在小鼠血液中的半衰期比聚丙烯酸修饰的上转换纳米荧光探针更长。两种不同修饰的上转换纳米荧光探针均会在小鼠的网状内皮组织中聚集，在小鼠体内保留至少3个月。当小鼠体内上转换荧光纳米材料浓度为20mg/kg时，两种上转换纳米荧光探针对小鼠均没有明显的毒性产生。

秀丽隐杆线虫（*C. elegans*）（赵晴等，2010；贾熙华等，2009）属于小杆亚纲、小杆目、小杆总科，是一种在土壤中自由生活的线虫。由于其生命周期短、全身透明易于观察、基因组全序列已知且容量小、价格成本低廉、试验操作方便简单，已被作为模式生物应用于细胞分化、细胞凋亡、神经发育及药物筛选等过程的研究。Zhou等（2011）采用蛋白表达、寿命分析、产卵数量、卵的生存能力等指标研究了近红外上转换纳米荧光探针（$NaYF_4$：Yb，Tm）对秀丽隐杆线虫的生物效应。结果表明，上转换纳米荧光探针对转基因秀丽隐杆线虫的绿色荧光蛋白表达没有明显的影响，对线虫寿命、产卵数量、卵的生存能力等指标也没有明显的差异，进一步证明上转换纳米荧光探针活体成像分析中具有很好的应用前景。

8.5.6 多功能纳米荧光探针对活体的生物效应

将放射性稀土元素掺杂到上转换荧光纳米材料中后，就可得到既有上转换荧光，又具有放射活性的双模式成像分析探针。上海复旦大学李富友教授课题组研究了放射、上转换双模式成像探针（$NaYF_4$：Yb、Er、^{153}Sm）在小鼠体内的生物分布（Cao et al.，2013）。血液循环研究表明，该探针在小鼠体内血液循环符合二室模型，第一相半衰期为（0.4±0.1）h，第二相半衰期为（4.3±0.6）h。生物分布结果表明，该探针不仅在小鼠肝和脾中聚集，在心脏、膀胱、肾及尿液中也观测到探针的信号。该探针在超灵敏生物成像及生物分布评价等研究中具有很好的应用前景。

8.6　小结与展望

本章主要介绍了纳米荧光探针对蛋白质、核酸、细胞、细菌及活体等方面的生物效应。从目前的研究进展来看，半导体量子点的生物效应研究较多，而荧光金属纳米团簇、碳点、石墨烯及类石墨烯量子点、上转换荧光材料及多功能纳米探针的生物效应研究较少。由于纳米荧光探针的组成、尺寸、表面电荷、表面修饰试剂等因素对其生物效应具有很大的影响，因此，对纳米荧光探针的生物效应进行系统研究十分必要。未来 5~10 年，纳米荧光探针的生物效应研究将仍然是一个热点研究领域。

参考文献

陈秀丽，周韵，梁欣，等，2019. 载黑磷量子点脂质体用于宫颈癌光热治疗的体外研究［J］. 药学学报，54（4）：729-736.

崔燕，2017. 细菌生物膜及纳米材料对生物膜形成的影响研究综述［J］. 科技与创新（23）：15-17.

贾熙华，曹诚，2009. 秀丽隐杆线虫在医药学领域的应用和进展［J］. 药学学报，44（7）：687-694.

李晓明，陈楠，苏媛媛，等，2013. 镉系量子点细胞毒性的研究进展［J］. 科学通报，58（15）：1 393-1 402.

梁建功，2006. 量子点合成及分析应用研究［D］. 武汉：武汉大学.

林苏霞，许改霞，杨坚泰，等，2012. CdSe/CdS/ZnS 量子点在雌性小鼠体内的分布和蓄积［J］. 中国医学物理学杂志，29（3）：3 423-3 426.

马璇，2014. CdTe 和 CdTe@ZnS 量子点的细胞毒性及其对蛋白质结构的影响［D］. 西安：西北大学.

屈平华，罗海敏，张伟铮，等，2019. 医学细菌的分类和菌种鉴定思考［J］. 临床检验杂志，37（10）：776-779.

阮志鹏，赵成飞，刘奔，2019. 碳量子点抗菌活性的研究进展［J］. 中国微生态学杂志，31（2）：229-232.

孙野，2014. 绿色荧光碳点的合成及其与牛血清白蛋白相互作用研究［D］. 沈阳：辽宁大学.

唐永安，胡军，杨祥良，等，2014. 镉系量子点的生物毒性及相应机制［J］. 化学进展，26（10）：1 731-1 740.

赵金云，宋武琦，张凤民，2013. 量子点对细菌的标记及抗菌作用［J］. 中国微生态学杂志，25（12）：1 470-1 472.

赵晴，蒋湉湉，2010. 秀丽隐杆线虫研究综述［J］. 安徽农业科学，38（19）：10 092-10 093.

赵一铭，刘成程，王晶，等，2018. 基于稀土上转换发光纳米平台的光动力抗菌疗法的研究进展［J］. 中国激光，45（2）：177-185.

朱婷，2006. p53 基因与 DNA 损伤信号调节的研究进展［J］. 中华劳动卫生职业病杂志，24（9）：568-570.

Abdul Jalil R, Zhang Y, 2008. Biocompatibility of silica coated $NaYF_4$ upconversion fluorescent nanocrystals [J]. *Biomaterials*, 29 (30): 4 122-4 128.

Ba X X, Gao T, Yang M, et al, 2020. Thermodynamics of the interaction between graphene quantum dots with human serum albumin and gamma-globulins [J]. *Journal of Solution Chemistry*, 49 (1): 100-116.

Ballou B, Ernst L A, Andreko S, et al, 2007. Sentinel lymph node imaging using quantum dots in mouse tumor models [J]. *Bioconjugate Chemistry*, 18 (2): 389-396.

Cai R, Chen C, 2019. The crown and the scepter: roles of the protein corona in nanomedicine [J]. *Advanced Materials*, 31 (45): 1805740.

Cao T, Yang Y, Sun Y, et al, 2013. Biodistribution of sub-10nm PEG-modified radioactive/upconversion nanoparticles [J]. *Biomaterials*, 34 (29): 7 127-7 134.

Carrillo-Carrion C, Bocanegra A I, Arnaiz B, et al, 2019. Triple-labeling of polymer-coated quantum dots and adsorbed proteins for tracing their fate in cell cultures [J]. *ACS Nano*, 13 (4): 4 631-4 639.

Chen N, He Y, Su Y, et al, 2012. The cytotoxicity of cadmium - based quantum dots [J]. *Biomaterials*, 33 (5): 1 238-1 244.

Chen S, Quan Y, Yu Y L, et al, 2017. Graphene quantum dot/silver nanoparticle hybrids with oxidase activities for antibacterial application [J]. *ACS Biomaterials Science & Engineering*, 3 (3), 313-321.

Chen S, Zhang C, Jia G, et al, 2014. Size-dependent cytotoxicity of europium doped $NaYF_4$ nanoparticles in endothelial cells [J]. *Materials Science & Engineering C-Materials for Biological Applications*, 43: 330-342.

Cheng L, Yang K, Shao M, et al, 2011. In vivo pharmacokinetics, long-term biodistribution and toxicology study of functionalized upconversion nanoparticles in mice [J]. *Nanomedicine*, 6 (8): 1 327-1 340.

Choi A O, Brown S E, Szyf M, et al, 2008. Quantum dot-induced epigenetic and genotoxic changes in human breast cancer cells [J]. *Journal of Molecular Medicine-Jmm*, 86 (3): 291-302.

Choi H S, Ipe B I, Misra P, et al, 2009. Tissue-and organ-selective biodistribution of NIR fluorescent quantum dots [J]. *Nano Letters*, 9 (6): 2 354-2 359.

Chong Y, Ma Y, Shen H, et al, 2014. The in vitro and in vivo toxicity of graphene quantum dots [J]. *Biomaterials*, 35 (19): 5 041-5 048.

Das G K, Stark D T, Kennedy I M, 2014. Potential toxicity of up-converting nanoparticles encapsulated with a bilayer formed by ligand attraction [J]. *Langmuir*, 30 (27): 8 167-8 176.

Derfus A M, Chan W C W, Bhatia S N, 2004. Probing the cytotoxicity of semiconductor quantum dots [J]. *Nano Letters*, 4 (1): 11-18.

Devi P, Saini S, Kim K H, 2019. The advanced role of carbon quantum dots in nanomedical applications [J]. *Biosensors and Bioelectronics*, 141: 111 158.

Dong X, Liang W, Meziani M J, et al, 2020. Carbon dots as potent antimicrobial agents [J]. *Theranostics*, 10 (2): 671-686.

Fu Y Y, Guan E L, Liang J G, et al, 2017. Probing the effect of Ag_2S quantum dots on human serum albumin using spectral techniques [J]. *Journal of Nanomaterials*, 7 209 489.

Gong N, Deng Y, He S, et al, 2014. Interaction of water-dispersible, ligand-free $NaYF_4$: Yb/Er upconversion nanoparticles with bovine serum albumin [J]. *Nano*, 9 (3): 1 450 038.

Green M, Howman E, 2005. Semiconductor quantum dots and free radical induced DNA nicking [J]. *Chemical Communications*, (1): 121-123.

Gui R, Wang Y, Sun J, 2014. Encapsulating magnetic and fluorescent mesoporous silica into thermosensitive chitosan microspheres for cell imaging and controlled drug release in vitro [J]. *Colloids and Surfaces B-Biointerfaces*, 113: 1-9.

Guo G, Liu W, Liang J, et al, 2007. Probing the cytotoxicity of CdSe quantum dots with surface modification [J]. *Materials Letters*, 61 (8-9): 1 641-1 644.

Han D, Ma M, Han Y, et al, 2020. Eco-friendly hybrids of carbon quantum dots modified MoS_2 for rapid microbial inactivation by strengthened photocatalysis [J]. *ACS Sustainable Chemistry & Engineering*, 8 (1): 534-542.

Hoshino A, Fujioka K, Oku T, et al, 2004. Physicochemical properties and cellular toxicity of nanocrystal quantum dots depend on their surface modification [J]. *Nano Letters*, 4 (11): 2 163-2 169.

Huang X, Zhang F, Zhu L, et al, 2013. Effect of injection routes on the biodistribution, clearance, and tumor uptake of carbon dots [J]. *ACS Nano*, 7 (7): 5 684-5 693.

Hui L, Huang J, Chen G, et al, 2016. Antibacterial property of graphene quantum dots (both source material and bacterial shape matter) [J]. *ACS Applied Materials & Interfaces*, 8 (1): 20-25.

Huma Z E, Gupta A, Javed I, et al, 2018. Cationic silver nanoclusters as potent antimicrobials against multidrug-resistant bacteria [J]. *ACS Omega*, 3 (12): 16 721-16 727.

Hunt N J, Lockwood G P, Le Couteur F H, et al, 2020. Rapid intestinal uptake and targeted delivery to the liver endothelium using orally administered silver sulfide quantum dots [J]. *ACS Nano*, 14 (2), 1 492-1 507.

Jhonsi M A, Ananth D A, Nambirajan G, et al, 2018. Antimicrobial activity, cytotoxicity and DNA binding studies of carbon dots [J]. *Spectrochimica Acta Part A: Molecular and Biomolecular Spectroscopy*, 196: 295-302.

Jian H J, Wu R S, Lin T Y, et al, 2017. Super-cationic carbon quantum dots synthesized from spermidine as an eye drop formulation for topical treatment of bacterial keratitis [J]. *ACS Nano*, 11 (7): 6 703-6 716.

Jian H J, Wu R S, Lin T Y, et al, 2019. Tuning ternary $Zn_{1-x}Cd_xTe$ quantum dot composition: engineering electronic states for light-activated superoxide generation as a therapeutic against multidrug-resistant bacteria [J]. *ACS Biomaterials Science & Engineering*, 5 (6): 3 111-3 118.

Kirchner C, Liedl T, Kudera S, et al, 2005. Cytotoxicity of colloidal CdSe and CdSe/ZnS nanoparticles [J]. *Nano Letters*, 5 (2): 331-338.

Li F, Cai Q, Hao X, et al, 2019. Insight into the DNA adsorption on nitrogen-doped positive carbon dots [J]. *Rsc Advances*, 9 (22): 12 462-12 469.

Li J, Zhang Y, Xiao Q, et al, 2011. Mitochondria as target of quantum dots toxicity [J]. *Journal of Hazardous Materials*, 194: 440-444.

Liang J, Cheng Y, Han H, 2008. Study on the interaction between bovine serum albumin and CdTe quantum dots with spectroscopic techniques [J]. *Journal of Molecular Structure*, 892 (1-3): 116-120.

Liang J, He Z, Zhang S, et al, 2007. Study on DNA damage induced by CdSe quantum dots using nucleic acid molecular "light switches" as probe [J]. *Talanta*, 71 (4): 1 675-1 678.

Liu J, Yu M, Zeng G, et al, 2018. Dual antibacterial behavior of a curcumin-upconversion photodynamic nanosystem for efficient eradication of drug-resistant bacteria in a deep joint infection [J]. *Journal of Materials Chemistry B*, 6 (47): 7 854-7 861.

Liu L, Jiang H, Dong J, et al, 2020. PEGylated MoS_2 quantum dots for traceable and pH-responsive chemotherapeutic drug delivery [J]. *Colloids and Surfaces B-Biointerfaces*, 185: 110 590.

Liu L, Xiao L, Zhu H Y, et al, 2013. Studies on interaction and illumination damage of CS-Fe_3O_4@ZnS: Mn to bovine serum albumin [J]. *Journal of Nanoparticle Research*, 15 (1): 1 394.

Lovric J, Cho S J, Winnik F M, et al, 2005. Unmodified cadmium telluride quantum dots induce reactive oxygen species formation leading to multiple organelle damage and cell death [J]. *Chemistry & Biology*, 12 (11): 1 227-1 234.

Luo Q Y, Lin Y, Peng J, et al, 2014. Evaluation of nonspecific interactions between quantum dots and proteins [J]. *Physical Chemistry Chemical Physics*, 16 (17): 7 677-7 680.

Meng X, Li Z, Zeng H, et al, 2017. MoS_2 quantum dots-interspersed Bi_2WO_6 heterostructures for visible light-induced detoxification and disinfection [J]. *Applied Catalysis B-Environmental*, 210: 160-172.

Mukhija A, Kishore N, 2019. Thermodynamic insights into interaction of protein coated gold nanoclusters with DNA and influence of coating on drug binding [J]. *Journal of Molecular Liquids*, 283: 558-572.

Nurunnabi M, Khatun Z, Huh K M, et al, 2013. In vivo biodistribution and toxicology of carboxylated graphene quantum dots [J]. *ACS Nano*: 7 (8): 6 858-6 867.

Pan Y, Leifert A, Ruau D, et al, 2009. Gold nanoparticles of diameter 1. 4nm trigger necrosis by oxidative stress and mitochondrial damage [J]. *Small*, 5 (18): 2 067-2 076.

Pan Y, Neuss S, Leifert A, et al, 2007. Size-dependent cytotoxicity of gold nanoparticles [J]. *Small*, 3 (11): 1 941-1 949.

Pramanik S, Khamari L, Nandi S, et al, 2019. Discriminating single base pair mismatches in DNA using glutathione-templated copper nanoclusters [J]. *Journal of Physical Chemistry C*, 123 (47): 29 047-29 056.

Qu S, Sun F, Qiao Z, et al, 2020. In situ investigation on the protein corona formation of quantum dots by using fluorescence resonance energy transfer [J]. *Small*, 16 (21): 1 907 633.

Rafiei S, Dadmehr M, Hosseini M, et al, 2019. A fluorometric study on the effect of DNA methylation on DNA interaction with graphene quantum dots [J]. *Methods and Applications in Fluorescence*, 7 (2): 025 001.

Ray S C, Saha A, Jana N R, et al, 2009. Fluorescent carbon nanoparticles: Synthesis, characterization, and bioimaging application [J]. *Journal of Physical Chemistry C*, 113 (43): 18 546-18 551.

Ristic B Z, Milenkovic M M, Dakic I R, et al, 2014. Photodynamic antibacterial effect of graphene quantum dots [J]. *Biomaterials*, 35 (15): 4 428-4 435.

Schrand A M, Lin J B, Hussain S M, 2012. Assessment of cytotoxicity of carbon nanoparticles using 3- (4, 5-dimethylthiazol-2-yl) -5- (3-carboxymethoxyphenyl) -2- (4-sulfophenyl) -2H-tetrazolium (MTS) cell viability assay [J]. *Methods in Molecular Biology*, 906: 395-402.

Shang W, Zhang X, Zhang M, et al, 2014. The uptake mechanism and biocompatibility of graphene quantum dots with human neural stem cells [J]. *Nanoscale*, 6 (11): 5 799-5 806.

Shi M, Dong L, Zheng S, et al, 2019. "Bottom-up" preparation of MoS_2 quantum dots for tumor imaging and their *in vivo* behavior study [J]. *Biochemical and Biophysical Research Communications*, 516 (4): 1 090-1 096.

Shitomi K, Miyaji H, Miyata S, et al, 2020. Photodynamic inactivation of oral bacteria with silver nanoclusters/rose bengal nanocomposite [J]. *Photodiagnosis and Photodynamic Therapy*, 101 647.

Singh N, Manshian B, Jenkins G J S, et al, 2009. NanoGenotoxicology: The DNA damaging potential of engineered nanomaterials [J]. *Biomaterials*, 30 (23-24): 3 891-3 914.

Song Y, Wang H, Zhang L, et al, 2020. Protein corona formation of human serum albumin with carbon quantum dots from roast salmon [J]. *Food & Function*, 11 (3): 2 358-2 367.

Su Y, Hu M, Fan C, et al, 2010. The cytotoxicity of CdTe quantum dots and the relative contributions from released cadmium ions and nanoparticle properties [J]. *Biomaterials*, 31 (18): 4 829-4 834.

Sun H, Yang B, Cui E, et al, 2014. Spectroscopic investigations on the effect of N-acetyl-L-cysteine-capped CdTe quantum dots on catalase [J]. *Spectrochimica Acta Part A-Molecular and Biomolecular Spectroscopy*, 132: 692-699.

Sun J, Zhang P, Fan Y, et al, 2019. Near-infrared triggered antibacterial nanocomposite membrane containing upconversion nanoparticles [J]. *Materials Science & Engineering C-Materials for Biological Applications*, 103: 109 797.

Sun M, Xu L, Qu A, et al, 2018. Site-selective photoinduced cleavage and profiling of DNA by chiral semiconductor nanoparticles [J]. *Nature Chemistry*, 10 (8): 821-830.

Tang S, Cai Q, Chibli H, et al, 2013. Cadmium sulfate and CdTe-quantum dots alter DNA repair in zebrafish (Danio rerio) liver cells [J]. *Toxicology and Applied Pharmacology*, 272 (2): 443-452.

Tao H, Yang K, Ma Z, et al, 2012. In vivo NIR fluorescence imaging, biodistribution, and toxicology of photoluminescent carbon dots produced from carbon nanotubes and graphite [J]. *Small*, 8 (2): 281-290.

Tu Q, Ma C, Tian C, et al, 2016. Quantum dots modified with quaternized poly (dimethylaminoethyl methacrylate) for selective recognition and killing of bacteria over mammalian cells [J]. *Analyst*, 141 (11): 3 328-3 336.

Wang H X, Shang L, Maffre P, et al, 2016. The nature of a hard protein corona forming on quantum dots exposed to human blood serum [J]. *Small*, 12 (42): 5 836-5 844.

Wang T, Hsieh H, Hsieh Y, et al, 2012. The in vivo biodistribution and fate of CdSe quantum dots in the murine model: a laser ablation inductively coupled plasma mass spectrometry study [J]. *Analytical and Bioanalytical Chemistry*, 404 (10): 3 025-3 036.

Wang Y C, Kadiyala U, Qu Z B, et al, 2019. Anti-biofilm activity of graphene quantum dots *via* self-assembly with bacterial amyloid proteins [J]. *ACS Nano*, 13 (4): 4 278-4 289.

Wang Y, Han Q, Zhang H, et al, 2019. Binding interactions of MoS_2 quantum dots with hemoglobin and their adsorption isotherms and kinetics *in vitro* [J]. *Journal of Molecular Liquids*, 275: 304-311.

Wei X, Wang W, Chen K, 2013. ZnO: Er, Yb, Gd particles designed for magnetic-fluorescent imaging and near-infrared light triggered photodynamic therapy [J]. *Journal of Physical Chemistry C*, 117 (45): 23 716-23 729.

Wu C, Wang C, Han T, et al, 2013. Insight into the cellular internalization and cytotoxicity of graphene quantum dots [J]. *Advanced Healthcare Materials*, 2 (12): 1 613-1 619.

Xia J, Wang W, Hai X, et al, 2019. Improvement of antibacterial activity of copper nanoclusters for selective inhibition on the growth of gram-positive bacteria [J]. *Chinese Chemical Letters*, 30 (2): 421-424.

Xie Y, Wan B, Yang Y, et al, 2019. Cytotoxicity and autophagy induction by graphene quantum dots with different functional groups [J]. *Journal of Environmental Sciences*, 77: 198–209.

Xiong L, Yang T, Yang Y, et al, 2014. Long–term in vivo biodistribution imaging and toxicity of polyacrylic acid–coated upconversion nanophosphors [J]. *Biomaterials*, 31 (27): 7 078–7 085.

Xu J, Liu N, Wu D, et al, 2020. Upconversion nanoparticle–assisted payload delivery from TiO_2 under near–infrared light irradiation for bacterial inactivation [J]. *ACS Nano*, 14 (1): 337–346.

Xu W, Du T, Xu C, et al, 2015. Evaluation of biological toxicity of CdTe quantum dots with different coating reagents according to protein expression of engineering *Escherichia coli* [J]. *Journal of Nanomaterials*, 583 963.

Xue F F, Liu L Z, Mi Y Y, et al, 2016. Investigation the interaction between protamine sulfate and CdTe quantum dots with spectroscopic techniques [J]. *RSC Advances*, 6 (13): 10 215–10 220.

Yang J, Zhang X, Ma Y H, et al, 2016. Carbon dot–based platform for simultaneous bacterial distinguishment and antibacterial applications [J]. *ACS Applied Materials & Interfaces*, 8 (47): 32 170–32 181.

Yang Y, Nan J, Hou J, et al, 2014. Cytotoxicity of gold nanoclusters in human liver cancer cells [J]. *International Journal of Nanomedicine*, 9: 5 441–5 448.

Yin M M, Chen W Q, Lu Y Q, et al, 2020. A model beyond protein corona: Thermodynamics and binding stoichiometries of the interactions between ultrasmall gold nanoclusters and proteins [J]. *Nanoscale*, 12 (7): 4 573–4 585.

Yuan X, Gu W, Xiao M, et al, 2015. Interactions of CT DNA with hexagonal $NaYF_4$ co–doped with Yb^{3+}/Tm^{3+} upconversion particles [J]. *Spectrochimica Acta Part A: Molecular and Biomolecular Spectroscopy*, 137: 995–1 003.

Yuan X, Liu Z, Guo Z, et al, 2014. Cellular distribution and cytotoxicity of graphene quantum dots with different functional groups [J]. *Nanoscale Research Letters*, 9: 108.

Zhang C, Zhou Z, Zhi X, et al, 2015. Insights into the distinguishing stress–induced cytotoxicity of chiral gold nanoclusters and the relationship with GSTP1 [J]. *Theranostics*, 5 (2): 134–149.

Zhang L W, Monteiro–Riviere N A, 2009. Mechanisms of quantum dot nanoparticle cellular uptake [J]. *Toxicological Sciences*, 110 (1): 138–155.

Zhang X D, Wu D, Shen X, et al, 2012. In vivo renal clearance, biodistribution, toxicity of gold nanoclusters [J]. *Biomaterials*, 33 (18): 4 628–4 638.

Zhang X, He X, Li Y, et al, 2013. A cytotoxicity study of fluorescent carbon nanodots using human bronchial epithelial cells [J]. *Journal of Nanoscience and Nanotechnology*, 13 (8): 5 254–5 259.

Zhang Y, Zhang Y, Hong G, et al, 2013. Biodistribution, pharmacokinetics and toxicology of Ag_2S near–infrared quantum dots in mice [J]. *Biomaterials*, 34 (14): 3 639–3 646.

Zhao J Y, Cui R, Zhang Z L, et al, 2014. Cytotoxicity of nucleus – targeting fluorescent gold nanoclusters [J]. *Nanoscale*, 6 (21): 13 126–13 134.

Zheng C, Wang H, Xu W, et al, 2014. Study on the interaction between histidine–capped Au nanoclusters and bovine serum albumin with spectroscopic techniques [J]. *Spectrochimica Acta Part A–Molecular and Biomolecular Spectroscopy*, 118: 897–902.

Zhou J C, Yang Z L, Dong W, et al, 2011. Bioimaging and toxicity assessments of near–infrared upconversion luminescent $NaYF_4$: Yb, Tm nanocrystals [J]. *Biomaterials*, 32 (34): 9 059–9 067.

Zhou M, Shen Q, Shen J W, et al, 2019. Understanding the size effect of graphene quantum dots on protein adsorption [J]. *Colloids and Surfaces B–Biointerfaces*, 174: 575–581.

第 9 章　纳米荧光探针抗病毒研究进展

病毒流行不仅严重危害人类的健康，而且造成的巨大的经济损失。2003 年流行的严重急性呼吸综合征（SARS）、2012 年流行的中东呼吸综合征（MERS）、2017 年的非洲猪瘟及近期在世界范围内流行的新型冠状病毒肺炎，都造成了巨大的经济损失和社会影响（Chan et al.，2020，Sportelli et al.，2020）。目前，对很多病毒致病机制仍不清楚，高效治疗药物也很缺乏。因此，构建高效抗病毒药物对于控制病毒的流行具有重要的意义。

作者课题组是国内外率先开展纳米荧光探针抗病毒作用的课题组之一，早在 2015 年，课题组研究发现 CdTe 量子点可有效抑制猪伪狂犬病毒的增殖（Du et al.，2015），进一步研究表明，除 CdTe 量子点以外，硫化银量子点、碳点、金簇等在一定条件下均能抑制病毒增殖，鉴于该领域在最近几年已经取得一定的进展，本章主要讨论几种纳米荧光探针在抗病毒领域的研究进展。除纳米荧光探针外，一些不具有荧光特性的功能化纳米粒子也对病毒具有很好的抑制活性（Abd Ellah et al.，2019；Alghrair et al.，2019；Illescas et al.，2017；Lee et al.，2012）。例如，聚乳酸—羟基乙酸共聚物纳米粒子、明胶纳米粒子、金纳米粒子及四氧化三铁纳米粒子等对丙型肝炎具有明显抑制作用（Abd Ellah et al.，2019）。透明质酸—金纳米粒子—干扰素 α 复合纳米粒子可有效抑制丙肝病毒感染（Lee et al.，2012）。为了让读者对纳米粒子抗病毒研究领域有更为全面的认识，本章对其他类型纳米粒子的抗病毒研究也做了简要介绍。

9.1　病毒及抗病毒药物简介

国际病毒分类委员会（ICTV）在 2017 年发布了第十次病毒分类报告，这是目前最新版本的病毒分类系统。该系统将病毒分为 9 目，131 科，46 亚科，802 属，4 853种（原雪峰等，2019）。在该分类系统中，病毒按照核酸类型可分为八大类（https：//talk. ictvonline. org/ictv-reports/ictv_ online_ report/）。第一类是 dsDNA /ssDNA 嵌合病毒，有 2 种，如：I 型西班牙土拨鼠病毒（*Haloarcula hispanica* pleomorphic virus 1）；第二类是 dsDNA 病毒，有 1 737种，如 I 型单纯疱疹病、猪伪狂犬病毒、非洲猪瘟病毒；第三类是 ssDNA 病毒，有 856 种，如猪圆环病毒、人类细小病毒 B19；第四类是 dsRNA 病毒，有 238 种，如人类轮状病毒、禽呼肠孤病毒；第五类是+ssRNA，有 1 178种，如

2019 新型冠状病毒、猪流行性腹泻病毒、猪繁殖与呼吸综合征病毒、寨卡病毒；第六类是-ssRNA 病毒，有 442 种，如腮腺炎病毒、麻疹病毒、甲型流感病毒；第七类是 ds-DNA-RT 病毒，有 82 种，如乙型肝炎病毒；第八类是 dsDNA-RT 病毒，有 82 种，如人类免疫缺陷病毒、牛白血病病毒。在这八大类中，第七类及第八类属于逆转录病毒（Retrovirus），该类病毒中含有逆转录酶，在病毒复制过程中，可将 RNA 片段逆转录为 DNA 片段（原雪峰等，2019）。

病毒感染细胞的过程主要包括吸附、融合、内吞、复制、装配及出芽等环节，抗病毒药物主要通过干预病毒感染的过程或调解宿主细胞防御系统达到抑制病毒增殖的目的（黄天广等，2020）。抗病毒药物抑制病毒增殖的机制包括抑制病毒吸附、抑制病毒脱壳、抑制病毒 mRNA 的合成、抑制病毒 mRNA 转录、抑制病毒 DNA/RNA 的复制、抑制病毒蛋白的合成及抑制病毒的释放等过程（Siddiq et al.，2017）。抗病毒药物可分为化学药物及中草药两大类，目前报道的抗病毒化学药物主要有 37 种，其中 19 种药物主要用于治疗艾滋病病毒。例如，治疗 HIV 病毒的药物包括核苷酸类拟转录酶抑制剂：齐多夫定（AZT、ZDV）、拉米夫定（3TC）、替诺福韦（TDF）、阿巴卡韦（ABC）、司他夫定（D4T）、恩曲他滨（FTC）；非核苷反转录酶抑制剂：依非韦伦（EFV）、奈韦拉平（NVP）、利匹韦林（RPV）、依曲韦林（ETR）；蛋白酶抑制剂：洛匹那韦+利托那韦（LPV/r，克力芝）、达芦那韦（DRV）、阿扎那韦（ATV）；整合酶抑制剂：多替拉韦（DTG）、拉替拉韦（RAL）（Novakova et al.，2018）。2018 年全球抗病毒药物的市场规模为 550.9 亿美元，其中抗 HIV 病毒药物占 58%，抗肝炎病毒药物市场份额占 35%。从具体药物来看，2018 年销售额最高的药物为吉利德公司开发治疗丙肝的药物索磷布韦/维帕他韦，其市场规模达到 58.16 亿美元（宋艳，2020）。中草药又可分为单方中草药和复方中草药：单方中草药如板蓝根、金银花、黄芪；复方中草药如连花清瘟胶囊、复方苦芩注射液、双黄连口服液、抗毒灵冻干粉等（张如等，2019）。由于病毒种类繁多，很多病毒变异型强，发展新型抗病毒药物是十分重要的，也是十分必要的（Siddiq et al.，2017）。

9.2 纳米荧光探针抗病毒研究方法

9.2.1 MTT 实验

病毒在宿主细胞存在的条件下才能增殖，如果抗病毒材料对细胞的毒性很大，就无法判断材料到底是抑制了病毒增殖，还是抑制细胞后导致病毒增殖速度降低。MTT 法是评价药物及纳米材料细胞毒性最常用的一种方法，其原理是 MTT 染料［3-（4，5-二甲基噻唑-2）-2，5-二苯基四氮唑溴盐］在活细胞线粒体中琥珀酸脱氢酶的作用下还原为水不溶性的蓝紫色结晶甲臜，采用二甲亚砜把蓝紫色结晶甲臜溶解后，在 570nm 波长处测定其吸光度值（白艳丽，2017）。依据处理细胞前后吸光度值的大小，可以判断体系中活细胞所占的比例。图 9-1 是采用 MTT 实验评价组氨酸、谷胱甘肽混合修饰金簇对 PK-15 细胞及 MARC-145 细胞的细胞毒性，可看出，即使金簇的浓度高达 900μmol/L，两种细胞的存活率均在 90%以上，说明组氨酸、谷胱甘肽修饰的金簇具有良好的生物相容性。通过细胞实验，还可以确定药物分子或纳米材料对细胞的半数抑制浓度（CC_{50}）。

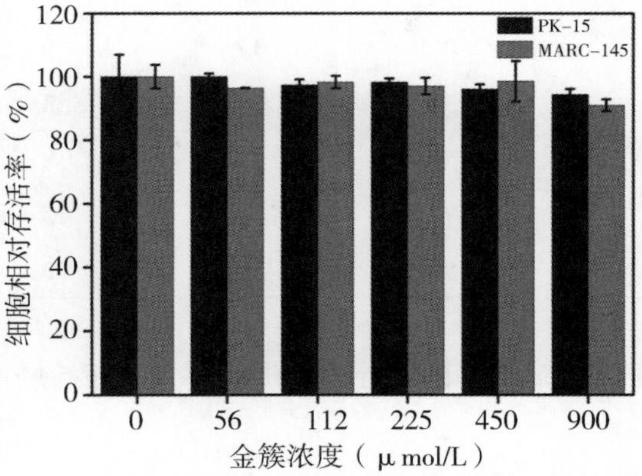

图 9-1　MTT 实验分析金簇对 PK15 细胞及 MARC145 细胞的细胞毒性（Bai et al.，2018）

MARC-145：非洲绿猴胚胎肾细胞；PK-15：猪肾细胞

9.2.2　$TCID_{50}$实验

$TCID_{50}$指半数细胞培养物感染量（50% tissue culture infective dose）是比较病毒浓度的一种重要的方法。该方法一般采用 96 孔板培养细胞，待细胞长满单层后，将病毒 10 倍梯度稀释，并感染细胞，每个稀释度接种 8 个孔，利用不同稀释度时病变孔的数目，结合 Reed-Muench 数据处理法计算 $TCID_{50}$值。依据高于 50%病变率的百分数及低于 50%病变率的百分数算出距离比，在依据距离比及稀释度，可计算出 $TCID_{50}$的对数值（Du et al.，2016），表 9-1 是病毒 $TCID_{50}$值的具体计算方法，实验中每个孔加病毒溶液 0. 1mL。通过比较加入不同浓度药物或功能化纳米材料前后病毒的 $TCID_{50}$值，可获得药物或纳米材料对病毒的半数抑制浓度 EC_{50}值。通过药物或纳米材料的 CC_{50}值及 EC_{50}值，可得到该药物或纳米材料对病毒的治疗指数（TI）。例如，Lin 等人研究了姜黄素碳点的细胞毒性及对肠道病毒（71）的抑制效果，发现在最佳条件下姜黄素碳点的 CC_{50}值为 452. 2μg/mL，EC_{50}值为 0. 2μg/mL，碳点的治疗指数（TI）高达 2261（Lin et al.，2019）。

表 9-1　$TCID_{50}$值的计算方法（毛汐语等，2019）

病毒的稀释倍数	出现细胞病变的孔数	无病变孔数	累计病变孔数	累计无病变孔数	出现病变孔的百分比/%
10 倍	8	0	41	0	100（41/41）
10^2 倍	8	0	33	0	100（33/33）

（续表）

病毒的稀释倍数	出现细胞病变的孔数	无病变孔数	累计病变孔数	累计无病变孔数	出现病变孔的百分比/%
10^3倍	8	0	25	0	100（25/25）
10^4倍	8	0	17	0	100（17/17）
10^5倍	5	3	9	3	75.0（9/12）
10^6倍	3	5	4	8	33.3（4/12）
10^7倍	1	7	1	15	6.2（1/16）
10^8倍	0	8	0	23	0（0/23）

距离比例=（高于50%病变率的百分数-50%）/（高于50%病变率的百分数-低于50%病变率的百分数）

=（75.0-50.0）/（75.0-33.3）= 0.6

$\lg TCID_{50}$= 距离比例×稀释度对数之间的差+高于50%病变率的稀释度的对数

= 0.6×1 + 5 = 5.6

可得 $TCID_{50} = 10^{5.6}$/ 0.1mL，其含义是，将病毒稀释$10^{5.6}$倍后，可使50%的细胞发生病变。

9.2.3 空斑实验

空斑实验，也称病毒噬斑实验，是测定病毒滴度的一种重要的方法，该实验一般在6孔细胞培养板上完成（于莉等，2016）。实验前，先采用10倍梯度稀释的病毒感染细胞，待细胞形成空斑后，用10%的甲醛固定，再用结晶紫染色。通过肉眼观察，计算空斑数，可以较为准确地测定病毒浓度（Ye et al.，2015）。图9-2（见书末彩图）是不同浓度CdTe量子点对猪伪狂犬病毒（PRV）增殖的影响，9-2（a）为80nmol/L的CdTe量子点对猪伪狂犬病毒空斑的影响，可以看出，加入量子点后，病毒空斑数明显减少，说明量子点对病毒具有明显的抑制作用，通过计算不同浓度量子点对病毒空斑形成数的影响，可以进一步了解不同浓度的CdTe量子点对猪伪狂犬病毒相对滴度的影响规律［图9-2（b）］。

9.2.4 间接免疫荧光实验

间接免疫荧光实验是比较细胞内病毒相对含量的一种重要的方法。当病毒感染细胞一定时间后，利用甲醛将细胞固定，再向体系中加入病毒结构蛋白或非结构蛋白抗体及荧光标记的二抗，依据荧光成像信号来对病毒的相对含量进行比较（Ye et al.，2015）。图9-3（见书末彩图）为不同浓度硫化银量子点对猪流行性腹泻病毒（PEDV）影响的间接免疫荧光分析，当细胞固定后，向细胞中依次加入鼠源猪流行性腹泻病毒N蛋白单克隆抗体及荧光素异硫氰酸酯标记的羊抗鼠IgG二抗，采用荧光显微镜分析细胞的荧光信号，可以看出，随着硫化银量子点浓度的提高，荧光信号逐渐减弱，表明量子点对病毒的抑制具有浓度依赖性（Du et al.，2018）。

9.2.5　透射电子显微镜成像分析

透射电子显微镜是研究纳米粒子与病毒颗粒相互作用的一个重要工具。Cagno 等（2018）采用普通透射电子显微镜及冷冻透射电子显微镜比较了 2-巯基乙烷磺酸（MES）及 11-巯基十一烷磺酸（MUS）修饰的金纳米粒子与病毒之间的相互作用。他们把纳米粒子与病毒相互作用分为 4 个阶段：第一阶段，病毒表面无纳米粒子；第二阶段，病毒表面存在分散的纳米粒子；第三阶段，病毒表面存在少量团簇状纳米粒子；第四阶段，病毒表面存在大量团簇状纳米粒子，病毒的结构发生明显改变。他们分析了大量透射电子显微镜图像后发现，当把 2-巯基乙烷磺酸修饰的金纳米粒子与Ⅱ型疱疹病毒混合后，75%的病毒表面没有纳米粒子结合，而 11-巯基十一烷磺酸（MUS）修饰的金纳米粒子与Ⅱ型疱疹病毒混合后，所有的病毒表面均结合了金纳米粒子，50%的病毒处于第二阶段，20%的病毒处于第三阶段，其余 30%的病毒处于第四阶段。作者课题组采用透射电子显微镜研究了甘草酸碳点与猪繁殖与呼吸综合征病毒之间的相互作用（Tong et al.，2020），图 9-4 是加入甘草酸碳点前后猪繁殖与呼吸综合征病毒的透射电子显微图像，可以看出，当碳点与病毒混合后，在病毒表面结合了大量的碳点颗粒。

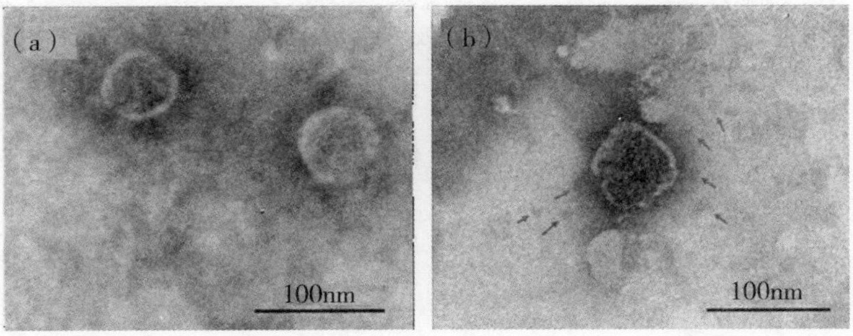

图 9-4　加入甘草酸碳点前（a）后（b）猪繁殖与呼吸系统综合征病毒的透射电子显微图像（图中箭头指示的为碳点颗粒）（Tong et al.，2020）

9.2.6　计算机模拟实验

采用计算机分子动力学模拟的方法也可以用来研究功能化纳米粒子与病毒之间的相互作用。VMD（Visual Molecular Dynamics）分子模拟软件不仅可以研究纳米粒子与病毒蛋白之间的作用机制，还可用来计算径向分布函数。Cagno 等（2018）采用 VMD 分子动力学模拟软件研究了不同表面修饰的金纳米粒子与人类乳头瘤病毒（HPV16）衣壳的相互作用。结果表明，表面带有负电荷的金纳米粒子可选择性结合人类乳头瘤病毒衣壳部分 L1 蛋白。张艳军博士（2017）采用分子动力学模拟 AMBER12 软件研究了不同长度、不同直径的单臂碳纳米管与埃博拉病毒 VP35 蛋白之间的相互作用。结果发现，在一定长度范围内，随着碳纳米管长度的增加，碳纳米管与病毒蛋白结合的自由能会增加，而碳纳米管的直径对结合的自由能没有明显的影响。

9.2.7 活体实验

活体实验不仅可评价抗病毒药物预防病毒感染的能力，还可以评价抗病毒药物的治疗效果。相对于细胞水平的抗病毒实验而言，活体实验设计更为复杂，影响因素更多。很多药物在细胞水平的实验中对病毒具有很好的抑制效果，但在活体水平实验中效果却不明显。目前在纳米材料的抗病毒实验中，小鼠是使用比较多的模式动物。在活体水平实验中，通常以病毒感染的小鼠为模型，通过比较给药前后小鼠的死亡率、体重变化、不同时间病毒滴度的变化、病毒靶器官形态变化、小鼠体内炎症因子（IL-6、TNF-α、IL-10、CCL2、CXCL1、CXCL2）表达水平变化等指标，评价药物对病毒感染小鼠的预防与治疗效果（李俊鑫，2019；Kwon et al.，2016）。Rao 等（2019）采用妊娠小鼠为模型，评价了寨卡病毒导致小鼠胎儿畸形的比率及“纳米诱饵”抑制寨卡病毒的效果。

9.3 纳米荧光探针抗病毒研究进展

9.3.1 量子点抗病毒研究进展

作者课题组以猪伪狂犬病毒为模式病毒，研究了不同尺寸 CdTe 量子点对猪伪狂犬病毒增殖的影响（Du et al.，2015）。研究发现，量子点尺寸越大，对病毒增殖的抑制能力越强，一步生长曲线结果显示，病毒感染细胞 16h 之内，量子点可有效地抑制病毒增殖（图 9-5）。CdTe 量子点不仅可通过改变病毒表面蛋白结构，抑制病毒侵入细胞的过程，而且还可以通过释放 Cd^{2+}，抑制病毒增殖。

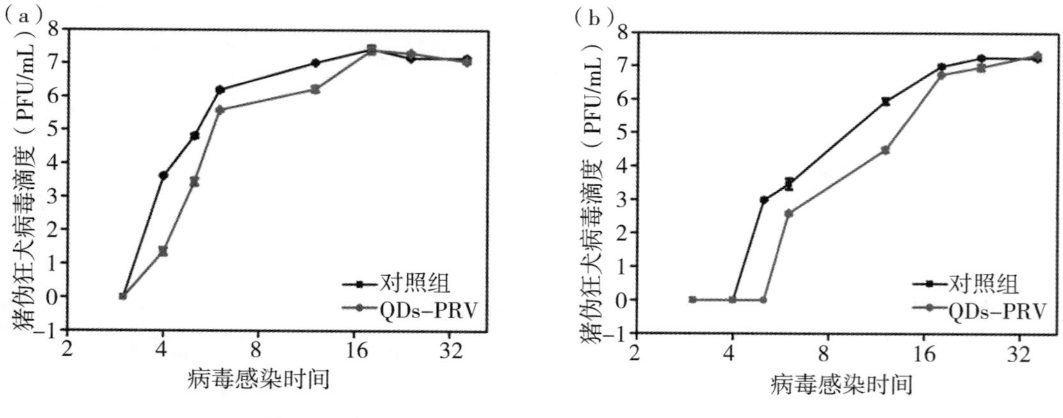

图 9-5 加入 CdTe 量子点前后病毒的一步生长曲线

（a）为细胞内的病毒滴度；（b）为细胞上清液中的病毒滴度

QDs-PRV：CdTe 量子点、猪伪狂犬病毒混合培养组

NF-κB 信号通路调节着细胞因子、趋化因子、生长因子等 100 多种靶基因的表达，该通路的活化是病毒感染的一个重要标志，很多病毒如 I 型单纯疱疹病毒、人类免疫缺陷病毒（HIV）感染过程都与 NF-κB 信号通路活化密切相关（王平忠等，2011）。Hu

等（2016）研究发现，CdTe 量子点可通过抑制 NF-κB 信号通路，从而抑制 I 型单纯疱疹病毒的复制过程。当先体系中加入 CdTe 量子点后，单纯疱疹病毒 UL39、ICP27 及 GB 三种蛋白的表达会呈现剂量依赖性的下降趋势。

9.3.2　荧光金属纳米团簇抗病毒研究进展

病毒癌基因是一种存在于病毒中能使细胞癌变的 DNA 片段，在外界条件刺激下可诱导肿瘤的发生。Ju 等（2019）在合成谷胱甘肽修饰金簇的基础上，将所合成金簇与化脓性链球菌 Cas9 蛋白（spCas9）组装，发现该组装体的组装是一个可逆的过程，在高 pH 条件下可以组装成大的颗粒，而在低 pH 条件下则可去组装形成小颗粒。利用金簇的组装行为可将 spCas9 蛋白有效导入细胞，敲除细胞核中病毒癌基因片段。研究方法对于金簇用于抗病毒研究也具有重要的参考价值。

作者课题组研究发现，金簇具有良好的生物相容性，当金簇浓度为 900μmol/L 时，PK15 细胞及 Marc145 细胞的存活率均在 90% 以上。他们以猪伪狂犬病毒（PRV）作为 DNA 病毒模型，以猪繁殖与呼吸综合征病毒（PRRSV）作为 RNA 病毒模型，研究了谷胱甘肽和组氨酸混合修饰的金簇对两种病毒的影响。结果表明，该金簇对 PRV 的增殖没有明显的影响，而对 PRRSV 的增殖具有明显的抑制作用（图 9-6，见书末彩图）。进一步研究表明，谷胱甘肽和组氨酸混合修饰的金簇对 PRRSV 具有选择性灭活作用，未来有望开发基于该金簇的选择性抗病毒药物（Bai et al.，2018）。作者课题组还研究了组氨酸修饰金簇（His-Au NCs）及 2-巯基乙烷磺酸钠混合修饰金簇（MES-Au NCs）对 PRV 增殖的影响，发现 His-Au NCs 可显著抑制 PRV 的增殖，而 MES-Au NCs 对 PRV 的增殖没有明显的影响（Feng et al.，2018）。进一步研究发现，His-Au NCs 主要影响 PRV 的复制过程，而对其吸附、侵入及释放过程没有明显的影响（图 9-7）。

9.3.3　碳点抗病毒研究进展

（1）有机小分子来源碳点用于抗病毒研究

冠状病毒是一种单股正链 RNA 病毒，属于冠状病毒科、冠状病毒属，近期爆发的新型冠状病毒肺炎给我国乃至都全世界造成了重大的经济损失，给人类的健康造成了严重危害。Loczechin 等（2019）研究发现，碳点的合成原料及表面修饰都对其抗病毒活性有着重要的影响。他们首先研究了对氨基苯硼酸修饰前后柠檬酸乙二胺来源碳点对人类冠状病毒（HCoV-229E）的抑制效果，发现未偶联对氨基苯硼酸的碳点对冠状病毒基本无抑制活性，偶联了对氨基苯硼酸的碳点对病毒的半数抑制浓度（EC_{50}）为（52±8）μg/mL，而采用对氨基苯硼酸为原料合成的碳点，其对病毒的半数抑制浓度（EC_{50}）为（5.2±0.7）μg/mL。

（2）高分子来源碳点用于抗病毒研究

作者课题组还以 PRV 和猪繁殖与呼吸综合征病毒（PRRSV）分别作为 DNA 和 RNA 的模式病毒，研究了碳点（该碳点采用聚乙二醇和抗坏血酸为原料合成）与二者之间的相互作用（图 9-8，见书末彩图）。首先通过一步生长曲线实验发现，无论

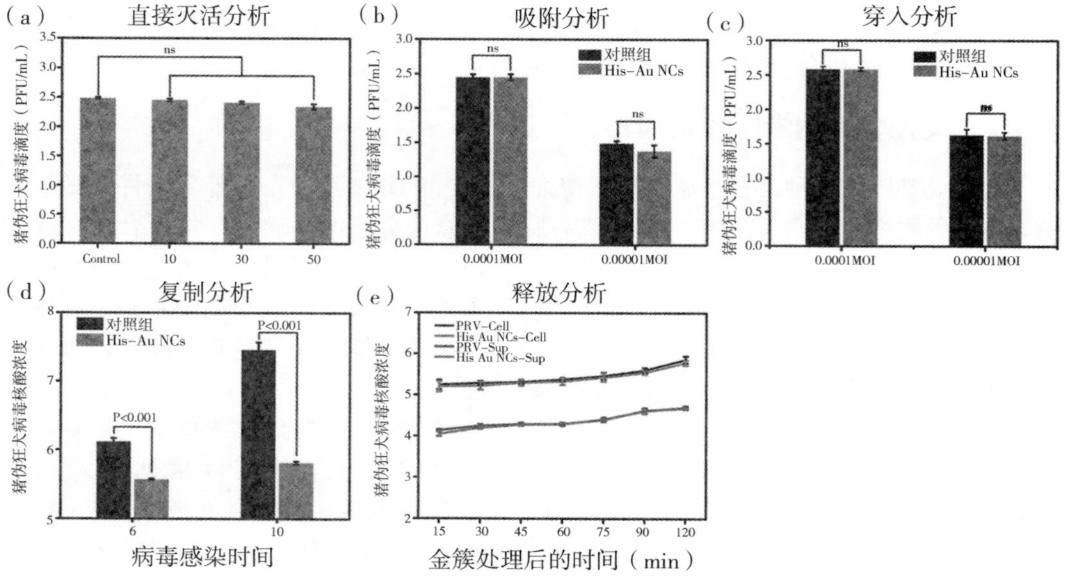

图 9-7　组氨酸修饰金簇对猪伪狂犬病毒抑制机制研究（Feng et al.，2018）

His-Au NCs：加入组氨酸修饰金簇组；PRV-Cell：细胞中的猪伪狂犬病毒浓度；His Au NCs Cell：加入组氨酸修饰金簇细胞中病毒浓度；PRV-Sup：细胞上清液中的猪伪狂犬病毒浓度；His Au NCs-Sup：加入组氨酸修饰金簇细胞上清液中病毒浓度。

是上清液中的病毒滴度还是细胞裂解液中的病毒滴度，经过碳点处理的实验组与空白组相比，PRV 和 PRRSV 的复制都受到明显抑制；进一步采用间接免疫荧光、$TCID_{50}$和 Western blot 实验验证了一步生长曲线的结论。最后对碳点抗 DNA 和 RNA 病毒进行机理探究，发现经过碳点处理的细胞能显著地诱导 IFN-α 的产生，从而诱导干扰素下游的刺激基因（ISG）的表达而达到抑制病毒复制的效果。本研究揭示了碳点可以作为一种广谱的抗病毒抑制剂，为开发抗病毒药物提供了新的策略（Du et al.，2016）

（3）中药活性成分及药物来源碳点用于抗病毒研究

很多中草药可通过抑制病毒吸附、侵入、复制、释放等过程的一个或多个环节，从而起到抗病毒的效果，如黄芪、黄芩、党参等中草药可抑制病毒的吸附和侵入过程，金银花、白藜芦醇、板蓝根等中草药可抑制病毒的复制过程（袁媛等，2019）。中草药在抗病毒领域具有广阔的应用前景，我国在新型冠状病毒肺炎的治疗过程中，中草药的参与度超过 80%。然而，单一成分的中草药抗病毒效果往往不高，而且还有一定的毒副作用，如何进一步提高中草药的抗病毒效果，降低其毒副作用，成为该领域需要解决的一个关键科学问题。

近来研究表明，将中草药碳点化后，可大大降低其细胞毒性，同时还可提高其抗病毒效果（图 9-9）。作者课题组利用水热合成技术，成功将甘草的活性成分——甘草酸转化为具有良好生物相容性及高的抗病毒活性的甘草酸碳点（Gly-CDs）。研究发现，

Gly-CDs 不仅可与病毒多靶点结合从而抑制病毒的入侵过程，还可通过刺激细胞天然免疫信号通路、抑制活性氧、调控细胞内宿主限制性因子等途径抑制病毒的复制过程，其对病毒的最大抑制效果可达 5 个滴度以上。Gly-CDs 对猪繁殖与呼吸综合征病毒（动脉炎病毒科）、猪伪狂犬病毒（疱疹病毒科）及猪流行性腹泻病毒（冠状病毒科）均具有良好的抑制效果（Tong et al.，2020）。

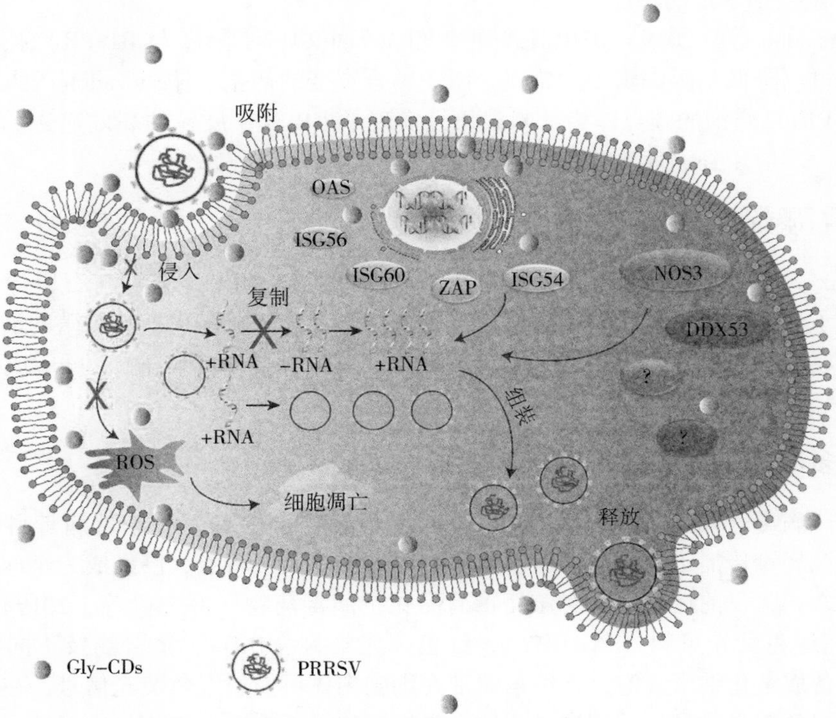

图 9-9　甘草酸碳点抗病毒机制示意（Tong et al.，2020）

Gly-CDs：甘草酸碳点；PRRSV：猪繁殖与呼吸综合征病毒

Lin 等（2019）研究了不同反应温度合成的姜黄素碳点对 EV71 病毒的抑制效果，结果表明，当反应温度为 180℃、反应时间为 2h 时，碳点对病毒的抑制效果最好，对病毒的半数抑制浓度 EC_{50} 值为 0.2μg/mL。他们以 7 日龄小鼠为模型，研究了姜黄素碳点对 EV71 感染小鼠的治疗效果，结果表明，未注射碳点的小鼠在病毒感染 10 日内全部死亡，注射姜黄素药物的小鼠在病毒感染 12 日内全部死亡，注射姜黄素碳点的小鼠在 15 日内未出现死亡。注射姜黄素碳点的小鼠体重变化与未感染小鼠没有明显的差异，而未注射碳点的小鼠在病毒感染 7 天后，体重降低大约 20%。他们还采用逆转录荧光定量 PCR 技术研究了病毒在小鼠脑部及四肢肌肉组织中的含量，发现姜黄素碳点处理的小鼠脑部及肌肉组织病毒含量明显降低。Huang 等（2019）采用苯并噁嗪为原料，成功合成绿色发光碳点，该碳点对乙型脑炎、寨卡病毒、登革热病毒、猪细小病毒和腺病毒相关病毒均具有良好的抑制效果。进一步研究发现，碳点可以直接结合到病毒表面抑制病毒进入细胞。

（4）复杂组分来源碳点用于抗病毒研究

作者课题组以大麦若叶为前驱体，合成了两种不同荧光的碳点（CDs）：蓝色荧光碳点（b-CDs）和青色荧光碳点（c-CDs）。两种碳点均对猪伪狂犬病毒有较好抗病毒效果，且蓝色荧光 CDs 显示出更好的抗病毒活性。研究发现，两种碳点均可诱导细胞中抗病毒蛋白 ISGs（ISG54 和 MX1）的表达，从而抑制病毒增殖（Liu et al.，2017）。

（5）碳点用于抗病毒递送载体

Hasanzadeh 等（2019）采用成簇规律间隔短回文序列系统（CRISPR）技术进行基因治疗，可以降低基因编辑中的错误，阻止整合突变的产生。Hasanzadeh 等人采用聚乙烯亚胺（PEI）修饰的碳点作为纳米载体，实现了 CRISPR 质粒的高效递送。该技术未来有望进一步应用到癌症治疗及抗病毒研究领域。

9.3.4 石墨烯量子点抗病毒研究进展

Iannazzo 等（2018）将两种抗病毒药物 CHI499 及 CDF119 分别与石墨烯量子点偶联，评价了石墨烯量子点及偶联药物的石墨烯量子点抑制艾滋病病毒增殖的活性。结果表明，偶联 CHI499 药物的石墨烯量子点其 EC_{50}值达到 0.066μg/mL，可望成为一种潜在的艾滋病病毒治疗药物。

9.3.5 多功能纳米荧光探针抗病毒研究进展

登革热病毒（Dengue virus）是一种单股正链 RNA 病毒，属于黄病毒科，黄病毒属。由于该病毒传播迅速，感染后发病率高、死亡率高等特点，已经成为全球广泛关注的传染病之一，目前还没有针对该病毒商品化抗病毒药物（薛志静等，2019）。Kim 等（2020）将绿色荧光染料（BODIPY）、红色荧光染料（DiD）、聚合物及不同类型登革热病毒制备成杂化纳米囊泡，该纳米囊泡在细胞内体可发射红色荧光信号，在高尔基体内可发射绿色荧光信号，采用该杂化纳米囊泡不仅可示踪宿主细胞与病毒的相互作用过程，还可以评价抗病毒药物对病毒的抑制效果。

9.3.6 其他纳米粒子抗病毒研究进展简介

（1）金纳米粒子抗病毒研究进展

牛病毒性腹泻病毒（Bovine viral diarrhea virus）是一种单股正链 RNA 病毒，属于黄病毒科，瘟病毒属（刘泽余等，2019）。El-Gaffary 等（2019）研究发现，聚乙二醇修饰的金纳米粒子对牛病毒性腹泻病毒具有良好的抑制活性。Haider 等（2018）研究了没食子酸修饰的金纳米粒子对Ⅰ型疱疹病毒及Ⅱ型疱疹病毒的抑制效果，对Ⅰ型疱疹病毒及Ⅱ型疱疹病毒抑制的 EC_{50}值分别为 32.3μmol/L 及 38.6μmol/L。

（2）银纳米粒子抗病毒研究进展

奇昆古尼亚病毒（chikungunya virus）属于单股正链 RNA 病毒，属于披膜病毒科、甲病毒属（Phadungsombat et al.，2020）。Sharma 等（2019）以穿心莲、珠子草、心叶青牛胆三种植物提取物为稳定剂，采用绿色合成方法合成了银纳米粒子，并评价了三种银纳米粒子对奇昆古尼亚病毒的抑制效果，结果发现，采用穿心莲及心叶青牛胆对奇昆古尼亚病毒具有更好的抑制效果。通过改变银纳米粒子表面修饰试剂，可制备对单纯疱疹病毒、呼吸道合胞病毒、艾滋病病毒等多种病毒具有良好抑制活性的抗病毒纳米材料（Rai et al.，2014）。

（3）硒纳米粒子抗病毒研究进展

阿比朵尔（Arbidol）是一种抗病毒药物，具有干扰素调节及免疫诱导作用（王鸿岩等，2018）。Li 等（2019）研究发现，阿比朵尔修饰的硒纳米粒子可抑制 H1N1 流感病毒增殖，降低胞内活性氧水平，阻止流感病毒感染小鼠的肺损伤。同一课题组还发现金刚烷胺（amantadine）修饰的硒纳米粒子对 H1N1 流感病毒也具有良好的抑制作用（Li et al.，2018）。

（4）富勒烯（C_{60}）抗病毒研究进展

通过葡萄糖阻断病毒与细胞表面凝集素受体结合是抑制病毒进入细胞的一种有效方法。Munoz 等（2016）采用葡萄糖修饰的 13 个富勒烯组装的超级富勒烯纳米结构，构建了埃博拉病毒有效抑制剂，对埃博拉病毒的半数有效抑制浓度低至 20.37nmol/L。Ramos-Soriano 等（2019）合成了含有多达 360 个 1，2-甘露糖苷的富勒烯纳米球，发现该纳米球可抑制寨卡病毒及登革热病毒感染，对寨卡病毒 IC_{50}值可达 67 pmol/L，对登革热病毒的 IC_{50}值达 35 pmol/L。

（5）碳纳米管抗病毒研究进展

西北农林科技大学王高学教授课题组研究了多壁碳纳米管—聚乙烯亚胺—利巴韦林—纳米抗体复合纳米材料对石斑鱼神经坏死病毒的抑制效果，结果表明，采用复合纳米材料处理后，可明显降低病毒感染斑马鱼的死亡率（Zhu et al.，2019）。

（6）石墨烯抗病毒研究进展

华中农业大学韩鹤友教授、何启盖教授课题组研究发现，氧化石墨烯及还原型氧化石墨烯对猪伪狂犬病毒及猪流行性腹泻病毒具有良好的抑制作用，他们认为石墨烯的这种抗病毒活性是由于其表面的负电荷及单层结构引起的（Ye et al.，2015）。西南大学黄承志教授课题组研究发现，姜黄素负载的氧化石墨烯可通过直接灭活病毒及阻止病毒吸附的方式抑制呼吸道合胞病毒增殖，最大抑制可达 4 个滴度（Yang et al.，2017）。Gholami 等（2017）将聚甘油磺酸盐修饰到石墨烯表面后，采用扫描显微镜、冷冻电镜等方法研究了修饰后的石墨烯与水泡性口炎病毒之间的相互作用。结果表明，在最佳条件下，功能化石墨烯材料抑制水泡性口炎病毒 IC_{50}值可达（5.7±2.1）μg/mL。Donskyi 等（2019）采用后修饰法将不同链长的聚甘油硫酸酯和脂肪胺偶联到三嗪功能化纳米石墨烯表面，考察了修饰后的石墨烯对 I 型疱疹病毒的抑制效果，发现静电作用及疏水相互作用是石墨烯抑制病毒增殖的主要因素。磺酸基团可作为硫酸肝素的类似物，用于抑制病毒入侵宿主细胞。Ziem 等（2017）采用三氧化硫吡啶复合物将磺酸集团修饰到氧化石墨烯表面，比较了不同尺寸石墨烯对 I 型人疱疹病毒及 I 型马疱疹病毒的抑制效果，结果表明，当石墨烯尺寸为 300nm、磺化程度为 10%时，对两种病毒的抑制效果最好。

（7）铜的氧化物抗病毒研究进展

Tavakoli 等（2020）发现氧化铜纳米粒子对 I 型单纯疱疹病毒（Herpes simplex

virus type 1）具有良好的抑制效果，100μg/mL 的氧化铜可抑制病毒增殖达 2.8 个 $\log_{10}TCID_{50}$ 值。Mazurkow 等（2020）研究发现，铜的氧化态对其抗病毒活性具有重要的影响。他们把氧化亚铜纳米粒子修饰到多孔氧化铝滤膜上，发现氧化亚铜纳米可以通过静电吸附的方式去除 MS2 噬菌体，而氧化铜纳米颗粒对 MS2 噬菌体几乎没有去除效果。

（8）氧化镍纳米材料抗病毒研究进展

黄瓜花叶病毒（Cucumber mosaic virus）是一种单股正链 RNA 病毒，属于雀麦花叶病毒科黄瓜花叶病毒属，该病毒是当前最具影响力的植物病毒之一（邱艳红等，2017）。Derbalaha 等（2019）研究发现，纳米结构的氧化镍可抑制黄瓜花叶病毒增殖，与对照组相比，采用纳米结构的氧化镍处理后，黄瓜的鲜重、干重及叶片数都有了明显的提高。

（9）氧化锆纳米材料抗病毒研究进展

Huo 等（2020）研究发现，尺寸为 200nm 表面带有正电荷的氧化锆纳米粒子可激活小鼠体内树突细胞，促进先天免疫相关的细胞因子表达，从而抑制 H5N1 流感病毒在小鼠体内的复制。

（10）氧化锌抗病毒研究进展

Ghaffari 等（2019）比较了氧化锌纳米粒子与聚乙二醇修饰的氧化锌纳米粒子对 H1N1 流感病毒的抑制效果。结果发现，修饰聚乙二醇的氧化锌纳米粒子对 H1N1 流感病毒的抑制作用比未修饰的纳米粒子更强，其对 H1N1 流感病毒的最大抑制效果可达 94.6%。

（11）铁的氧化物抗病毒研究进展

Kumar 等（2019）研究发现，四氧化三铁纳米粒子对 H1N1 流感病毒（H1N1 influenza A virus）具有良好的抑制效果，当纳米粒子浓度为 2pg/mL 时，病毒浓度仅为对照组百分之一。Qin 等（2019）研究发现，氧化铁纳米酶可以破坏流感病毒血凝素、神经氨酶及基质蛋白，从而导致流感病毒失活，该纳米酶对于 12 种亚型的流感病毒均具有良好的抑制效果。

（12）二氧化钛抗病毒研究进展

蚕豆染色病毒（Broad bean stain virus）是一种具有两个 RNA 片段的正链 RNA 病毒，为豇豆花叶病毒亚科，豇豆花叶病毒属（Lecorre et al.，2019）。Elsharkawy 等（2019）研究发现，二氧化钛纳米材料可有效杀灭蚕豆染色病毒，从而对蚕豆等植物起到保护作用。与对照组相比，采用纳米结构二氧化钛处理后的蚕豆叶片表面病毒聚集量降低，蚕豆的株高、叶片数及荚果数都有了显著的提高。

（13）二氧化硅纳米材料抗病毒研究进展

Saliphenylhalamide（SaliPhe）是一种对流感病毒具有特异性抑制作用的有机小分子化合物，该化合物水溶性较差。Bimbo 等（2013）将 SaliPhe 负载到多孔二氧化硅纳米材料内，提高了该化合物的溶解性及对流感病毒的抑制效果。

（14）聚合物纳米粒子抗病毒研究进展

Surnar 等（2019）采用聚合物包埋伊维菌素的方法制备了针对寨卡病毒的抗病毒纳

米材料，该材料可穿过肠道上皮细胞屏障进入血液，并靶向寨卡病毒 NSP1 蛋白，从而抑制寨卡病毒增殖。Lauster 等（2017）将与流感病毒特异性作用的多肽偶联到聚甘油纳米粒子表面，在最佳条件下，多肽偶联的聚甘油纳米粒子对流感病毒的半数抑制浓度（EC_{50}）仅为 0.4nmol/L。Bhatia 等（2017）将唾液酸修饰到甘油聚合物表面，构建了对流感病毒具有特异性抑制效果的聚甘油纳米粒子，研究发现，无论在细胞水平还是在活体层面，唾液酸修饰的聚甘油纳米粒子对流感病毒均有良好的抑制效果。

（15）明胶纳米颗粒抗病毒研究进展

Rao 等（2019）采用蚊媒宿主白纹伊蚊细胞（C6/36 细胞）膜修饰的明胶纳米颗粒作为纳米诱饵，成功捕获并抑制了寨卡病毒的增殖，进一步研究发现，纳米诱饵成功地阻止了寨卡病毒通过生理屏障进入小鼠胎儿大脑，降低了病毒诱发的小鼠胎儿小头畸形的比率。

（16）功能化噬菌体蛋白纳米颗粒抗病毒研究进展

Lauster 等（2020）将唾液酸、唾液乳糖、唾液半乳糖分别偶联到尺寸为 25nm 的噬菌体衣壳蛋白表面，构建了对流感病毒具有特异性抑制作用的复合纳米材料。在此基础上，评价了不同修饰的衣壳蛋白对 H3N2、H2N3、H1N1 等流感病毒的抑制效果，发现不同修饰的纳米材料可与细胞表面血凝素特异性结合，从而阻止病毒吸附到细胞表面。

（17）星形碲/牛血清白蛋白复合纳米材料抗病毒研究进展

作者课题组以巯基乙烷磺酸、亚碲酸钠及牛血清白蛋白为原料，合成了星形碲/牛血清白蛋白复合纳米材料，发现该材料对猪繁殖与呼吸综合征病毒及猪流行性腹泻病毒均有良好的抑制效果（Zhou et al.，2020）。图 9-10 为星形碲/牛血清白蛋白复合纳米材料的合成及抗病毒示意图。

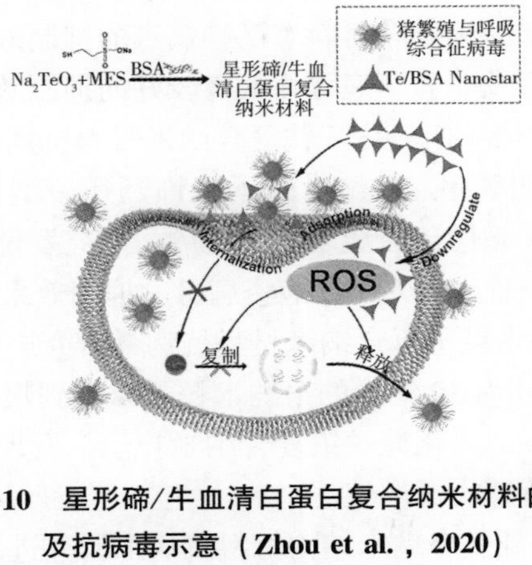

图 9-10　星形碲/牛血清白蛋白复合纳米材料的合成及抗病毒示意（Zhou et al.，2020）

Na_2TeO_3：亚碲酸钠；MES：巯基乙烷磺酸钠；BSA：牛血清白蛋白。

（18）DNA 复合纳米材料抗病毒研究进展

Kwon 等（2020）利用修饰核酸适体的星形 DNA 纳米结构，建立了登革热病毒快速检测新方法，该方法对血清及血浆中病毒的检出限分别为 1×10^2 pfu/mL 及 1×10^3 pfu/mL，该材料还可有效抑制病毒增殖，其对登革热病毒抑制的 EC_{50}值低至 2nmol/L。

（19）中药纳米粒子抗病毒研究进展

Nabila 等（2020）采用自组装纳米乳液技术成功合成了平均尺寸为 40.85nm 的姜黄素纳米颗粒。与未组装的姜黄素分子相比，该纳米颗粒对登革热病毒（Dengue Virus）具有更好的抑制效果（Nabila et al.，2020）。王丹等（2019）采用预防给药、治疗给药及直接灭活给药研究了纳米雄黄对Ⅱ型疱疹病毒（Herpes Simplex Virus Type Ⅱ）的抑制效果。结果表明，采用预防给药的方式时，纳米雄黄的抗病毒效果最好，其治疗指数可达 285.77。

大黄是蓼科大黄属植物的根茎，包括掌叶大黄、唐古特大黄或药用大黄的干燥根及根茎（余德芊等，2020）。Shen 等（2019）研究了唐古特大黄纳米粒子对 I 型疱疹病毒（Herpes Simplex Virus Type I）的抑制效果，结果发现该纳米粒子不仅可直接灭活病毒，还可以阻止病毒感染阶段的吸附及侵入过程。

马铃薯 Y 病毒是一种单股正链 RNA 病毒，属于马铃薯 Y 病毒科，马铃薯 Y 病毒属（程林发等，2019）。Taha 等（2019）研究发现姜黄素—乳蛋白纳米粒子对马铃薯 Y 病毒具有良好的抑制效果，未来有望用于该病毒的防治。

（20）碳纳米管—富勒烯复合纳米材料抗病毒研究进展

通过把不同纳米材料复合，可大大提高其抗病毒效果。Rodriguez-Perez 等（2018）将多个糖分子修饰的富勒烯偶联到碳纳米管表面，构建了可有效抑制埃博拉病毒的高效复合纳米抗病毒材料。其对埃博拉病毒的半数抑制浓度可低至 0.37μg/mL。

（21）石墨烯—银复合材料的抗病毒研究进展

Chen 等（2016）以猫冠状病毒及传染性法氏囊病病毒作为囊膜病毒与非囊膜病毒的模式病毒，研究了石墨烯—银复合材料对两种病毒的抑制效果。与石墨烯相比，石墨烯—银复合材料对囊膜病毒及非囊膜病毒均具有较好的抑制效果。

（22）还原型氧化石墨烯—四氧化三铁复合纳米材料抗病毒研究进展

Deokar 等（2017）将四氧化三铁纳米粒子修饰到还原型氧化石墨烯表面，构建了具有高效抗病毒活性的超顺磁性还原型氧化石墨烯。研究发现，该复合材料具有良好的光热抗病毒活性，在最佳条件下，对 I 型疱疹病毒的抑制效果可达 99.99%以上。

（23）二氧化硅—银纳米粒子复合纳米材料抗病毒研究进展

Park 等（2018）将尺寸为 30 纳米的银纳米粒子修饰到尺寸为 400 纳米的二氧化硅纳米粒子表面，成功构建了二氧化硅—银复合纳米粒子，发现该复合纳米粒子可以通过直接灭活的方式抑制甲型流感病毒增殖。

（24）碳酸钙—二氧化硅复合纳米结构材料抗病毒研究进展

Brodskaia 等（2018）将甲型流感病毒干扰 RNA 采用碳酸钙（PA-1630，NP-717，NS-777）包覆在碳酸钙纳米材料里，再进一步将二氧化硅修饰到其表面，发现该复合纳米材料对多种亚型的甲型流感病毒（H1N1、H1N1pdm、H5N2 及 H7N9）均有特异性的抑制作用。

（25）聚多巴胺—二氧化硅抗病毒研究进展

噬菌体是在细菌内感染及复制的一类细菌病毒。Li 等（2017）以 f2、T4、P1 及 M13 噬菌体为模板，采用分子印迹技术构建了可特异性识别噬菌体的聚多巴胺—二氧化硅分子印记聚合材料，研究发现，所合成的分子印迹聚合物可以特异性结合病毒，阻止病毒入侵宿主细胞。

（26）基于纳米结构囊泡的抗病毒研究进展

Liu 等（2018）将乙肝病毒特异性受体——人牛磺胆酸钠共转运多肽（hNTCP）固定在细胞表面，刺激细胞产生表面修饰人牛磺胆酸钠共转运多肽的囊泡，他们研究发现，细胞产生的囊泡可作为纳米诱饵抑制乙肝病毒增殖。他们以人肝嵌合小鼠模型为模型，发现该纳米诱饵还可阻止病毒在小鼠体内感染、传播及复制。

9.4　纳米抗病毒疫苗研究进展

近年来，基于纳米技术的新型疫苗也受到了研究者的关注。已经报道的有病毒样颗粒纳米疫苗、蛋白组装体纳米疫苗、脂质体包覆纳米疫苗及聚合物包覆纳米疫苗等（Steven Frey et al.，2018）。为了让读者了解该领域研究进展，本章对纳米疫苗的研究也做一简要介绍。

9.4.1　基于蛋白纳米组装体疫苗研究进展

呼吸道合胞病毒（Respiratory syncytial virus）是一种单股负链 RNA 病毒，属于副黏病毒科、肺炎病毒属（杜海涛等，2019）。Marcandalli 等（2019）采用 F 糖蛋白三聚体的预融合稳定变体（DS-Cav1）为单体，通过自组装的方式形成蛋白纳米粒子，研究发现该蛋白纳米粒子诱导中和抗体的能力比单体高 10 倍，未来有望发展为呼吸道合胞病毒纳米疫苗。

9.4.2　基于金纳米粒子的 DNA 疫苗

DNA 疫苗是抑制病毒的一种新的手段，然而其预防效果、稳定性及生物安全性还有待进一步提高。Draz 等（2017）将丙肝病毒核基因 DNA 质粒修饰到金纳米粒子表面，构建了基于金纳米粒子的新型 DNA 疫苗，与未修饰金纳米粒子的质粒相比，金纳米粒子修饰后其基因表达可提高 100 倍，同时显著提高抗体表达水平及免疫应答活性。Quang Huy 等（2018）将登革热病毒囊膜蛋白结构域Ⅲ（EDⅢ）修饰到尺寸为 20nm、40nm 及 80nm 的纳米金表面，构建了基于金纳米粒子的亚单位疫苗，研究发现，随着金纳米粒子尺寸的增大，其诱导小鼠产生抗体的中和病毒能力越强。该研究为发展基于金纳米粒子的亚单位疫苗提供了重要参考。

9.4.3　基于聚合物的抗病毒纳米疫苗

Nuhn 等（2018）将 TLR7/8 激动剂咪唑喹啉偶联到 pH 响应纳米水凝胶［P（mTEGMA）$_{20}$-b-P（PFPMA）$_{47}$］表面，成功构建针对呼吸道合胞病毒的纳米疫苗，他们以病毒感染的小鼠为模型，证明纳米疫苗可抑制病毒在小鼠体内复制。Pardi 等（2017）采用脂质体纳米粒子包覆 mRNA 的方法，构建了寨卡病毒纳米疫苗，研究发现，30μg 的纳米疫苗可有效保护小鼠在 2 周至 5 个月时间内避免寨卡病毒感染。50μg 的纳米疫苗所诱导的抗体量比 1mg DNA 疫苗所诱导的抗体量高 100 倍之多。Ross 等（2019）研究了聚合物（聚酸酐纳米粒子与五嵌段共聚物胶束）包覆的重组血凝素及核蛋白复合纳米疫苗对流感病毒感染壮年小鼠及老龄小鼠的保护作用，结果表明，复合纳米疫苗提高了树突状细胞的体外活化，对老年小鼠具有更好的保护作用。该研究为开发针对老年人的流感疫苗提供了重要的参考。Calman 等（2019）采用溶剂蒸发法成功制得负载寨卡病毒多肽片段的聚乳酸—羟基乙酸共聚物纳米粒子，评价了该纳米粒子的细胞毒性，为发展基于多肽片段的纳米疫苗提供了重要参考。

病毒性出血性败血症病毒（Viral haemorrhagic septicaemia virus）是一种单股负链 RNA 病毒，属于弹状病毒科，诺拉弹状病毒属（Zhang et al.，2019）。Kole 等（2019）制作的聚乳酸—羟基乙酸共聚物包埋的灭活病毒抗原可作为纳米疫苗有效抑制病毒性出血性败血症病毒对鱼类的感染。

9.4.4 基于稀土掺杂上转换纳米荧光材料的抗病毒纳米疫苗

寨卡病毒（Zika virus）是一种单股正链 RNA 病毒，属于黄病毒科，黄病毒属，可导致婴儿头部畸小、病毒性脑膜炎、男性不育等多种症状。近年来，寨卡病毒的流行已经成为全球公共卫生问题（常东峰等，2019）。Ortega-Berlanga 等（2020）采用水热法合成了 Gd_2O_3：Tb^{3+}/Er^{3+} 上转换纳米荧光材料，并将寨卡病毒多肽片段偶联到上转换纳米荧光材料表面，并考察了偶联多肽上转换纳米荧光材料的负载效率、胶体稳定性及免疫相应效果。结果表明，上转换纳米荧光材料负载能力可达 0.48μg/μg，胶体稳定性好，比单独的多肽具有更好的体液免疫效果。该材料未来可望成为新兴纳米疫苗，并用于寨卡病毒的防控研究。

9.5 总结与展望

纳米荧光探针在抗病毒领域已经显示出较大的优势，不仅可以直接抑制病毒增殖，还可作为载体将抗病毒药物递送到细胞内。在抗病毒研究中，可利用纳米荧光探针的荧光信号构建针对病毒的诊疗一体化试剂，这是其他纳米材料所不具备的优势。由于病毒种类很多，不同病毒之间具有很大的差异，发展基于纳米荧光探针的高效、广谱抗病毒材料是该领域未来发展的一个方向（Chen and Liang，2020）。随着耐药性病毒的出现，发展新型抗病毒药物也将是未来研究的热点之一。我们有理由相信，基于纳米荧光探针的新型诊疗一体化试剂未来一定能够在该领域占有一席之地。

参考文献

白艳丽，2017. 荧光金纳米团簇用于病毒成像分析及抗病毒研究［D］. 武汉：华中农业大学.

常东峰，王雪，贺丞，等，2019. 寨卡病毒研究进展［J］. 微生物学免疫学进展，47（5）：59-64.

程林发，张凤桐，姜瀚林，等，2019. 两个马铃薯 Y 病毒黑龙江马铃薯分离物株系鉴定［J］. 植物保护学报，46（6）：1 186-1 194.

杜海涛，孙铁锋，王平，等，2019. 清热药抗呼吸道合胞病毒的研究进展［J］. 中成药，41（10）：2 435-2 441.

黄天广，孙林，展鹏，等，2020. 广谱抗病毒药物研究进展［J］. 药学学报，55（4）：679-693.

李俊鑫，2019. 中和 H7N9 禽流感病毒全人源单克隆抗体的快速筛选及抗病毒机制研究［D］. 深圳：中国科学院大学（中国科学院深圳先进技术研究院）.

刘泽余，刘占悝，李智杰，等，2019. 牛病毒性腹泻病毒分子机制的研究进展［J］. 当代畜牧（11）：17-21.

毛汐语，周雪珂，殷鑫欢，等，2019. 表达 PEDV S 和 PoRV VP7 蛋白的重组伪狂犬毒株构建［J］. 微生物学通报，46（12）：3 345-3 354.

邱艳红，王超楠，朱水芳，2017. 黄瓜花叶病毒致病性研究进展［J］. 生物技术通报，33（9）：10-16.

宋艳，2020. 抗病毒药物市场概览. https：//med. sina. com/article_ detail_ 103_ 2_ 80211. html.

王丹，王莉，徐锐，等，2019. 纳米雄黄对单纯疱疹病毒Ⅱ型的体外抗病毒活性［J］. 中南大学学报（医学版），44（10）：1 143-1 150.

王鸿岩，张卫军，郭春，2018. 盐酸阿比朵尔合成工艺优化研究［J］. 中国药物化学杂志，28（4）：310-313.

王平忠，于海涛，白雪帆，等，2011. NF-κB 信号通路在病毒感染中的作用［J］. 细胞与分子免疫学杂志，27（8）：933-934.

薛志静，王君，宋秀平，等，2019. 登革热病毒分子生物学特性及检测方法研究进展［J］. 中国媒介生物学及控制杂志，30（2）：224-227.

于莉，吴璇，汪旻旻，等，2016. 呼吸道合胞病毒空斑形成实验的条件优化［J］. 安徽医科大学学报，51（4）：595-598.

余德芊，刘晓红，2020. 中药大黄有效成分大黄酸的抗肿瘤作用研究进展［J］. 现代医药卫生，36（3）：390-392.

袁媛，李阳，徐赓，等，2019. 中药抗病毒性疫病作用机制研究进展［J］. 中国动物检疫，36（6）：56-61.

原雪峰，于成明，2019. 国际病毒分类委员会（ICTV）2017 分类系统与第九次分类报告的比较及数据分析［J］. 植物病理学报，49（2）：145-150.

张如，宋珊珊，宋兴超，等，2019. 抗病毒药物研究进展［J］. 特产研究，41（4）：119-123.

张艳军，2017. 埃博拉病毒 VP35 与抑制剂、碳纳米管和 dsRNA 作用模式及机理的分子动力学模拟研究［D］. 合肥：中国科学技术大学.

Abd Ellah N H，Tawfeek H M，John J，et al，2019. Nanomedicine as a future therapeutic approach for Hepatitis C virus［J］. *Nanomedicine*，14（11）：1 471-1 491.

Alghrair Z K, Fernig D G, Ebrahimi B, 2019. Enhanced inhibition of influenza virus infection by peptide- noble - metal nanoparticle conjugates [J]. *Beilstein Journal of Nanotechnology*, 10: 1 038-1 047.

Bai Y, Zhou Y, Liu H, et al, 2018. Glutathione-stabilized fluorescent gold nanoclusters vary in their influences on the proliferation of pseudorabies virus and porcine reproductive and respiratory syndrome virus [J]. *ACS Applied Nano Materials*, 1 (2): 969-976.

Bhatia S, Lauster D, Bardua M, et al, 2017. Linear polysialoside outperforms dendritic analogs for inhibition of influenza virus infectionin *in vitro* and *in vivo* [J]. *Biomaterials*, 138: 22-34.

Bimbo L M, Denisova O V, Makila E, et al, 2013. Inhibition of influenza A virus infection *in vitro* by saliphenylhalamide-loaded porous silicon nanoparticles [J]. *ACS Nano*, 7 (8): 6 884-6 893.

Brodskaia A V, Timin A S, Gorshkov A N, et al, 2018. Inhibition of influenza A virus by mixed siRNAs, targeting the PA, NP, and NS genes, delivered by hybrid microcarriers [J]. *Antiviral Research*, 158: 147-160.

Cagno V, Andreozzi P, D'Alicarnasso M, et al, 2018. Broad-spectrum non-toxic antiviral nanoparticles with a virucidal inhibition mechanism [J]. *Nature Materials*, 17 (2): 195-203.

Calman F, Arayici P P, Buyukbayraktar H K, et al, 2019. Development of vaccine prototype against zika virus disease of peptide-loaded PLGA nanoparticles and evaluation of cytotoxicity [J]. *International Journal of Peptide Research and Therapeutics*, 25 (3): 1 057-1 063.

Chan J F W, Kok K H, Zhu Z, et al, 2020. Genomic characterization of the 2019 novel human-pathogenic coronavirus isolated from a patient with atypical pneumonia after visiting Wuhan [J]. *Emerging Microbes & Infections*, 9 (1): 221-236.

Chen L, Liang J G, 2020. An overview of functional nanoparticles as novel emerging antiviral therapeutic agents [J]. *Materials Science & Engineering C-Materials for Biological Applications*, 112: 110 924.

Chen Y N, Hsueh Y H, Hsieh C T, et al, 2016. Antiviral activity of graphene-silver nanocomposites against non-enveloped and enveloped viruses [J]. *International Journal of Environmental Research and Public Health*, 13 (4): 430.

Deokar A R, Nagvenkar A P, Kalt I, et al, 2017. Graphene-based "hot plate" for the capture and destruction of the herpes simplex virus type 1 [J]. *Bioconjugate Chemistry*, 28 (4): 1 115-1 122.

Derbalaha A S H, Elsharkawy M M, 2019. A new strategy to control Cucumber mosaic virus using fabricated NiO-nanostructures [J]. *Journal of Biotechnology*, 306: 134-141.

Donskyi I S, Azab W, Cuellar-Camacho J L, et al, 2019. Functionalized nanographene sheets with high antiviral activity through synergistic electrostatic and hydrophobic interactions [J]. *Nanoscale*, 11 (34): 15 804-15 809.

Draz M S, Wang Y J, Chen F F, et al, 2017. Electrically oscillating plasmonic nanoparticles for enhanced DNA vaccination against Hepatitis C virus [J]. *Advanced Functional Materials*, 27 (5): 1 604 139.

Du T, Cai K, Han H, et al, 2015. Probing the interactions of CdTe quantum dots with pseudorabies virus [J]. *Scientific Reports*, 5: 16 403.

Du T, Dong N, Fang L, et al, 2018. Multisite inhibitors for enteric coronavirus: antiviral cationic carbon dots based on curcumin [J]. *ACS Applied Nano Materials*, 1 (10): 5 451-5 459.

Du T, Liang J, Dong N, et al, 2016. Carbon dots as inhibitors of virus by activation of type I interferon response [J]. *Carbon*, 110: 278-285.

El-Gaffary M, Bashandy M M, Ahmed A R, et al, 2019. Self-assembled gold nanoparticles for in-vitro inhibition of bovine viral diarrhea virus as surrogate model for HCV [J]. *Materials Research Express*, 6 (7): 075 075.

Elsharkawy M M, Derbalah A, 2019. Antiviral activity of titanium dioxide nanostructures as a control strategy for broad bean strain virus in faba bean [J]. *Pest Management Science*, 75 (3): 828-834.

Fahmi M Z, Sukmayani W, Khairunisa S Q, et al, 2016. Design of boronic acid-attributed carbon dots on inhibits HIV-1 entry [J]. *RSC Advances*, 6: 92 996-93 002.

Feng C, Fang P, Zhou Y, et al, 2018. Different effects of his-Au NCs and MES-Au NCs on the propagation of pseudorabies virus [J]. *Global Challenges*, 2 (8): 1 800 030.

Frey S, Castro A, Arsiwala A, et al, 2018. Bionanotechnology for vaccine design [J]. *Current Opinion in Biotechnology*, 52: 80-88.

Ghaffari H, Tavakoli A, Moradi A, et al, 2019. Inhibition of H1N1 influenza virus infection by zinc oxide nanoparticles: another emerging application of nanomedicine [J]. *Journal of Biomedical Science*, 26 (1): 70.

Gholami M F, Lauster D, Ludwig K, et al, 2017. Functionalized graphene as extracellular matrix mimics: toward well-defined 2D nanomaterials for multivalent virus interactions [J]. *Advanced Functional Materials*, 27 (15): 1 606 477.

Haider A, Das S, Ojha D, et al, 2018. Highly monodispersed gold nanoparticles synthesis and inhibition of herpes simplex virus infections [J]. *Materials Science & Engineering C-Materials for Biological Applications*, 89: 413-421.

Hasanzadeh A, Radmanesh F, Kiani J, et al, 2019. Photoluminescent functionalized carbon dots for CRISPR delivery: synthesis, optimization and cellular investigation [J]. *Nanotechnology*, 30 (13): 135 101.

Hu Z, Song B, Xu L, et al, 2016. Aqueous synthesized quantum dots interfere with the NF-kappa B pathway and confer anti-tumor, anti-viral and anti-inflammatory effects [J]. *Biomaterials*, 108: 187-196.

Huang S, Gu J, Ye J, et al, 2019. Benzoxazine monomer derived carbon dots as a broad-spectrum agent to block viral infectivity [J]. *Journal of Colloid and Interface Science*, 542: 198-206.

Huo C, Xiao J, Xiao K, et al, 2020. Pre-treatment with zirconia nanoparticles reduces inflammation induced by the pathogenic H5N1 influenza virus [J]. *International Journal of Nanomedicine*, 15: 661-674.

Iannazzo D, Pistone A, Ferro S, et al, 2018. Graphene quantum dots based systems as HIV inhibitors [J]. *Bioconjugate Chemistry*, 29 (9): 3 084-3 093.

Illescas B M, Rojo J, Delgado R, et al, 2017. Multivalent glycosylated nanostructures to inhibit ebola virus infection [J]. *Journal of the American Chemical Society*, 139 (17): 6 018-6 025.

Ju E, Li T, da Silva S R, et al, 2019. Gold nanocluster-mediated efficient delivery of Cas9 protein through ph-induced assembly-disassembly for inactivation of virus oncogenes [J]. *ACS Applied Materials & Interfaces*, 11 (38): 34 717-34 724.

Kim H O, Na W, Yeom M, et al, 2020. Dengue virus-polymersome hybrid nanovesicles for advanced drug screening using real-time single nanoparticle-virus tracking [J]. *ACS Applied Materials & Interfaces*, 12 (6): 6 876-6 884.

Kole S, Qadiri S S N, Shin S M, et al, 2019. PLGA encapsulated inactivated-viral vaccine: Formulation and evaluation of its protective efficacy against viral haemorrhagic septicaemia virus (VHSV) infection in olive flounder (*Paralichthys olivaceus*) vaccinated by mucosal delivery routes [J]. *Vaccine*, 37 (7): 973-983.

Kumar R, Nayak M, Sahoo G C, et al, 2019. Iron oxide nanoparticles based antiviral activity of H1N1 influenza A virus [J]. *Journal of Infection and Chemotherapy*, 25 (5): 325-329.

Kwon P S, Ren S, Kwon S J, et al, 2020. Designer DNA architecture offers precise and multivalent spatial pattern-recognition for viral sensing and inhibition [J]. *Nature Chemistry*, 12 (1): 26-35.

Kwon S J, Na D H, Kwak J H, et al, 2017. Nanostructured glycan architecture is important in the inhibition of influenza A virus infection [J]. *Nature Nanotechnology*, 12 (1): 48-54.

Lauster D, Glanz M, Bardua M, et al, 2017. Multivalent peptide - nanoparticle conjugates for influenza-virus inhibition [J]. *Angewandte Chemie International Edition*, 56 (21): 5 931-5 936.

Lauster D, Klenk S, Ludwig K, et al, 2020. Phage capsid nanoparticles with defined ligand arrangement block influenza virus entry [J]. *Nature Nanotechnology*, 15 (5): 373-379.

Lecorre F, Lai-Kee-Him J, Blanc S, et al, 2019. The cryo-electron microscopy structure of Broad bean stain virus suggests a common capsid assembly mechanism among comoviruses [J]. *Virology*, 530: 75-84.

Lee M Y, Yang J A, Jung H S et al, 2012. Hyaluronic acid-gold nanoparticle/interferon α complex for targeted treatment of hepatitis C virus infection [J]. *ACS Nano*, 6 (11): 9 522-9 531.

Li N, Liu Y J, Liu F, et al, 2017. Bio-inspired virus imprinted polymer for prevention of viral infections [J]. *Acta Biomaterialia*, 51: 175-183.

Li Y, Lin Z, Gong G, et al, 2019. Inhibition of H1N1 influenza virus-induced apoptosis by selenium nanoparticles functionalized with arbidol through ROS-mediated signaling pathways [J]. *Journal of Materials Chemistry B*, 7 (27): 4 252-4 262.

Li Y, Lin Z, Guo M, et al, 2018. Inhibition of H1N1 influenza virus-induced apoptosis by functionalized selenium nanoparticles with amantadine through ROS-mediated AKT signaling pathways [J]. *International Journal of Nanomedicine*, 13: 2 005-2 016.

Lin C J, Chang L, Chu H W, et al, 2019. High amplification of the antiviral activity of curcumin through transformation into carbon quantum dots [J]. *Small*, 15 (41): 1 902 641.

Liu H, Bai Y, Zhou Y, et al, 2017. Blue and cyan fluorescent carbon dots: One-pot synthesis, selective cell imaging and their antiviral activity [J]. *RSC Advances*, 7 (45): 28 016-28 023.

Liu X, Yuan L, Zhang L, et al, 2018. Bioinspired artificial nanodecoys for hepatitis B virus [J]. *Angewandte Chemie International Edition*, 57 (38): 12 499-12 503.

Loczechin A, Seron K, Barras A, et al, 2019. Functional carbon quantum dots as medical countermeasures to human coronavirus [J]. *ACS Applied Materials & Interfaces*, 11 (46): 42 964-42 974.

Marcandalli J, Fiala B, Ols S, et al, 2019. Induction of potent neutralizing antibody responses by a designed protein nanoparticle vaccine for respiratory syncytial virus [J]. *Cell*, 176 (6): 1 420-1 431.

Mazurkow J M, Yuzbasi N S, Domagala K W, et al, 2020. Nano-sized copper (oxide) on alumina granules for water filtration: effect of copper oxidation state on virus removal performance [J]. *Environmental Science & Technology*, 54 (2): 1 214-1 222.

Munoz A, Sigwalt D, Illescas B M, et al, 2016. Synthesis of giant globular multivalent glycofullerenes as potent inhibitors in a model of Ebola virus infection [J]. *Nature Chemistry*, 8 (1): 50-57.

Nabila N, Suada N K, Denis D, et al, 2020. Antiviral action of curcumin encapsulated in nanoemulsion against four serotypes of Dengue virus [J]. *Pharmaceutical Nanotechnology*, 8 (1): 54-62.

Novakova L, Pavlik J, Chrenkova L, et al, 2018. Current antiviral drugs and their analysis in biological materials - Part II: Antivirals against hepatitis and HIV viruses [J]. *Journal of Pharmaceutical and Biomedical Analysis*, 147: 378-399.

Nuhn L, Van Hoecke L, Deswarte K, et al, 2018. Potent anti-viral vaccine adjuvant based on pH-degradable nanogels with covalently linked small molecule imidazoquinoline TLR7/8 agonist [J]. *Biomaterials*, 178: 643-651.

Ortega-Berlanga B, Hernandez-Adame L, del Angel-Olarte C, et al, 2020. Optical and biological evaluation of upconverting Gd_2O_3: Tb^{3+}/Er^{3+} particles as microcarriers of a Zika virus antigenic peptide [J]. *Chemical Engineering Journal*, 385: 123 414.

Pardi N, Hogan M J, Pelc R S, et al, 2017. Zika virus protection by a single low - dose nucleoside-modified mRNA vaccination [J]. *Nature*, 543 (7644): 248-251.

Park S, Ko Y S, Lee S J, et al, 2018. Inactivation of influenza A virus *via* exposure to silver nanoparticle-decorated silica hybrid composites [J]. *Environmental Science and Pollution Research*, 25 (27): 27 021-27 030.

Phadungsombat J, Tuekprakhon A, Cnops L, et al, 2020. Two distinct lineages of chikungunya virus cocirculated in Aruba during the 2014 - 2015 epidemic [J]. *Infection Genetics and Evolution*, 78: 104 129.

Qin T, Ma R, Yin Y, et al, 2019. Catalytic inactivation of influenza virus by iron oxide nanozyme [J]. *Theranostics*, 9 (23): 6 920-6 935.

Quang H Q, Ang S K, Chu J H, et al, 2018. Size - dependent neutralizing activity of gold nanoparticle-based subunit vaccine against Dengue virus [J]. *Acta Biomaterialia*, 78: 224-235.

Rai M, Deshmukh S D, Ingle A P, et al, 2016. Metal nanoparticles: The protective nanoshield against virus infection [J]. *Critical Reviews in Microbiology*, 42 (1): 46-56.

Ramos-Soriano J, Reina J J, Illescas B M, et al, 2019. Synthesis of highly efficient multivalent disaccharide/ 60 fullerene nanoballs for emergent viruses [J]. *Journal of the American Chemical Society*, 141 (38): 15 403-15 412.

Rao L, Wang W, Meng Q F, et al, 2019. A biomimetic nanodecoy traps zika virus to prevent viral infection and fetal microcephaly development [J]. *Nano Letters*, 19 (4): 2 215-2 222.

Rodriguez-Perez L, Ramos-Soriano J, Perez-Sanchez A, et al, 2018. Nanocarbon-based glycoconjugates as multivalent inhibitors of Ebola virus infection [J]. *Journal of the American Chemical Society*, 140 (31): 9 891-9 898.

Ross K, Senapati S, Alley J, et al, 2019. Single dose combination nanovaccine provides protection against influenza A virus in young and aged mice [J]. *Biomaterials Science*, 7 (3): 809-821.

Sharma V, Kaushik S, Pandit P, et al, 2019. Green synthesis of silver nanoparticles from medicinal plants and evaluation of their antiviral potential against chikungunya virus [J]. *Applied Microbiology and Biotechnology*, 103 (2): 881-891.

Shen M X, Ma N, Li M K, et al, 2019. Antiviral properties of *R. tanguticum* nanoparticles on herpes simplex virus type I *in vitro* and *in vivo* [J]. *Frontiers in Pharmacology*, 10: 959.

Siddiq A, Younus I, Shamim A, et al, 2017. Nanostructures for antiviral therapy: In the last two decades [J]. *Current Nanoscience*, 13 (3): 229-246.

Sportelli M C, Izzi M, Kukushkina E A, et al, 2020. Can nanotechnology and materials science help the fight against SARS-CoV-2? [J]. *Nanomaterials*, 10 (4): 10 040 802.

Surnar B, Kamran M Z, Shah A S, et al, 2019. Orally administrable therapeutic synthetic nanoparticle for zika virus [J]. *ACS Nano*, 13 (10): 11 034-11 048.

Taha S H, El-Sherbiny I M, Salem A S, et al, 2019. Antiviral activity of curcumin loaded milk proteins nanoparticles on potato virus Y [J]. *Pakistan Journal of Biological Sciences*, 22 (12): 614-622.

Tavakoli A, Hashemzadeh M S, 2020. Inhibition of herpes simplex virus type 1 by copper oxide nanoparticles [J]. *Journal of Virological Methods*, 275: 113 688.

Tong T, Hu H, Zhou J, et al, 2020. Glycyrrhizic-acid-based carbon dots with high antiviral activity by multisite inhibition mechanisms [J]. *Small*, 16 (13): 1 906 206.

Yang X X, Li C M, Li Y F, et al, 2017. Synergistic antiviral effect of curcumin functionalized graphene oxide against respiratory syncytial virus infection [J]. *Nanoscale*, 9 (41): 16 086-16 092.

Ye S, Shao K, Li Z, et al, 2015. Antiviral activity of graphene oxide: how sharp edged structure and charge matter [J]. *ACS Applied Materials & Interfaces*, 7 (38): 21 571-21 579.

Zhang W, Li Z, Xiang Y, et al, 2019. Isolation and identification of a viral haemorrhagic septicaemia virus (VHSV) isolate from wild largemouth bass Micropterus salmoides in China [J]. *Journal of Fish Diseases*, 42 (11), 1 563-1 572.

Zhou Y R, Jiang X H, Tong T, et al, 2020. High antiviral activity of mercaptoethane sulfonate functionalized Te/BSA nanostars against arterivirus and coronavirus [J]. *RSC Advances*, 10: 14 161-14 169.

Zhu S, Huang A G, Luo F, et al, 2019. Application of virus targeting nanocarrier drug delivery system in virus-induced central nervous system disease treatment [J]. *ACS Applied Materials & Interfaces*, 11 (21): 19 006-19 016.

Ziem B, Azab W, Gholami M F, et al, 2017. Size-dependent inhibition of herpesvirus cellular entry by polyvalent nanoarchitectures [J]. *Nanoscale*, 9 (11): 3 774-3 783.

附录　作者发表的 SCI 收录论文目录

[1] Tong T, Hu H W, Zhou J W, Deng S F, Zhang X T, Tang W T, Fang L R, Xiao S B, Liang J G, Glycyrrhizic-acid-based carbon dots with high antiviral activity by multisite inhibition mechanisms. *Small*, 2020, 16 (13): 1906206.

[2] Chen L, Liang JG, An overview of functional nanoparticles as novel emerging antiviral therapeutic agents. *Materials Science & Engineering C - Materials for Biological Applications*, 2020, 112: 110 924.

[3] Zhou Y R, Jiang X H, Tong T, Fang L R, Wu Y, Liang J G, Xiao S B, High antiviral activity of mercaptoethane sulfonate functionalized Te/BSA nanostars against arterivirus and coronavirus. *RSC Advances*, 2020, 10: 14 161-14 169.

[4] Su J X, Feng C C, Wu Y, Liang J G, A novel gold-nanocluster-based fluorescent sensor for detection of sodium 2-mercaptoethanesulfonate. *RSC Advances*, 2019, 9 (33): 18 949-18 953.

[5] Hu H W, Tian X M, Gong Y X, Ren G L, Liang J G, N-doped carbon dots under Xenon lamp irradiation: Fluorescence red-shift and its potential mechanism. *Spectrochimica Acta Part A-Molecular and Biomolecular Spectroscopy*, 2019, 216: 91-97.

[6] Zhou Y, Tan H P, Tang S, Hu Z P, Liang J G, Ren G L, Study on the Photostability of Histidine and Glutathione Modified Gold Nanoclusters. *Spectroscopy and Spectral Analysis*, 2018, 38 (10): 3 177-3 181.

[7] Mi Y Y, Lei X X, Han H Y, Liang J G, Liu L Z, A sensitive label-free FRET probe for glutathione based on CdSe/ ZnS quantum dots and MnO_2 nanosheets. *Analytical Methods*, 2018, 10 (34): 4 170-4 177.

[8] Feng C C, Fang P X, Zhou Y R, Liu L Z, Fang L R, Xiao S B, Liang J G, Different effects of his-Au NCs and MES-Au NCs on the propagation of pseudorabies virus. *Global Challenges*, 2018, 2 (8): 1 800 030.

[9] Zhou Y R, Bai Y L, Liu H B, Jiang X H, Tong T, Fang L R, Wang D, Ke Q Y, Liang J G, Xiao S B, Tellurium/bovine serum albumin nanocomposites inducing the formation of stress granules in a protein kinase r-dependent manner. *ACS Applied Materials & Interfaces*, 2018, 10 (30): 25 241-25 251.

[10] Du T, Liang J G, Dong N, Lu J, Fu Y Y, Fang L R, Xiao S B, Han H Y, Glutathione-capped Ag_2S nanoclusters inhibit coronavirus proliferation through blockage of viral RNA synthesis and budding. *ACS Applied Materials & Interfaces*, 2018, 10 (5): 4 369-4 378.

[11] Bai Y L, Zhou Y R, Liu H B, Fang L R, Liang J G, Xiao S B, Glutathione-stabilized fluorescent gold nanoclusters vary in their influences on the proliferation of pseudorabies virus and porcine reproductive and respiratory syndrome virus. *ACS Applied Nano Materials*, 2018, 1 (2): 969-976.

[12] Liu H B, Xu C Y, Bai Y L, Liu L, Liao D M, Liang J G, Liu L Z, Han H Y, Interaction between fluorescein isothiocyanate and carbon dots: Inner filter effect and fluorescence resonance energy transfer. *Spectrochimica Acta Part A-Molecular and Biomolecular Spectroscopy*, 2017, 171: 311-316.

[13] Fu Y Y, Guan E L, Liang J G, Ren G L, Chen L, Probing the effect of Ag_2S quantum dots on human serum albumin using spectral techniques. *Journal of Nanomaterials*, 2017: 7 209 489.

[14] Liu H B, Bai Y L, Zhou Y R, Feng C C, Liu L Z, Fang L R, Liang J G, Xiao S B, Blue and cyan fluorescent carbon dots: One-pot synthesis, selective cell imaging and their antiviral activity. *RSC Advances*, 2017, 7 (45): 28 016-28 023.

[15] Du T, Liang J G, Dong N, Liu L, Fang L R, Xiao S B, Han H Y, Carbon dots as inhibitors of virus by activation of type I interferon response. *Carbon*, 2016, 110: 278-285.

[16] Li N, Li T T, Liu C, Ye S Y, Liang J G, Han H Y, Folic acid-targeted and cell penetrating peptide-mediated theranostic nanoplatform for high-efficiency tri-modal imaging-guided synergistic anticancer phototherapy. *Journal of Biomedical Nanotechnology*, 2016, 12 (5): 878-893.

[17] Hu Y, Huang S P, Zheng X S, Cao F F, Yu T, Zhang G, Xiao Z D, Liang J G, Zhang Y C, Synthesis of core-shell structured Ag_3PO_4@ benzoxazine soft gel nanocomposites and their photocatalytic performance. *RSC Advances*, 2016, 6 (67): 62 244-62 251.

[18] Xue F F, Liu L Z, Mi Y Y, Han H Y, Liang J G, Investigation the interaction between protamine sulfate and CdTe quantum dots with spectroscopic techniques. *RSC Advances*, 2016, 6 (13): 10 215-10 220.

[19] Liu L, Chen L, Liang J G, Liu L Z, Han H Y, A novel ratiometric probe based on nitrogen-doped carbon dots and rhodamine B isothiocyanate for detection of Fe^{3+} in aqueous solution. *Journal of Analytical Methods in Chemistry*, 2016: 4 939 582.

[20] Du T, Cai K M, Han H Y, Fang L R, Liang J G, Xiao S B, Probing the interactions of CdTe quantum dots with pseudorabies virus. *Scientific Reports*, 2015, 5: 16 403.

[21] Xu W, Du T, Xu C Y, Han H Y, Liang J G, Xiao S B, Evaluation of biological toxicity of CdTe quantum dots with different coating reagents according to protein ex-

pression of Engineering *Escherichia coli*. *Journal of Nanomaterials*, 2015: 583 963.

[22] Zheng C, Wang H, Xu W, Xu C, Liang J G, Han H. Study on the interaction between histidine-capped Au nanoclusters and bovine serum albumin with spectroscopic techniques. *Spectrochimica Acta Part A-Molecular and Biomolecular Spectroscopy*, 2014, 118: 897-902.

[23] Yu G, Tan Y, He X, Qin Y, Liang J G. CLAVATA3 dodecapeptide modified CdTe nanoparticles: A biocompatible quantum dot probe for in vivo labeling of plant stem cells. *PLoS One*, 2014, 9 (2): e 89 241.

[24] Zheng C, Wang H, Liu L, Zhang M, Liang J G. Han H. Synthesis and spectroscopic characterization of water-soluble fluorescent Ag nanoclusters. *Journal of Analytical Methods in Chemistry*, 2013: UNSP 261 648.

[25] Wang H, Zheng C, Dong T, Liu K, Han H, Liang J G. Wavelength dependence of fluorescence quenching of CdTe quantum dots by gold nanoclusters. *Journal of Physical Chemistry C*, 2013, 117 (6): 3 011-3 018.

[26] Wang H, Xu C, Zheng C, Xu W, Dong T, Liu K, Han H, Liang J G. Facile synthesis and characterization of Au nanoclusters-silica fluorescent composite nanospheres. *Journal of Nanomaterials*, 2013: 972 834.

[27] Li X, Chen K, Huang L, Lu D, Liang J G, Han H. Sensitive immunoassay for porcine pseudorabies antibody based on fluorescence signal amplification induced by cation exchange in CdSe nanocrystals. *Microchimica Acta*, 2013, 180 (3-4): 303-310.

[28] Jiang X, Chen K, Wang J, Shao K, Fu T, Shao F, Lu D, Liang, J G, Foda M F, Han H. Solid-state voltammetry-based electrochemical immunosensor for Escherichia coli using graphene oxide-Ag nanoparticle composites as labels. *Analyst*, 2013, 138 (12): 3 388-3 393.

[29] Xue F, Bi N, Liang J G, Han H. A simple and efficient method for synthesizing Te nanowires from CdTe nanoparticles with EDTA as shape controller under hydrothermal condition. *Journal of Nanomaterials*, 2012: 751 519.

[30] Yang Q, Guo Q, Liang J G, Han H. Study on the interaction between magnetic iron oxide nanoparticles with calf thymus DNA. *Acta Chimica Sinica*, 2011, 69 (16): 1 915-1 919.

[31] Xue F Liang J G, Han H. Synthesis and spectroscopic characterization of water-soluble Mn-doped ZnO_xS_{1-x} quantum dots. *Spectrochimica Acta Part A-Molecular and Biomolecular Spectroscopy*, 2011, 83 (1): 348-352.

[32] Xiao Q, Huang S, Ge Y, He Z, Liu Y, Liang J G. A novel fluorescent silver ion biosensor based on nucleic acid molecular "light switch". *Journal of Fluorescence*, 2010, 20 (2): 541-549.

[33] Wang X Y, Liang J G, Ma J J, Chen S H, Han H Y. Construction and application of CdTe quantum dots-rhodamine 6G fluorescence resonance energy transfer systems.

Chemical Journal of Chinese Universities-Chinese, 2010, 31 (2): 260-263.

[34] Ma J J, Liang J G, Han H Y. Study on the synchronous interactions between different thiol-capped CdTe quantum dots and BSA. *Spectroscopy and Spectral Analysis*, 2010, 30 (4): 1 039-1 043.

[35] Liu X, Zheng C, Yang Y, Liang J G, Han H. Spectral analysis on the interaction between magnetic iron oxide nanoparticles and CdTe quantum dots. *Acta Chimica Sinica*, 2010, 68 (8): 793-797.

[36] Yang Q, Liang J G, Han H. Probing the interaction of magnetic iron oxide nanoparticles with bovine serum albumin by spectroscopic techniques. *Journal of Physical Chemistry B*, 2009, 113 (30): 10 454-10 458.

[37] Wang J, Liang J G, Sheng Z, Han H. A novel strategy for selective detection of Ag^+ based on the red-shift of emission wavelength of quantum dots. *Microchimica Acta*, 2009, 167 (3-4): 281-287.

[38] Sheng Z, Han H, Liang J G. The behaviors of metal ions in the CdTe quantum dots-H2O2 chemiluminescence reaction and its sensing application. *Luminescence*, 2009, 24 (5): 271-275.

[39] Sheng Z, Han H, Hu D, Liang J G, He Q, Jin M, Zhou R, Chen H. Quantum dots-gold (III) -based indirect fluorescence immunoassay for high-throughput screening of APP. *Chemical Communications*, 2009, (18): 2 559-2 561.

[40] Liu J G, Liang J G, Han H Y, Sheng Z H. Facile synthesis and characterization of CdTe quantum dots-polystyrene fluorescent composite nanospheres. *Materials Letters*, 2009, 63 (26): 2 224-2 226.

[41] Dong F, Hu K, Han H, Liang J G. A novel method for methimazole determination using CdSe quantum dots as fluorescence probes. *Microchimica Acta*, 2009, 165 (1-2): 195-201.

[42] Wu H, Liang J G, Han H. A novel method for the determination of Pb^{2+} based on the quenching of the fluorescence of CdTe quantum dots. *Microchimica Acta*, 2008, 161 (1-2): 81-86.

[43] Liu W, He Z, Liang J G, Zhu Y, Xu H, Yang X. Preparation and characterization of novel fluorescent nanocomposite particles: CdSe/ZnS core-shell quantum dots loaded solid lipid nanoparticles. *Journal of Biomedical Materials Research Part A*, 2008, 84A (4): 1 018-1 025.

[44] Liang J G, Han H Y. Raman spectroscopy and Raman imaging of CdSe quantum dots film. *Chinese Journal of Analytical Chemistry*, 2008, 36 (12): 1 699-1 701.

[45] Liang J G, Wang J, Han H Y. Study of the interaction between CdTe quantum dots and silver (I) ions with spectroscopic techniques in pure water solution. *Luminescence*, 2008, 23 (2): 82-82.

[46] Liang J G, Cheng Y, Han H. Study on the interaction between bovine serum albu-

min and CdTe quantum dots with spectroscopic techniques. *Journal of Molecular Structure*, 2008, 892 (1-3): 116-120.

[47] Hu D H, Wu H M, Liang J G, Han H Y. Study on the interaction between CdSe quantum dots and hemoglobin. *Spectrochimica Acta Part A-Molecular and Biomolecular Spectroscopy*, 2008, 69 (3): 830-834.

[48] Dong F, Han H, Liang J G, Lu D. Study on the interaction between 2-mercaptoethanol, dimercaprol and CdSe quantum dots. *Luminescence*, 2008, 23 (5): 321-326.

[49] Xu Y, Liang J G, Hu C, Wang F, Hu S, He Z. A hydrogen peroxide biosensor based on the direct electrochemistry of hemoglobin modified with quantum dots. *Journal of Biological Inorganic Chemistry*, 2007, 12 (3): 421-427.

[50] Liang J G, He Z, Zhang S, Huang S, Ai X, Yang H, Han H. Study on DNA damage induced by CdSe quantum dots using nucleic acid molecular "light switches" as probe. *Talanta*, 2007, 71 (4): 1 675-1 678.

[51] Han H, You Z, Liang J G, Sheng Z. Electrogenerated chemiluminescence of CdSe quantum dots dispersed in aqueous solution. *Frontiers in Bioscience*, 2007, 12: 2 352-2 357.

[52] Han H, Sheng Z, Liang J G. Electrogenerated chemiluminescence from thiol-capped CdTe quantum dots and its sensing application in aqueous solution. *Analytica Chimica Acta*, 2007, 596 (1): 73-78.

[53] Han H, Cai Y, Liang J G, Sheng Z. Interactions between water-soluble CdSe quantum dots and gold nanoparticles studied by UV-visible absorption spectroscopy. *Analytical Sciences*, 2007, 23 (6): 651-654.

[54] Guo G, Liu W, Liang J G, He Z, Xu H, Yang X. Probing the cytotoxicity of CdSe quantum dots with surface modification. *Materials Letters*, 2007, 61 (8-9): 1 641-1 644.

[55] Yu G, Liang J G, He Z, Sun M. Quantum dot-mediated detection of gamma-aminobutyric acid binding sites on the surface of living pollen protoplasts in tobacco. *Chemistry & Biology*, 2006, 13 (7): 723-731.

[56] Liu W, Liang J G, Zhu Y L, Xu H B, He Z K, Yang X L. CdSe/ZnS quantum dots loaded solid lipid nanoparticles: Novel luminescent nanocomposite particles. In *Eco-Materials Processing & Design Vii*, Kim, H. S, Li, Y B, Lee, S W, Eds, 2006, 510: 170-173.

[57] Liu J A, Li H, Wang W Xu H, Yang X, Liang J G, He Z. Use of ester-terminated polyamidoamine dendrimers for stabilizing quantum dots in aqueous solutions. *Small*, 2006, 2 (8-9): 999-1 002.

[58] Liang J G, Huang S, Zeng D Y, He Z K, Ji X H, Ai X P, Yang H X. CdSe quantum dots as luminescent probes for spironolactone determination. *Talanta*, 2006, 69 (1): 126-130.

[59] Han H Y, Sheng Z H, Liang J G. A novel method for the preparation of water-soluble and small-size CdSe quantum dots. *Materials Letters*, 2006, 60 (29-30): 3 782-3 785.

[60] Han H Y, Hu D H, Liang J G, Sheng Z H. Study on the interaction between CdSe quantum dots and bovine serum albumin with ultraviolet visible absorption spectroscopy. *Chinese Chemical Letters*, 2006, 17 (7): 961-964.

[61] Guo G, Liu W, Liang J G, Xu H, He Z, Yang X. Preparation and characterization of novel CdSe quantum dots modified with poly (D, L-lactide) nanoparticles. *Materials Letters*, 2006, 60 (21-22): 2 565-2 568.

[62] Xie H Y, Liang J G, Liu Y, Zhang Z L, Pang D W, He Z K, Lu Z X, Huang W H. Preparation and characterization of overcoated II - VI quantum dots. *Journal of Nanoscience and Nanotechnology*, 2005, 5 (6): 880-886.

[63] Liang J G, Zhang S S, Ai X P, Ji X H, He Z K. The interaction between some diamines and CdSe quantum dots. *Spectrochimica Acta Part A-Molecular and Biomolecular Spectroscopy*, 2005, 61 (13-14): 2 974-2 978.

[64] Liang J G, Song C H, He Z K. Development and characterization of novel fluorescence pH nanosensor. *Chinese Journal of Analytical Chemistry*, 2005, 33 (8): 1 119-1 121.

[65] Liang J G, Ai X P, He Z K, Xie H Y, Pang D W. Synthesis and characterization of CdS/BSA nanocomposites. *Materials Letters*, 2005, 59 (22): 2 778-2 781.

[66] Xie H Y, Liang J G, Zhang Z L, Liu Y, He Z K, Pang D W. Luminescent CdSe-ZnS quantum dots as selective Cu^{2+} probe. *Spectrochimica Acta Part A-Molecular and Biomolecular Spectroscopy*, 2004, 60 (11): 2 527-2 530.

[67] Liang J G, Xie H Y, Ai X P, He Z K, Pang D W. A novel method for the selective determination of silver (I) ion. *Chinese Chemical Letters*, 2004, 15 (11): 1 319-1 322.

[68] Liang J G, He Z. Recent advances in protein chip and its application in analytical chemistry. *Chinese Journal of Analytical Chemistry*, 2004, 32 (2): 244-247.

[69] Liang J G, Ai X P, He Z K, Pang D W. Functionalized CdSe quantum dots as selective silver ion chemodosimeter. *Analyst*, 2004, 129 (7): 619-622.

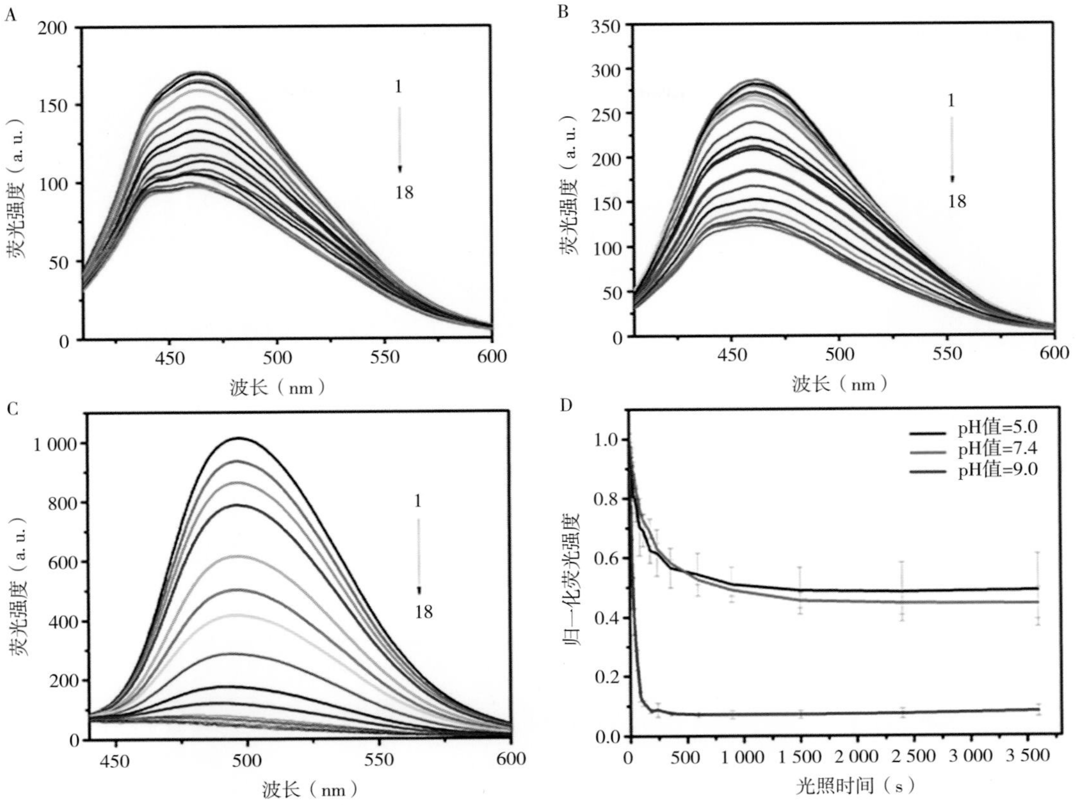

pH值为5.0（A）、7.4（B）、9.0（C）时，光照时间对组氨酸修饰金簇（His-Au-NCs）的影响，从1～18照射时间分别为0、5s、10s、15s、20s、30s、40s、60s、90s、2min、3min、4min、6min、10min、15min、25min、40min、60min。（D）pH值分别为5.0、7.4、9.0，光照时间对His修饰金簇荧光强度的影响。金簇的浓度为1.6×10^{-4}mol/L（周优等，2018）

图2-3　pH值和光照时间对金簇荧光强度的影响

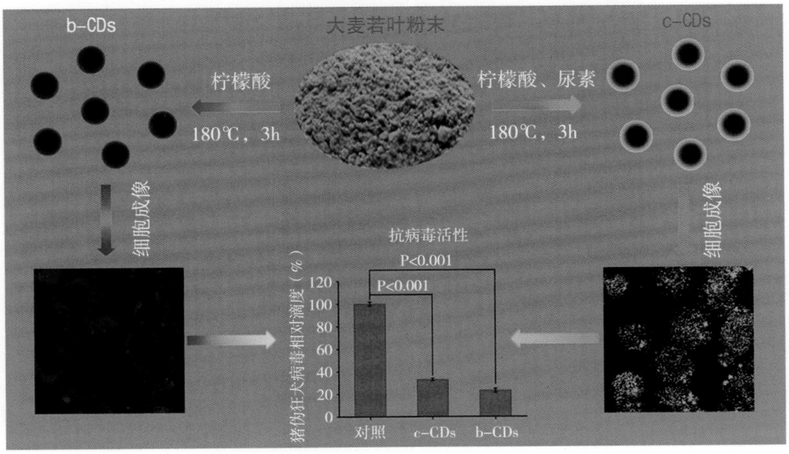

b-CDs：蓝色发光碳点；c-CDs：青色发光碳点

图3-6　碳点的制备、细胞成像及抗病毒治疗示意（Liu et al.，2017）

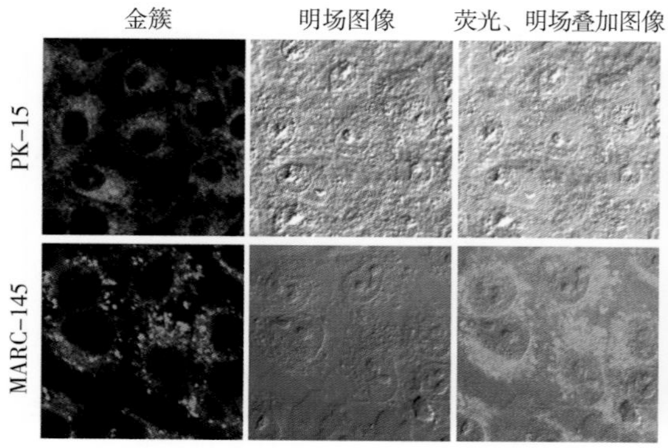

MARC-145：非洲绿猴胚胎肾细胞；
PK-15：猪肾细胞

图7-6 GSH-Au NCs在（A）PK-15和（B）MARC-145细胞中的荧光显微镜成像（白艳丽，2017）

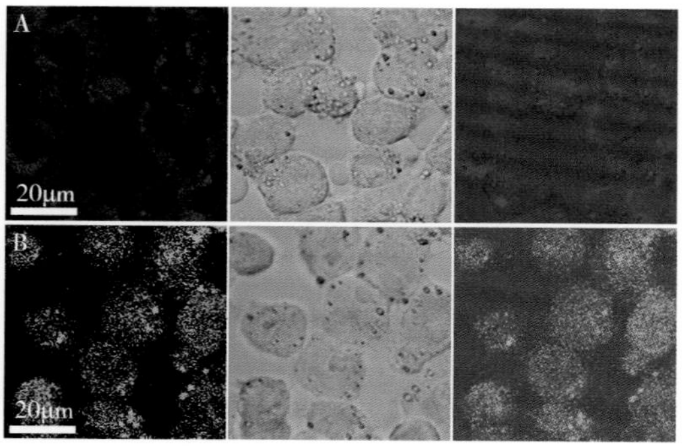

图7-7 蓝色碳点（A）及青色碳点（B）在PK-15细胞中的定位分析（Liu et al.，2017）

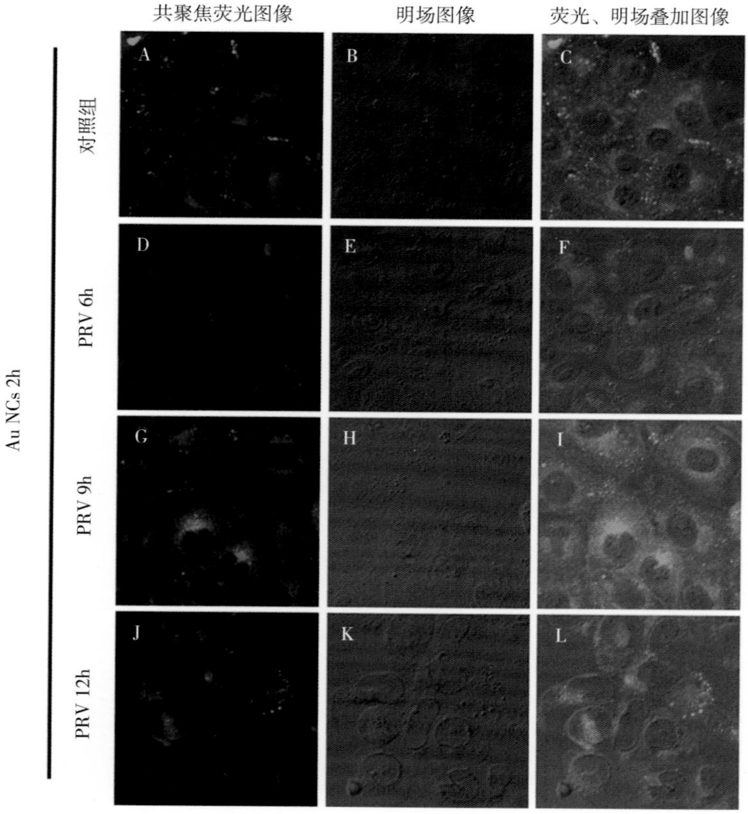

PRV 12h：金簇与猪伪狂犬病毒共培养12h；
PRV 9h：金簇与猪伪狂犬病毒共培养9h；PRV 6h：金簇与猪伪狂犬病毒共培养6h

图7-8 GSH-Au NCs指示的PRV在PK-15细胞不同侵染时间的荧光成像分析（白艳丽，2017）

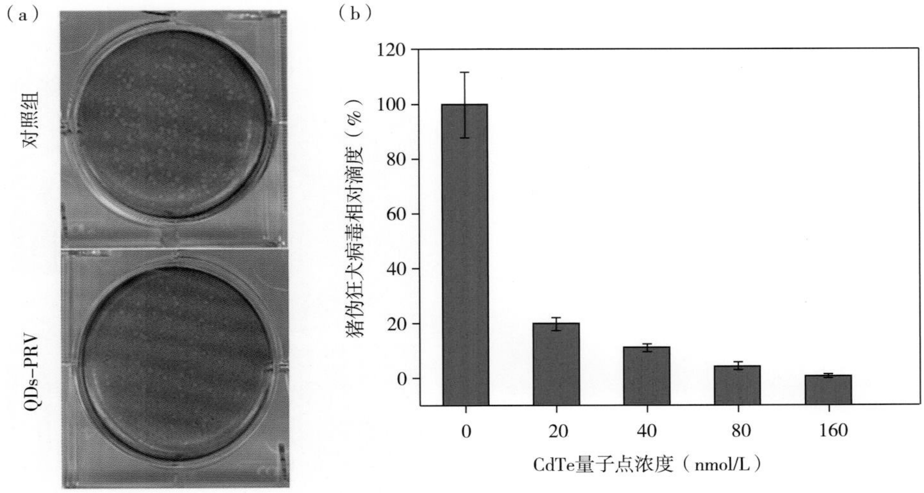

（a）为80nmol/L的CdTe量子点对PRV病毒空斑的影响；（b）不同浓度的CdTe量子点对猪伪狂犬病毒相对滴度的影响（Du et al.，2015）；QDs-PRV：CdTe量子点与猪伪狂犬病毒共同培养组

图9-2　不同浓度CdTe量子点对猪伪狂犬病毒抑制过程

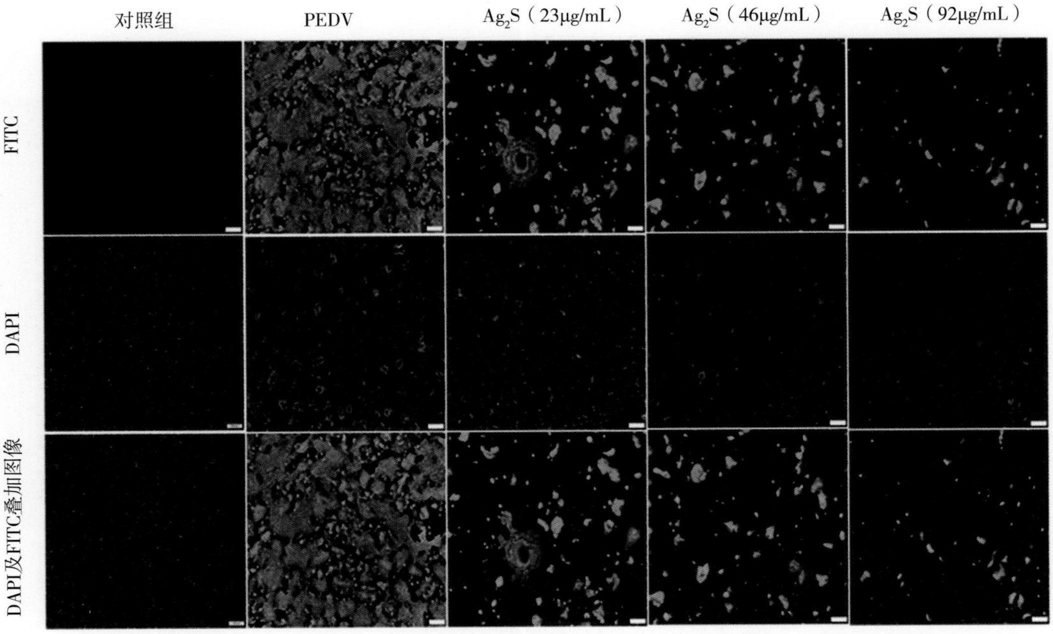

DAPI：DAPI荧光染料染色；FITC：标记FITC的二抗；PEDV：猪流行性腹泻病毒组；

Ag_2S（23μg/mL）：向病毒中加入23μg/mL硫化银量子点；

Ag_2S（46μg/mL）：向病毒中加入46μg/mL硫化银量子点；

Ag_2S（92μg/mL）：向病毒中加入92μg/mL硫化银量子点；

图9-3　不同浓度硫化银量子点对猪流行性腹泻病毒影响的间接免疫荧光分析（Du et al.，2018）

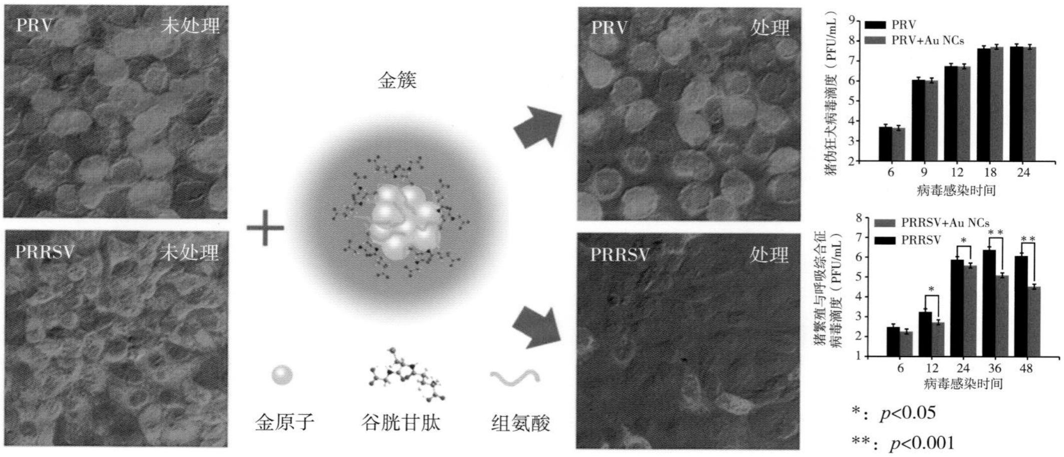

PRV：猪伪狂犬病毒；PRRSV：猪繁殖与呼吸综合征病毒；Au NCs：金簇

图9–6　金簇选择性抑制猪繁殖与呼吸综合征病毒的示意图（Bai et al.，2018）

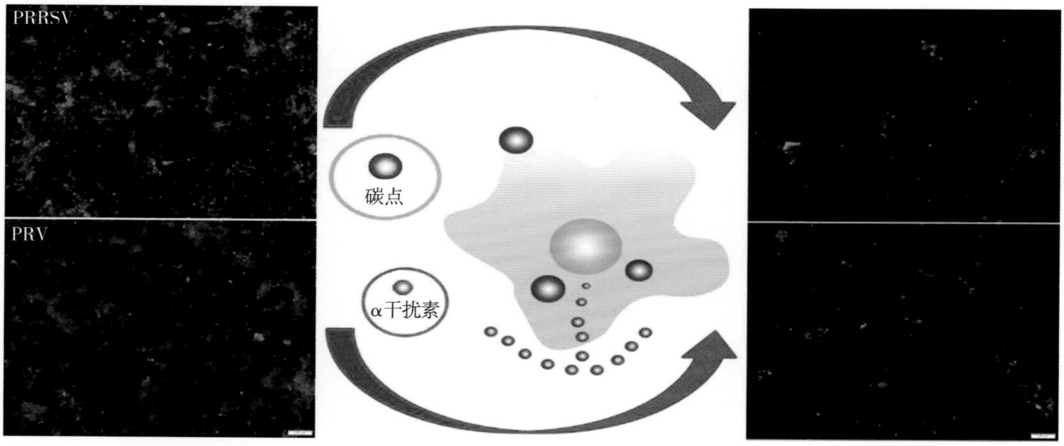

PRRSV：猪繁殖与呼吸综合征病毒；PRV：猪伪狂犬病毒

图9–8　乙二醇—抗坏血酸碳点对猪繁殖与呼吸综合征病毒及猪伪狂犬病毒抑制示意图（Du et al.，2016）